Thoreau's Rediscovered Last Manuscript Wild Fruits

野生の果実

ヘンリー・デイヴィッド・ソロー 著
伊藤詔子／城戸光世 訳

松柏社

Wild Fruits by Henry David Thoreau
Copyright © 2000 by Bradley P. Dean
New illustrations copyright © 2000 by Abigail Rorer

The original manuscript pages for *Wild Fruits* resides
in the Henry W. and Albert A. Berg
Collection of English and American Literature, The New York Public Library.

Japanese translation rights arranged with W. W. Norton & Company, Inc.
through Japan UNI Agency, Inc., Tokyo.

装幀　加藤光太郎／大塚千佳子（加藤光太郎デザイン事務所）

はじめに

『野生の果実』
Wild Fruits: Thoreau's Rediscovered Last Manuscript, 1859-1862
出版の意義と翻訳について[1)]

伊藤詔子

　ソロー最晩年のプロジェクトとして残されていた４つの手稿群 "Dispersion of Seeds" "Wild Fruits" "The Fall of the Leaf" "Moonlight" のうち、"Dispersion of Seeds" に続いてソロー研究所メディアセンター所長のディーン教授（Bradley P. Dean）により『野生の果実』（*Wild Fruits*）がついに復元編集され、ノートン社より1999年11月リリースされた。ノートン社が新ミレニアムの始まりを記念する本として奥付の日付を2001年１月として出版したことは興味深い。

　テキスト化の遅れの最大の理由は暗号のようなソローの筆跡にあったが、書評誌 *Booklist* のレヴュー（1999年11月15日）の言うようにディーン教授の「英雄的な解読作業」によりソロー死後140年後テキストが復活した意味は大きい。ソローは『ウォールデン』出版後これらの仕事について "my Kalendar" と呼び、完成の暁には、コンコードの自然のほとんど百科辞典的仕事を集大成するものになったはずだ。しかし本書により、ソロー晩年のみならずソローの仕事全体が、自然の経済解明のための一大プロジェクトとして構築されていたこと、及びソローのネイティヴアメリカンに対する意識や先駆的認識という、従来評価が分かれていた問題が、ある程度明らかになるであろう。というのもニューイングランドの果実と土地の歴史を記述した本書は、果実を常食としたネイティヴアメリカンへの言及が数多く含まれており、『メインの森』と並ぶ重要なテキストとなる。そしてソローは死の１ヶ月半前に「もし私が生き続ければ自然史全般にわたりたくさんの報告が可能だ」ともいっていたので、本書出版の意義は何よりもその遺言を形にしたことにあるだろう。

　『野生の果実』はソロー最後の作品としてアメリカでは出版前から高い

関心を集め、*Harper's Magazine*はノートン社に先駆けて1999年10月に（299巻1793号 34-38）『野生の果実』中最も興味深い上記"Black Huckleberries"の部分を掲載した。出版後これまでに *Boston Globe, Time Magazine, Washington Post, New York Times* 等主要メディア50以上にレヴューが掲載されたが、いちようにその意義の高さを賞賛している。分析的研究を兼ねた書評としても「ソロー協会会報」230号（3-6）にバーガー（Michael Berger）のものが掲載され、徐々に本格的な研究がでることも期待される。

　ここで出版経過を少しだけ辿ってみたい。『野生の果実』出版が遅れたのはその草稿が他のどれにもまして断片的であったことや数人の手を経るうちにページオーダーが失われたことにもよる。ディーン教授の編注（p. 287）によると、ソローの臨終でソフィアに託された木箱に入れて"Wild Fruits"と書いてあった紙の包みにひもでまとめてあった草稿は、手稿がバーグコレクションに収められる1940年までに親友ブレーク、ウースター高校校長、3人の手稿ディーラーを次々と渡り歩いた。その間ひもは失われページはシャッフルしてしまった。今回の編集で特に注目すべきことは、2つの仮定をもつ『野生の果実』の始まりの文章は、ディーン教授にとって「よりふさわしいトーンを持つと思われる」(288) ほうが選ばれ、残りの1つは"Alternative beginning"(242-244) として巻末に載せられたことに典型的に表れているように、ソローの文章感覚を分有する読み手による一貫した語と文の決定選択により、『野生の果実』の細部が再現というより完成されたということだ。その結果例えば既刊のストラー編「ハックルベリー」(Stoller, "Huckleberries," 1970) と、本テキスト該当部分に対する読みは、構成がかなり違ったものとなっている。我々はストラー編によって慣れ親しんできた「ハックルベリー」というまとまっていると見えた作品を、より大きな野生の果実全体をカタログするコンコード・カレンダーの形成のなかで捉え直すことになる。同じことは生前個別作品として出版された"Wild Apples"（「野生のリンゴ」）(*Atlantic Monthly*, 1862) を『野生の果実』に組み込んだ点についてもいえる。ディーン教授は"Wild Apples"草稿が他の『野生の果実』草稿と一緒にあったこと、

またまさに野生の果実のテーマそのものであることから一部として編集したとし、この組み込みはこのテキストに恐らく最も重要な意味を付与することになった。[2]

　さてテキストの元になった手稿は、ソロー自身が1850年代後半のジャーナルを中心に数年分から果実に関するものを抜き出し、最晩年1859年から62年にかけてまとめられていったものだ。想像される執筆作業は、"Dispersion of Seeds"の時と同様、数年分のジャーナル書き入れをコンコード周辺の丘と森に群生するほとんどすべての野生の果実ごとに並べ直し、季節の動きにあわせ一連の記述としたものであろう。コンピュータのない時代に一種のコンピュータ的データ処理をしたことが、残されたインデックス作業表から見てとれる。それはソローの命を縮めたに違いない大変な作業であったと想像されるが、中には例えば「シオデ」(green brier)のように、ある種について数年分をコメントなしに並べた形のものもある。(*Wild Fruits*, 173-4) ジョン・エルダー (John Elder) は特にこの箇所をあげて「ソローの観察のシンプリシティ、詳細な記録と注釈のないことが、我々に俳句を思い起こさせる…瞬間瞬間が完璧で、季節の成就であるとともに、ある意味で季節からの逃避でもある」(ASLE-J、ジャーナル『文学と環境』2000, No.3:93-94) と的確に評している。つまり神話的季節の完成であった『ウォールデン』に対し、このテキストは果実による自然のカレンダーを目指したのであり、その意味で季節の再生を謳いあげた『ウォールデン』とはいささか違った性格ももつ。

　さらにソロー晩年1860年頃は、アメリカ自然史の歴史の中で博物誌から科学が分離独立していく結節点に位置し、ソローも長年の科学との葛藤に終止符を打ち独自の自然史構築に向かっていった興味深い時期である。『野生の果実』とソローの他の作品のみならず、他の作家の自然史との関係もこれからの課題として解明されていくことになるだろう。ともあれ言い古された「ニューミレニアム」が、ソローの発見されたテキストによって真に新しく幕開けすることに静かな希望を託したい。

＊　　　＊

　訳出に当たり、原文重視と幅広い読者にとっての読みやすさ両方の観点

から副詞は出来るだけひらがな表記とし、全体を口語的表現にする一方で、萼、蕾、棘等植物用語は漢字表記とする他、以下の統一的処置を行った。
1）動植物名は可能な限り和訳し、全てカタカナ表記を原則としたが、この例外は名称に形容詞がついている場合（例えば、Early Roses＝早咲きのバラ、Painted Trillium＝紅色エイレンソウ等）である。また black cherry にはブラックチェリーを、black choke cherry にはクロザイフリボクを当てる等、統一よりは和名としての定着を優先的に考慮して訳語を決定した。さらに照応する和名がない場合は原語表記のカタカナ読みを当てた。また地名も含めてソローの前作『森を読む――種子の翼に乗って』を参照した。
2）ソロー自身の原稿からテキストに（　）で表記されていたものは、そのまま（　）内に訳出した。
3）編者ディーンの編集注のうち、ジャーナル出典注や長文の出典についての説明などは省略したが、古今東西の書物からのソローの引用についての出典と、読むのに助けとなる注はできるだけ訳出し文中〔　〕内に記述した。
4）訳者が補うべきと考えた訳者注は文中［　］内に記述した。人名はカタカナ表記の後［　］内に原名　生没年　職業。代表的著作　発行年を記した。
5）テキストのイラストはソロー自身のものとアビゲール・ローラー（Abigail Rorer）の挿し絵から成るが、すべて原書のまま再現した。
6）明らかなテキスト解読上の誤植と思われるところは、ディーン教授に確認の上訂正して訳出した。
7）各セクションの見出しとなっている植物名は、テキスト原語表記を（　）内に示したが、ソロー自身の誤記であることが明白な場合はディーン教授に確認の上訂正した。
8）巻末の植物名リストは見出し語を中心に主要植物名に限った。なおテキスト中の"Wild"はすべて、ソローの意図を汲んで「野性の」ではなく「野生の」をあてた。
9）巻末にソローが引用している引用文献目録をあげたが、文中の出典の

巻数、ページ数は MLA スタイルに習い簡略にし、作者名、巻：ページで示した。多くの数表現は熟語を除いてアラビア数字とした。

10）植物名調査については、*Botanical Index to Thoreau's Journal*、ネット上の多くの情報や、ラテン語植物事典等様々なものを使用した。参考辞書類は巻末に記した。

11）本書のうち既出版部分は上に記した「野生リンゴ」の部分のみであるが、これは島田太郎、木村晴子、斎藤光各氏による邦訳が、『アメリカ古典文庫4　H・D・ソロー』に「野生りんご」として収録されているので参照させていただいた。ただし植物名はじめ本書独自の解釈に基づく翻訳となっており、不備があれば訳者らの責任であることは言うまでもない。

＊　　　　＊　　　　＊

　本書翻訳の話はノートン社及び編者ディーン教授より伊藤に直接頂いた。『種子への信仰』を『森を読む──種子の翼に乗って』という邦題で翻訳することになって以来、ディーン教授とはソローの手稿のテキスト編集についてたえず情報交換してきた。『野生の果実』の場合も原稿が完成し活字になる前、1999年初夏Eテキストを読む機会を与えて下さった。コンピュータに次々と開けるソローの新しいテキストを、夏じゅう夢中になって読み、その概要と批評的関心についてまとめ、2000年5月、立教大学での英文学会で発表もした。その際、ディーン教授によって集積されていた、2000年11月出版直後から続々とでた50以上のレヴューのサイトが大変参考になったが、ディーン教授によると、『野生の果実』は「種子の拡散」よりもっと重要な抒情的なテキストだということで、是非日本語にして欲しいと薦めて下さった。前作にくらべ、果実植物名が多いことと、原稿の断片性から読みにくいところも多かったが、何といってもソローの新しいテキストに触れる喜びは大きく、思い切ってお引き受けした。翻訳作業は予想以上に難航したが、やっとここまでこぎ着けることが出来た。我々の努力は、このテキストに展開しているソローの多くの新しい文章と語句の再現により完全に報われたのみならず、この本が開くソローの自然への展望や文明への予言により大きな喜びの報償を得ることが出来た。ここに構築された果実のカレンダーを「新しき聖書」と呼んだソローは、コンコード周辺の

山野を、野生果実のたわわに実る新しいエデンとして描出した。この理想化の過程や意義についても注2）の拙論を参照されたい。

　　　　＊　　　　　　＊　　　　　　＊　　　　　　＊

　本書の訳業は伊藤と城戸光世氏の共同でなされた。広島大学大学院で先に出版されていた「ハックルベリー」を授業で共に読んで以来、このテキストの重要性に2人とも強い関心をもった。序文を含め本書前半165ページまでが伊藤、後半319ページまでを城戸光世氏が担当した。ただしそのうち170ページから252ページまでは広島大学社会科学研究科後期課程でネイチャーライティングを研究している塩田弘氏が試訳し、城戸光世氏が、大幅に改稿し仕上げていった。注も照応部分を伊藤と城戸氏が分担翻訳した。全体の植物名の統一については城戸氏が当たり、その後、全体の訳語統一と編集、序文作成などは伊藤が当たった。

　訳者らの三年がかりの作業は時に難渋し、特に植物名のラテン語解読と和名探索に多くの時間を費やした。この点について特に編者ディーン教授の度重なるご教示に感謝したい。また伊藤の同僚でこの企画に関心を持ち、不明な個所について共に考え多くのヒントを与えて下さったマイケル・ゴーマン先生にも深く御礼を申し上げたい。さらに人名や出典調査には、院生の中島美知子氏と松永京子氏のご助力を頂いた。

　こうした貴重なご援助により本書をやっと完成することができ、また訳語の統一や植物名については出来るだけの努力は重ねたが、その他の点でも多くの不備が残っているかも知れない。読者のご教示を頂ければ幸いである。最後になってしまったが、本書の企画を理解していただき、出版にこぎ着けていただいた松柏社社長、森信久氏、及び編集部の森有紀子氏に深い感謝を捧げたい。

　注
1）この「はじめに」の一部は、日本ソロー学会誌での伊藤の書評『野生の果実』（No. 27, 2001. 4）を書き改めた。
2）『野生の果実』の批評的な問題については拙論「野生果実の喪失と復活」（『アメリカ文学ミレニアム[Ⅰ]』南雲堂、2001）を参照されたい。

野生の果実 ─────── 目次

はじめに　1
編者による序　11

春の果実
ニレ　28
タンポポ　28
ヤナギ　28
ショウブ　29
エゾノチチコグサ　30
カエデ　31
イチゴ　32
沼地リンゴ　41
ヤナギ　41
ザイフリボクの実　42
早咲き低地ブルーベリー　45
低地レッドブラックベリー　52
栽培種サクランボ　52
ラズベリー　53
クワの実　55
シンブルベリー　55
高地ブルーベリー　56
遅咲き低地ブルーベリー　63

夏の果実
ブラックハックルベリー　66

悪臭アカスグリ　96
ニワトコ　97
北部野生レッドチェリー　97
サルサパリラ　97
低地ブラックベリー　97
野生グズベリー　99
オトギリソウ　100
穀草　100
ツリフネソウ　102
野生ヒイラギ　102
カブ　102
ホロムイソウ　103
ザイフリボク　103
ツマトリソウ　106
ザゼンソウ　106
ヒコザクラ　107
ツバメオモト　108
ヒメチチコグサ　109
毛様アマドコロ　109
高地ブラックベリー　109
チョークチェリー　111
イチイ　112
野生リンゴ　113
互生ミズキ　138
沼地デューベリー　139

北米産ウルシノキ 140	無毛ウルシ 175
棘のあるウド 140	ノコギリ草 176
ヒヨドリジョーゴ 142	早咲きのバラ 177
エンレイソウ 144	ヤナギラン 177
コミズキ 144	洋ナシ 177
ペポカボチャ 145	モモ 180
ブラックチェリー 145	水生ギシギシ 181
クロスグリ 146	クササルトリイバラ 181
オオルリソウ 146	テンナンショウ 181
アザミ 147	ドクウルシ 183
コホッシュ 148	ウールグラス 184
普通種クランベリー 149	ヤマゴボウ 184
スイカ 155	アメリカホドイモ 185
アメリカニワトコの実 159	普通種モチノキ 187
遅咲きホートルベリー 160	カンショウ 189
歯状ガマ 160	ガマ 189
プラム 161	サンザシ 190
有毛ハックルベリー 162	三葉アマドコロ 192
マスクメロン 162	ツキヌキソウ 192
ジャガイモ 165	双葉アマドコロ 192
ハダカガマズミ 169	メギの実 193
ヨーロッパナナカマド 172	無毛モチノキ 198
シロミズキ 173	アカザイフリボク 198
アメリカミズキ 173	巻毛状ミズキ 198
ノボロギク 175	アマガマズミ 198

ヌマウルシ 200
カボチャ 200
シロトネリコ 203
ツルアリドウシの実 203
ドクミズキ 204
ツタウルシ 205
野ブドウ 205
ユキザサ 216
ヌスビトハギ 216
ツルウメモドキ 217

秋の果実
ハシバミ 220
メデオラ 224
エンドウ 225
インゲンマメ 225
ヨーロッパクランベリー 225
サッサフラス 233
バターナッツ 234
ペルタンドラ 234
ラテンミズアオイ 235
ユリ 236
ゼニアオイ 236
ニオイキイチゴ 236
チョウセンアサガオ 236

シオデ 237
カエデガマズミ 237
クロトネリコ 238
スイートブライア 239
スイカズラ 240
ホップ 240
アメリカナナカマド 241
ランタナガマズミ 241
低木オークのドングリ 241
レッドオークのドングリ 244
ブラックオークのドングリ 246
ホワイトオークのドングリ 246
ドングリ一般 249
紅色エンレイソウ 252
ニッサ 252
ストローブマツ 253
ヤブマメ 257
ノボタン 258
マンサク 258
シスタス 259
イヌホオズキ 259
タヌキマメ 260
マコモ 261
雑草類 261
ブナ 262

遅咲きのバラ　262
クマベリー　263
ビーチプラム　263
トウワタ　264
ニオイベンゾイン　267
ヤナギタンポポ　268
ヤチヤナギ　268
クレマチス　269
アセビ　270
ハギ　271
マロニエ　271
ベーラムノキの実　271
ドクゼリ　272
シナノキ　272
タニワタリノキ　272
ニオイヒバ　273
サトウカエデ　274
ハイビスカス　274
トウモロコシ　274
ハナミズキ　278
マルメロ　278
タコウギ　279
アメリカツガ　279
クロトウヒ　279
カラマツ　279

エノキ　280
クリ　280
クルミ　288
ヒマラヤスギ　293
ヒメコウジ　294
秋　297
クログルミ　298
キハダカンバ　298
ハンノキ　298
ヒッコリー　299
チョウセンアザミ　299
アキノキリンソウ　300

冬の果実
シラカンバ及びクロカンバ　302
リギダマツ　304
匍匐性ビャクシン　309
冬の果実　311

植物名インデックス　325
地名インデックス　333
参考文献　336
引用文献　337

編者による序

　ヘンリー・デイヴィッド・ソローは、1862年、5月6日の朝、マサチューセッツ州コンコードのメインストリートにある実家の正面居間で安らかに亡くなった。当時ありふれた死因であった結核が、44歳で彼の命を終わらせた。彼が残した膨大な原稿の中に、今回初めて出版されることとなった『野生の果実』の原稿があった。偉大な作家晩年の最後の収穫である『野生の果実』は、自然に対するサクラメンタルなソローのヴィジョンを表現するが、それは科学的でもあり神秘的でもある自然界に近づくことから引きだされているので、我々の抑えがたい感動を引き起こすものである。

　1859年秋に『野生の果実』を書き始めた当初は、本原稿は50年代初期に手がけられたもっと大きな企画の一部であった。両親と妹と暮らしていたコンコードの家は改築されて、1850年の夏、彼は3階の屋根裏部屋に移っていた。彼はそこで、午後に長い散歩を挟んでは、朝と夕の研究を日課として定着させて有意義に過ごした。取り組んでいた2冊の本を先の5年間で書き上げていたので、のんびりしていた。(1849年5月、自分の体験を書いた一冊目の本『コンコードとメリマック川の一週間』を刊行し、その本の中で近日刊行予定と書いた2冊目の本『ウォールデン　森の生活』を発表していた。)1850年11月16日のジャーナルに、「自分は何かに向かって熟しているはずなのに、何もせず、その何かが見つからない」と記していた。

　またこの頃、少なくともひとつには本が売れていなかったこともあって、彼は測量の仕事を始めた。しかしもっと重要なことには、彼は科学、特に植物に対する関心を育み始めた。彼は植物の見本を取り置くための「台」を帽子の天辺の内側にしつらえ、植物図鑑を持って午後の散歩に出かけた。1850年、11月の半ばには、几帳面に日付を追ってジャーナルを付けており、

すでにジャーナルのノートからページを抜きとるのは止めていた。その2点が変わったことで、彼の野外観察記録は完全で正確なものになった。それまで、彼は突発的に記載したり、ノートからページを切り取って、作品の原稿に写し変える手間を省いていた。翌月ボストン自然史協会の通信会員として選ばれたが、それは協会の立派な図書館で本を借りることができるという特典を含む名誉会員であった。6年後ソローはこの時期を、自分の関心が科学的な関心事に劇的に移行した時期だと振り返っている。

　当時関心を持って沼を見つめたり、植物のすべての枝や葉の種類がわかるようになるほど植物を知ることができるだろうかと思い悩んだことを思い出す。私はほとんどの花を知っていたし、どんな沼ででも、知らない潅木は6本以上はなかったが、それでも私にはそこが多くの馴染みのない種から構成されている迷宮のようにも思えた。一方で、すでにそれについて着手して、すべてわかるまでじっくり丹念に見ようとすら考えた。植物が最初に花を付けたり葉を付けたりすると、早朝でも夕暮れでも、遠くても近くても、続いて何年も、この町や隣町のあらゆる場所に走って行って、気がついたら観察を続けていた。一日に20マイルから30マイル動くこともしょっちゅうだった。私は、ある植物の開花時期が正確にわかると、4、5マイル離れていても2週間に6回見に行くこともしばしばあり、同時に、方向が違う他のものにも注意を怠らなかったし、その中には同じように遠方のものもあった。

　1851年の春、ソローは、重要な移行期の真っ只中にあった。彼は自然史の書を読み始め、自然史の読書から抜粋した文章を記録するために、『コモンプレイスブック』と名付けた白紙のノートを購入した。彼はまだ大きな作品に取り組んではいなかったが、自分のジャーナルの文章から「散策、あるいは野生について」という題目の講義を組み立てて、4月23日に故郷の聴衆を前に披露した。その後彼は、二ヶ月かけて、鳥の渡りの周期、あるいは植物の出葉芽や開花、結実、種の拡散のような、考えられるあらゆ

る現象について、数百に上るであろう花暦学の最初のリストと表を編纂した。面白いことにその同じ春に、スミソニアン研究所は国中の科学者に「周期的現象の記録簿」と題した案内状を送り、「その道の権威ある人すべてに（「動物や植物の一生に関する周期的な現象」についての）観察を記録し、その記録を研究所に送る」よう求めた。その案内状に記載されていた127種の植物は、ほとんどの場合、俗称とラテン名の両方が用いられており、観察者に、それぞれの種の開花日を記録するよう求めている。

　スミソニアンのリストは、当時ソローが編纂を開始していた花暦学的リストと驚くほど似ていた。彼のリストや図表は綿密に研究されたものではないが、確かにそれらは大きなプロジェクトの基であり、最終的に『野生の果実』に繋がっている。1852年の春ジョン・イーブリンの『庭師の暦』（1664年）を読んでからは、ソローはこの大きなプロジェクトを、自分の「カレンダー」として度々引用した。彼が町で年々起こる自然現象の包括的な歴史について書こうとしているのは明らかだった。彼は数年間に亘ってジャーナルに記録している野外の観察に基づいて、コンコードの自然の歴史を舞台にしようとしていたのだが、彼ならきっと「原型的な」一年を構成するようにこれらの観察を統合したことだろう。すでにその技法は『ウォールデン』に用いられており、素晴らしい効果をもたらしていたのだから。彼がジャーナルに記録していた中には、純粋に客観的で科学的な観察から、審美的で非常に主観的な観察まで様々である。彼なら、『野生の果実』で示されているように、「カレンダー」プロジェクトの広範囲に及ぶ観察を、幅広い読書から得た知識で補ったことであろう。

　ソローの人生におけるこの重要な時期は、1851年9月7日に書き始められた注目に値する長いジャーナル記事において最高潮に達する。彼は、一年程前にジャーナルに書いたのと同じ不満「私にしては、珍しくいくつかの著作準備ができているのだが、しかしどれも選べない」で書き出している。彼は、多くの人が平凡な仕事に就いて人生を誤るのを批判したり、自分の人生をどのように送るかということに思いを巡らしながら、さらに16ページを書き続けた。次の短い抜粋部分でわかるように、ジャーナルの書き出しで、認識していることを追求することが、一生の仕事であるという

ことを決心して結論を出している。

　　1日を生きることの素晴らしさよ。もし敬称で呼びかけられれば、我々は当然丁重になる。1日中、1晩中観察を続けると、言葉にできないものの痕跡を感じ取るかもしれないが、果たしてそれを見る価値はないだろうか。観察し、終わることなく祈るに価する価値は……。
　人間はうまく雇われていない、つまりそれは、1日の過ごし方としては納得できないものだ。我慢強く観察することにより一筋の新しい光を手に入れたり、例えばピスガに登ったように感じたり、私にとって無味乾燥だった世界が、これまで見たことも無いほど活気付いて神聖なものになるなら、永遠に見ないでいられようか。今後観察者にならずにいられようか。もし私が街の壁の上で、丸1年観察すれば天国との交信ができるとしても、店を閉めて観察者になるようなことは止めた方がよいというのか。若者なら、男なら、人生が見つかる場所へ行く以上にもっと賢くふるまえる道があるだろうか。自然の中に神が見られることを証明するために観察し始めた。我々は豊かで貴重な神秘に取り囲まれている。我々はそれをほんのわずかしか調査せず、覗き見もせず、携わりもしないのか。自然の中の神秘性を発見することに人生をかけるのか、あるいは気ままに生きるのか、それによってまったく違う結末になるのではないか。
　　自然の中で見られる神聖なすべてのものを見て、記述すること。
　　私の仕事は、自然の中の神を見つけるために、神の隠れ場所を知るために、常に注意深くしていることだ。

　ソローが、自分の残りの人生の仕事は、自然の「豊かで貴重な神秘」を探し出し、発見した「神聖なもの」を記述することだと理解したとき、偉大な変容の時期は終わった。その変容の時期に先だって、彼は自然史に関わるいくつかの作品を書いていたが、それらの作品はどれも、彼自身が舞台の中心にいて、自然は、重要な要素ではあるが背景として作用しているにすぎない。初期の作品の中で、彼は自然を旅したことを書いているが、

1851年「歩行、あるいは野生」で始まったソローの自然史作品は、月の光、種、秋の葉、そしてもちろん野生果実といった、ほとんど自然そのものに関するものであった。それ以来、1851年の講演で述べたように、「自然に表現を与える文学」を書いたので、「風や川が彼の誠意に報い、彼に語りかける」という印象が残る。このような視点の大きな変化は、1852年の「歩行、あるいは野生」の草稿のタイトルページに、彼が「私はこの（講演）を、今後私が書くだろうすべてのものの序章と位置付けている」と書いたときに、すでに心の中で起こっていた。

　ソローは、得意なことに最善を尽くしただけだという理由もあって、アメリカ文学の中ではもっとも過小評価されている作家のひとりである。長年彼は、池の岸辺の丸太小屋で半生を送り、残りの半生を、不正行為に抵抗して牢屋で過ごした怒りっぽい世捨て人だと世間から思われてきた。最近になって人々は、いわゆる彼の第三の人生、自然現象に関する綿密な観察と説得力のある記録にかかりきりの人生、つまり原型的エコロジスト・ソローを受け入れなければならなくなった。ソローに関する一般的なこれら3つの視点すべてに共通する指標は彼の書き物である。彼が偉大な作家で、アメリカで最高の名文家のひとりであることは間違いないので、我々は彼の本を読む。しかし色々な人の関心事にかかわり、驚くほど広い範囲の話題を語っているからという理由もある。小説家の卵なら、当然、彼のエッセイで用いられている比喩の錯雑微妙な相互作用を勉強するであろうし、歴史家なら、熱狂的な奴隷廃止論者ジョン・ブラウンに対する彼の態度を検証するであろうし、哲学者なら、改革論者の推進力に対する彼の洞察の源を突き止めようとするであろうし、植物学者なら、彼の資料を今日の資料と比較して地球に対する警告に焦点を当てるだろう。

　ソローは、きっと我々に、例えば、ニューイングランドの果実についての生態学上の宣言や有益な手引きといった、様々な問題を理解しながら『野生の果実』を読むことを勧めていたのだろう。しかし我々が彼の作品を特にアメリカの経典として読むことは、彼にとってもっとも興味深いことだろう。『野生の果実』の第一草稿を構成していた1859年、10月16日に、

彼は日記に、川でジャコウネズミの巣を見たことを書いており、「毎年の現象」は、「私のカレンダーの中で重要な位置」を占めているという。彼は「寓話ないしはその他のやり方でそれは我が新しき聖書に記述されることになるだろう。聖書が我々のものではなくヘブライ人のものであることは、我々の聖書の欠点だ。我々にもっと相応しいたとえ話は、エジプトあるいはバビロニアからではなく、ニューイングランドから引かれるべきだ」と続けている。

　19世紀半ばのニューイングランドで聖典を書くというソローの宣言は、驚異的にみえるかもしれないが、そのような活動は実は、超絶主義作家を天職とする彼にしてみれば自然の成り行きであった。エマソンは、1836年の秋ソローがハーバード大学を卒業するほんの数ヶ月前に、超絶主義者の原理となった『自然』を出版した。本の冒頭で、エマソンは「我々に先立つ世代は神や自然と面と向かって凝視したのに、我々は彼らの目を通してしか見ていない」と述べている。次に彼は、超絶主義者としては逃れられない問題を問いかけで表している。「なぜ我々は宇宙との独自の関係を取り結ぼうとしないのか」。そして、この単純だが深い革命の理想を強調するかのように、すぐに「なぜ我々は、伝統ではなく洞察の詩や哲学を持とうとしないのか。過去の宗教の歴史ではなく、自らの啓示に基づく宗教を持とうとしないのか」と言い換えている。超絶主義者は、遠い国で見ず知らずの預言者によって、はるか昔に書かれた経典の中の神を読むというありふれた方法で間接的に神を経験するのではなく、いかなるものも介在しないで、今ここに直接神を見なければならない。さらに、超絶主義者は、いくつかの概念予備形成のレンズを通して、ある者の自然界に対する理解を濾過しようとする傾向に抵抗しなければならないし、全体的で直接的な自然経験を得ようと奮闘しなければならない。

　『自然』を読んだ影響は、ソローに素早くそして深く現れた。エマソンが、その本の中で用いた語句やイメージが、大学でのソローのエッセイの至る所に見え始め、その後数年間は彼の本の中に出現し続けた。彼は、1840年代の半ばまで、エマソンの弟子として、一種の見習い超絶主義的詩人批評家として過ごすが、ついに決意してある空間を開墾し、真に世のな

かに腰を落ち着ける。彼にとって、ウォールデンで暮らした期間（1845－47）は、個人の自由の限界を試し、昔からの前提を考え直す時期であった。ウォールデンで生活した時期に、彼はまた超絶主義者の規範について、見直しをした。エマソンが『自然』の中で説いたことを実践するのは本当に可能なのか。洞察に関する詩と哲学を持ち、我々に与えられた啓示によって宗教を信仰するべきだというのは、正しいし素晴らしいし、容易でさえあるが、どうしたら洞察や啓示が生まれてくるような生活ができるのか。さらに、「宇宙との独自の関係」を一度味わったものは、その経験をどうやって伝えるのか。超絶主義者がどうやって聖典を書くというのか。

　ソローは、ウォールデンでの経験から生まれた名作の中で、この難しい一連の問題に取り組んだが、間接的で、比喩が多く、ほとんど神話的であった。彼は、『ウォールデン』のもっとも有名な段落のひとつで、人生の「本当の意味」に対する彼の考えを我々が突き止めることができるようなヒントを与えてくれている。

　　　私が森へ行ったわけは、慎重に生き、人生の本質的な事実だけに対峙し、人生に内在しているものを学ぶことが出来るかどうか知りたいと願い、いよいよ死ぬときになって自分は十分生きては来なかったと発見したりする事のないようにしたかったからだ。私は人生と言えないような生を生きたくなかった。生きることはそれほど大切だったのだ。いざという場合以外は、人生を放棄することもしたくなかった。私は深く生き、人生の精髄を汲み尽くし、スパルタ人のように勇敢に生きて、人生とは言えないものを総崩れにし、広く且つ綿密に草を刈り、人生を追い込み、ぎりぎりの本質に煎じ詰めてみたかった。（中略）もし人生が崇高なものであれば、経験によってそのことを理解し、その真の重要性を次の旅で報告できるように深く生きて、人生の真髄を習得したかった。

　彼が言う「次の旅」とは、池での26ヶ月間の逗留のちょうど中ほどに当たる1846年の秋に、メイン州の荒野へ2週間旅をしたことについての彼の

エッセイ「カターディン」に明らかに言及したものだ。その際、州の最高峰（Ktaadn山、今はKatahdinと綴る）に登ったときに、初めて出会った景色があまりに異様な世界だったので、それを見て彼は方位喪失に陥ったのだった。

　私は肉体を怖れる。私が閉じこめられているこの物質が私には異質なのだ。私は自らがその一つである魂や亡霊を恐れないが、この肉体を恐ろしいと思うし、出くわすと震える。私をつかむこの巨大なものは何なのか。神秘について語ろう。自然の中での我々の生の不思議について考えよう。日々物質が提示され、物質と触れる生活のことを。岩、木々、頬をふく風。固い土。現実の世界。共通の感覚。接触！接触！我々は何者なのか。我々はどこにいるのか。

　この文章の狂乱ぶりを、異様でとげとげしい世界を経験した直後のソローのトラウマの表現であると誤解する読者もいるにちがいない。しかしソローは、カターディン山頂で動揺していたときにこの文章を即興で書いたのではなく、後になって、ウォールデンの岸辺の1部屋きりの家で、落ち着いて気楽に、熟慮しながら書いたものである。念入りに考えられた「接触！」の一節の文体は、情緒の不安定ではなく超絶主義派の詩人であるソローの洗練された熱狂を反映しており、言葉の可能性を最大限に用いて、山の中で経験した「世界との本来の関係」について述べている。シナイ山でのモーゼと同じ様に、カターディン山で、神（魂）と自然（物質）にじっくり向き合ったソローにとって、この卓越した文章は、表現できないことを敢えて表現しようとした彼の試みである。

　ソローがカターディン山で得た啓示、彼がはっきりと確信した啓示は、事物に内在する疎外性に対する彼の研ぎ澄まされた感性から来る、人生の「本質的な事実」のひとつ、つまり事物の根本的な「他者性」の問題だった。『ウォールデン』の中の「道に迷って、言い換えれば道に迷ってしまってから初めて、人は*自分自身*を探し始め、*自分がどこにいるか*や、関わりの無限の広さを理解するのだ」（斜体は編者による）という逆説的な文章

は、彼の山での経験を正確に表現している。正しく認識すれば、自然が教えてくれるすべてを自分ははっきりと信じるのだということ、つまり、我々一人ひとりが、身体という代理者を通して接触している物質世界の魂であるということを、山が彼に教えてくれたのだ。この魂、物質、身体の三位一体、それらの間の関係の「無限の広がり」は、ソローにとって大いなる神秘であり、『野生の果実』などの本の中で詳しく説いている。

偉大な預言者なら最初にすべきことは、遠い荒野へ旅することであり、そこで、土地の果実（イナゴや蜜など）を食べて幾日か（いわゆる40昼夜）を、なんとかしのがなければならないことは歴史が示唆している。そこでは人生の大いなる神秘に対する明察を習得しなければならないし、その後には文明社会に戻ってその神秘の奥義を他の人に教えなければならない。すでにみてきたように、ソローは預言者の衝動を激しく感じた。しかし『野生の果実』では、ソロー独自の予言は、「小さなオアシス」（ソローはこの本の中で「ヨーロッパクランベリー」の章でそのように称している）という独特な方法——荒野から野生を持ってくる、もっと的確に言うと、文明社会の中に野生を配置する——で予言をはっきりと示している。これらの聖なる場所、自然の神殿において、人生の大いなる教訓を自分で学び、自らの指導者となることで、先だつ世代の預言者の仲介的証言に頼らなくても、我々一人ひとり人が超絶主義者の規範を実行できる。

1851年に、ソローが講演に野生の概念を導入したときは、単に「野生の中で、世界は保たれる」と言っただけだった。しかし、『野生の果実』におけるその概念の展開からすれば、我々は一体何者なのか、我々は一体どこにいるのかという問いについての我々の視点を変えることを促すことで、明らかに野生は世界を保ち続ける。「入り込めない森」から出て／そこに立ち／道の真中に姿をあらわす」とエリザベス・ビショップが描く「巨大で別世界」のヘラジカと同様に、野生は我々の自己認識を促すし、いつも決まって「幸せな／興奮の喜び」をもたらす。人間は、愛していたり関わりがあると感じるものは守ろうとするのだから、自分たちは物質に不可思議に関わっているのだということを理解できれば、世界を保ち続けるだろう。従って、野生を正しく認識すると、我々は、「習性となっている汚れ

野生の果実 | 19

て曇った人生から」、ソローが「ヨーロッパクランベリー」の一節で示唆したように、地球全体が韻石であると知ることができて、その韻石を「畏敬」し、「巡礼に出る」こともあるかもしれない。野生により、天国が「我々の頭上にあると同時に我々の足下にもある」ということを理解する助けとなるという彼の見解が、『ウォールデン』に示されている。つまりソローにとって野生は、ありふれた事物の中の超自然的なものを解き明かす重要なカギである。彼は野生という救いの潜在能力を非常に重視しており、『野生の果実』の終わり近くで、「原始林」を休閑地にし、自然の残る場所を一般的に「教育や余暇のために」取って置くことが必要だと述べている。

　立案期間が長かったにも関らず、『野生の果実』はソローの死の際、未完のまま残されていた。私は彼が残したとおりに原稿を編集したので、彼が手掛けたものを何の苦労もなく完成させた。『野生の果実』が目指した形式や領域、並びに作品に対するソローの意欲は、十分理解できるので、賞賛の気持ち、更には畏敬の念さえ抱く。我々は『野生の果実』がその一部であった壮大なカレンダーのプロジェクトに関する彼の計画を知ることはできないが、この重要な原稿を刊行することによって、エマソンがソローの葬式で、友人ソローの「中断された仕事」について語ったことの意味を十分理解できると思う。

　彼が進めていた研究は規模が大きいので、長生きが不可欠だったし、我々も彼の突然の死など思ってもみなかった。この国は、あるいは地方は、どれほど偉大な息子を失ったかまだ知らない。誰も完成させることのできない仕事の真っ最中に去らなければならなかったことは、大きな傷であるし、本当の意味で彼がどういう人間であったかを仲間が知る前に、自然から去らなければならなかったことは、高貴な魂には冷たい仕打ちであったろう。
　　　　　　　　　　　　　　ブラッドレイ・P・ディーン
　　　　　　　　マサチュッセッツ州、リンカン、ソロー研究所

野生の果実

WILD FRUITS

　我々のほとんどが、今も我々の生まれ育った土地に対し、航海者たちが海のまだ見ぬ島に対すると同じ関係にある。いつなんどき昼下がりなど、そこで、美しさと甘さに驚くような新しい果実を発見するかもしれない。ちょっとした散歩で1つ2つの名前も知らないベリーを見つける限りでは、知られざる果実の割合が、無限ではないとしてもまだ無際限にあるのだ。

　コンコードの未調査の海域を船で行くと、私のセラム島でありアンボニア島と呼びたい小さな谷や沼地や木々や豊かな丘がある。〔セラムはサン・ピエールが何度か言及しているエキゾチックな場所で、ニューギニア西部、インドネシアのモロッカ諸島の島の1つ。アンボイナはバンダ海北部のアンボイナ島にある都市で、モロッカ諸島の中心都市、かつ商業中心地〕。私は、オレンジ、レモン、パイナップル、バナナのように、東洋や南アメリカから輸入されて市場で売られている人気のある果実には、見過ごされている野生の果実ほど興味がない。野生の果実は、その美しさが野生地の散歩に年々新たな魅力を添えてくれるし、戸外で食べると心地良い味だと発見したこともあった。我々はその実が美しいという理由で輸入低木を前庭に植えるが、一方で、美しさに引けは取らないベリーが、我々には気にも留められずに、あたりの野原で育っているのだ。

　熱帯果実は熱帯に住む人のためのものだ。もっとも美しく甘い部分は輸入されることはできない。ここに持ち込まれると、果実は主として市場を歩きまわる人々の関心の的となる。ニューイングランドの子供たちの目と口を一番喜ばせるのは、キューバのオレンジではなく、近くの牧草地のヒメコウジの実だ。というのも果実の絶対的な価値を決めるのは、果実の舶来性でも大きさでも栄養の質でもないからだ。

　我々は食卓の果実についてあまり考えない。それらは特に議員や美食家のためのものだ。彼らは野生果実を食べないので、野生果実が与えてくれ

る想像力を得られないが、想像力は野生果実を切望しているはずだ。私は一切れの輸入パイナップルより、寒々とした11月に黄褐色の土の上を歩きながら少しずつ齧るホワイトオークのドングリの苦い甘さの方が好きだ。南米の人にはパイナップルがあるし、我々はイチゴで満足しよう。イチゴの良さは言ってみれば、攪拌して無限にその風味を高める「イチゴ摘み」の楽しみの加わったパイナップルともいえよう。自宅の生垣のバラやサンザシの実に対して、イギリスに輸入されたオレンジはどれほどのものだろうか。後者はなくてもすむが、前者はそうはいかない。ワーズワスやイギリスの詩人誰にでもどちらが重要か訊ねてみるとよい。

　これら野生果実の値打ちは、単に所有することでも食べるということでもなく、見て楽しむことにある。まさに「果実」（fruit）という語の語源がそれを示唆している。それはラテン語のfructusから来ていて「利用されるあるいは愛される」という意味だ。もしそうでなければ、ベリー摘みに行くことと市場へ果物を買いに行くことは、ほとんど同義的経験になる。もちろん、部屋を掃除するにしろカブを引くにしろ、それを面白いと思うのは本人の気持ち次第なのだ。確かにモモは非常に美しく美味しい果実だが、市場用に集荷されているモモは、自分自身のためにハックルベリーを集めることほどには、人間の想像力をかき立てない。

　ある男が多大な経費をかけて船をしつらえ、成人や少年の乗組員を付けて西インド諸島に送り出すと、6ヶ月か1年後に船はパイナップルを積んで戻ってくる。もしそれが、一般的な投機家が望む以上の成果がなければ、それが単に大成功の冒険と呼ばれるものでしかないならば、こんな探検にはあまり興味が沸かない。私には、バスケットに入れて家に持ち帰るベリーは少しであっても、新しい世界へ誘い新しい展開を経験させてくれる、子供時代の初めてのハックルベリー摘みの方がおもしろい。新聞や政治家はそうではないと言うが——というのも新しいものの出現が報告されているし、新たな値打ちが見積もりされている——そんなことで事実は変わらない。だから私は探検よりもハックルベリー摘みの方が収穫があったと思う。それは何倍も実のある遠征だった。編集者や権力者が力を入れることというのは、これと比較するとまやかしなのだ。

経験の価値は、もちろん、ひきだされた金額ではなくそれによってこれからどれくらい発展するかで評価される。もしニューイングランドの少年の成長に、ハックルベリー摘みやカブ抜きよりもオレンジやパイナップルの取引が必要だとしたら、彼は当然正しく探検について考えるだろうし、必要でなければ考えない。主として我々に関わるのは、遠くで摘まれて相場師が輸入する果実ではなく、旬の初めに、バスケットを握って午後中歩き回り、離れた丘や沼から自分で掴み取って、家に居た友人に差し出す果実なのだ。

　一般的に、得るものが少なければ少ないほど、幸福で豊かになれる。金持ちの息子はココナツを当てがわれ、貧乏人の息子はヒッコリーの実を当てがわれるが、悪いことには、前者はココナツ摘みには行かないから、ココナツの最上の部分を得ることはない。それに対して後者はヒッコリーの最上の部分を手に入れる。取引されるのはいつでも、果実の非常に粗悪な部分であり、商売人の手はとても不器用なので、じっさいは樹皮と外皮ばかりなのだ。船の船倉を満たしているのはこの粗悪な果実で、これが輸出されたり輸入されたり、そして税金を収め、最終的には店で売られることになる。

　美しい果実あるいは果実の一部を商品として売買することはできないというのは厳然たる事実で、つまり、果実の最高の有用性と果実の喜びは買うことはできない。それはじっさいに果実をもぎ取る人に与えられるものだ。食欲も買うことはできない。つまり、奴隷や奉公人は買えても、友人は買えないのと同じなのだ。

　たいていの人はだまされ易い。いつものとおり道を通っていると、必ず、そこに用意された落とし穴や罠に落ちる。大勢の青年が真面目に従事しているものなら、どんな商売でもまずまずのものだと考えられるし、すこぶる良好なことさえあり、聖職者や政治家に必ずそれなりに認められるに違いない。では例えば、牧草地の青いビャクシンの実は、教会や国家にとって、単なる美しい物なのか。牧童ならそれらを愛でるだろうし、じっさいにその土地に住む者は皆そうだろうが、それらの実は、どこの共同体の保護も受けない。だれでもなっている実を根こそぎにすることができる。し

かし取引の品のひとつとしては、それらは文明社会の注目を必要とする。イギリス政府——それは勿論国民の代表であるが——にビャクシンの実を見せて「これを何に使うの」と尋ねれば、必ず「ジンに風味をつけるため」という答が返ってくる。この目的のためにイギリスへ「毎年何百トンも大陸から輸入される」と本で読んだが、「しかし強い酒の膨大な消費のためこの量でも不十分なので、足りない分は、テレビン油の気炎で補う」と書いてある。これは、ビャクシンの実の利用ではなく膨大な乱用で、啓蒙的政府というものは、もしそんなものがあればの話だが、ビャクシンの実とは関係がないのだろう。政府よりも牧童の方がものをよく知っている。ものごとをきちんと識別し、正しい名称で呼びたいものだ。

　よその地方の果実は上等で印象的なのに、ニューイングランドの果実は貧相でみすぼらしいなどと思うな。どんな果実であろうとこの地方のものは、この地方の人間にとってどこの果実よりも数十倍大切だ。それらの果実は、我々がここで生きるための教えを授けてくれるし、我々に合っている。単に風味だけでなく、この地方の教育において役割を果たすという理由で、我々には、パイナップルより野生イチゴ、オレンジより自生リンゴ、ココナツやアーモンドよりもクリやクルミの方が大切だ。

　もしあなたがいっているのが味が貧弱だということであったとしたら、あなたにペルシャの王、サイラスの言葉「ひとつの土地から優れた果実と戦争の勇者は同時には生まれない」〔ヘロドトス　9:122〕を引用して送りたい。

　私は以下の現象を、それが最初に観察された順に述べていこう。

春の果実

ニレ（Elm）

5月10日より前（7日から9日までに）葉芽が開く前に、ニレの翼果は、木々を葉が繁っているかのように、またあたかもホップで覆われているかのように見せる。これがおそらく付近の樹木と灌木のうち実を結ぶ最初のものだ。それは非常に早いので、ほとんどの人は落ちる前の実を葉っぱと間違えてしまうのだが、この木は最初に我々の町の通りを心地よい陰で覆ってくれるのだ。

タンポポ（Dandelion）

同じ頃あちこちのいくぶん日陰のしめった土手の緑の濃い草地でタンポポが実を結ぶが、たいていその前に、川土手で子供たちが毬のような球果を吹いて母親が呼んでいるかどうか占う見事な黄色い球を見つける。もし一吹きで綿毛をすべてとばすことができれば、母親は呼んではいない。秋によく見られる綿毛状または羽毛状種子類最初のものとして興味深い。普通それは何かの仕事の始まりの兆しで、それを我々の母なる自然はタンポポの実でそっと教えてくれるのだ。かくも自然は人間より確実に迅速に働く。6月4日までにはタンポポはみな、繁った草地で実を結ぶことになる。無数の綿毛の毬があちこちに点在し、子供たちはパリパリした茎で小さな環を作る。

ヤナギ（Willows）

5月13日までに、暖かい森の端で一番柳の若枝は1、2フィートのしなやかな緑の杖のように伸び、先に3インチほどの曲がった虫状の猫じゃらしの実を結ぶ。それはニレの実のように葉っぱが出る前に目立つ緑の固まりになり、やがていくつかがはじけ、綿毛がのぞき始めるとこのあたりの樹木灌木類では、ニレに継いで種子を振り撒く木になる。

3、4日後草原ヤナギと低木の嘆きヤナギが、通常トネリコとハコヤナギよりも高い乾いた土地でその綿毛を見せ始める。嘆きヤナギが全部結実するのは6月7日までだ。

ショウブ (Sweet Flag)

　ショウブは5月14日にはもう内葉を川岸の波で剥がされ、小さな双果が顔をのぞかせる。それが緑果と花の蕾なのだ。いにしえの草木学者ジェラルド［John Gerarde　1545-1612　草木学者。『植物博物誌草本書』1633］はショウブについて「花はハシバミの上で成長するガマに似た長い物で太さは普通のアシくらい、長さは1インチ半、色はまるで緑と黄色の絹糸を混ぜて縫いつけたような市松状の黄緑色だ」〔ジェラルド　46〕と記述している。

　この蕾は5月25日開花するまでは柔らかく、食べられるので、飢えた旅人にとっては有り難い。私もよく水面上に伸びたばかりのショウブの茂みを縫って船を漕いでいくときちょっと止まって蕾を抜いてみる。子供たちはよく知っているが根元の一番内側の葉は柔らかくて食べられる。子供たちはジャコウネズミ同様それが好きで、いつか6月初め、1マイルも2マイルも遠くにショウブ刈りにでかけ、この鞘を抜いて遊ぶために、大きな束にして帰ってきていたのを見たことがある。6月半ばを過ぎた頃になるとこのショウブの実も種になり食べられなくなる。

　春、まず長い刀状の新鮮な葉を傷つけてみると、独特な香りが驚くほど心地良い。この植物は、長い年月にわたって、湿った地面からこの匂いを抽出してきたに違いない。

　タタール族は「その根が浸されていなければ（いつも飲んでいる）水を飲まないという程、珍重している」〔ジェラルド　47〕とジェラルドは述べている。リチャードソン卿［Sir John Richardson『ジョン・フランクリン探索のための極地探険』1852］は、「この植物のクリー名はジャコウネズミが食べる植物」という意味であり、英領北アメリカの先住民はこの植物の根を腹

痛の治療薬として用いると述べていて、「干した後に火の前で乾燥させるか太陽熱に晒された根の、小さな豆粒ほどの大きさのものが、大人の1回の服用分であり、子どもに服用させる場合は、根をこそぎ落としてコップ一杯の水で飲み込ませる」と記している。インディアンに用いられているものとしてはもっとも古いこの薬を、一塊の砂糖と共に飲むことを勧められてもクリー族の子どもたちは飲まないのだが、飲むことを強いられて嫌がらない子どもが果たしているだろうか〔リチャードソン『北アメリカ動物誌』3:263〕。このように我々の夏はジャコウネズミと同様に始まる。我々はジャコウネズミと同じテーブルでその夏の初ものを味わう。これらは、ジャコウネズミの植物であるが、我々はタンポポも心待ちにしている。ジャコウネズミが我々に似ているのか、我々がジャコウネズミに似ているのか。

エゾノチチコグサ（Mouse-ear）

　5月20日頃エゾノチチコグサが、その年最初の種子を落とし、その種子を風が牧草に撒き散らすので、草はトキワナズナとも相まって白色で覆われるし、水面にも浮かんでいるのを見かける。我々が花を探し求めていた時期よりも丈が伸びて、今では地面より随分高くなっている。ジェラルドは、同属であるイギリス種について、「これらの植物は、陽が当たれば砂州や未開墾の地でも育つ」〔ジェラルド　638〕と述べている。

カエデ（Maples）

　早くも5月28日から、水面に翼のある白カエデの果実を見かけるようになった。ヨーロッパの山々の「大型カエデ」の種子に関するジェラルドの説明がこれらに当たる。彼は花について説明した後に、「花の後に、ちょうど左右が対称に二個一組で結ばれている長い果実が互いにまともにぶつかり合って、外皮中の種子があたりにはじけ出るので、他の部分では皮のように、あるいはバッタの一番内側の羽に似て平らで薄い」〔ジェラルド 1485〕と述べている。

　20日頃には、白カエデの同じような大きな緑色の果実が人目を引く。それらは長さが2インチで幅が0.5インチほどの大きさであり、内側の端が翼弁に向かって揺れるので、種子を盗ろうと構えている緑色の蛾のようにみえる。6月6日までには、半数近くが落ちてしまう。カエデの種子が落下するのは、巨大なヤママユ蛾が繭から出て来る時期で、朝になるとたま

に、その蛾の残骸が川面で種子のあいだに見つけられる。

　翼のある赤カエデの果実は、白カエデの大きさの半分もないが何倍も美しい。5月の初旬にまだ花を咲かせている木があるのに、小さな果実がなっているのを見かける。果実が大きくなるに従って、上の方は茶褐色で、大部分はカンバ色めいた赤色となる。5月の半ば頃は、沼地の周囲に並んだ赤カエデの果実がほぼ熟していて、風景の中でもっとも美しく、特に光線の具合によっては花の時期よりも趣がある。

　私は沼地の真中の小山に立ち、数ロッド離れたところにある、片側を太陽に向けた若い赤カエデの若木のつけ根を観察する。翼のある果実は、淡い緋色で、3インチ以上垂れ下がっている。花柄は果実よりも少し暗い色で、少し上向きに伸びた後に下方へ向けて曲がっていて優雅であり、翼のある一対の果実の集合体は、枝に沿ってばらばらに分散していて風に揺れている。

　ザイフリボクの花に似たこの美しい果実は、剥き出しの多くの小枝に見られるが、他の木の葉や赤カエデ自体の葉が付くよりずっと早い。6月1日頃にはかなり熟れていて、その多くが緋色ではなく明るい色なので人目を引く。6月7日頃は落下の最盛期だ。6月1日までにほとんどの木の花が咲き結実する。緑色の実も見られ始める。

イチゴ（Strawberry）

　イチゴは食用果実の中で最初に熟れる実だ。早くも6月3日から見られるが、一般的には10日頃か、栽培種が出回る前である。最盛期は6月の終わりだ。牧草地の中だと1週間遅く7月下旬までそこに残る。

　自ら農業のきつい仕事に従事していたいにしえの人タッサー［Thomas Tusser 1524-80 聖火隊員、農夫。『賢い農夫の心得100』 1557、『賢い農夫の心得500』1573］でさえ、「9月の農作業」という彼の平凡な詩に記している。

　　妻は庭へ行き、1区画の
　　最良のイチゴの苗をもってきた

野で育ったもので、森のいばらに刺されながら選んだイチゴだったが実に素晴らしい　〔タッサー　「9月の農作業」24〕

　ジェラルドは1599年以前に、この活き活きとしたイギリスイチゴに関する記述を我々に紹介しているが、現代にも十分に通じる。彼は次のように記している。

　イチゴの葉は地面の上に広がっていて、端がいくぶんぎざぎざになっており、シロツメクサのように細い1本の葉柄に3枚付いていて、上の面は緑色で下面は白っぽい。それらの葉の間に細い花柄が伸び、その上に中心部は幾らか黄色がかっているが全体的には白い小さな5枚の花びらから成る小花が育ち、花の後に果実ができる。クワの実とは異なりむしろラズベリーに似た赤色で、ワインの味がする。その中身の果肉あるいは基質は白色で水分をたっぷり含んでいて、中には小さな種子が入っている。根は長い糸状で、多くのひげ根を送り出し外へ外へと広がり増える。〔ジェラルド　997〕

　果実についても「イチゴが実らせる食物は小さくて肉細で水っぽく、も

し胃の中で腐敗したりすると栄養はなくなる」〔ジェラルド　998〕と付け加えている。

　5月の13日までには緑色の実が目に留まり、2、3日たつと大抵は乾いた剥き出しの丘の北側斜面で、あるいは茂みの間の裸地や茂みに覆われた空間である場合もあるのだが、たぶんイチゴが付いているのではないかと予想する。丘の頂上のすぐ下にある最適な場所を注意深く見ると、赤く色づきかけた実が見つかり、乾きが激しかったり日当たりが厳しい場所あるいは崖っぷちでは、それだけでも早々と熟成と呼びたいように日が当たった頬だけは赤い実が2、3個は発見される。あるいはまた鉄道の土手道の砂の上で、更に牧草地の溝から投げ出された砂の上にさえ、半分色付いた実を見つける。自然があたかも果実を隠すかのような埋もれている場所で赤い低い茂みの葉にイチゴを見つけるのは、予期していなければ最初は難しい。この植物は目立たないカーペットのように謙虚なのだ。沼地クランベリーに、食べられる野生果実や調理の必要がある果実で、これら早摘みの高地イチゴほど地面近くに横たわる物は他にない。ウェルギリウスがイチゴを「地面の上で育つ小果実」〔ウェルギリウス『牧歌』3:93〕と称しているのももっともなことだ。

　手間をかけなくても、初夏に大地から発している小さなこの果実の香りほど、我々の味覚に合う味があるだろうか。美しい美味しい糧よ。下の方は緑色でまだ酸っぱく、土に触れるように横たわっていたために少し砂でザラザラするのだが、私は急いでその年最初の果実を引き抜いて食べる。私は、イチゴの果実で小さなイチゴ味に染まっている大地を賞味する。少なくとも私の指と唇が赤くなるくらいまで十分頂戴する。

　おそらく翌日には、蔓が砂の上に垂れ下がっている似たような場所で、私なら喜び勇んで熟していると言うほどのふっくらした一番大きく甘い実が、手に2、3杯は取れる。そのとき最初に匂い味わうのはいつも、まさに匂うと共に味わうと常々言うのだが、よく目にする家庭の虫のカメムシの匂いだ。私にはそのようにして季節が始まる。周知の通りこの虫は、その奇異な臭いを「果実の上を単に横切るだけで果実に付けてゆく」〔エモンズ　203〕。かいばおけに口を突っ込む犬と同じで、その虫は自分ではそ

の実を楽しむことなく人が口に入れる実をすべてダメにする。〔"dog in the mager"はイソップ寓話集「かいばおけに口を突っ込む犬」への言及。この物語の教訓は、「人は往々にして、自分たちが楽しむことのできないものを他の人が楽しむのを妬む」というもの。〕この虫は、最初のイチゴを見つけることができる親和力においては素晴らしい。

　早生イチゴは小山かなだらかな丘の一面か、前年牛によって傷められた砂地の小さな谷間の中や周囲といった日当たりのよい所で見つかるが、そのころはちょうど牛が初めて放牧されるので、一斉に先を争って牛の群は牧場を踏む。牛同士がそうして最近競い合ったために埃をかぶっている実もある。

　私は時々言語に絶する春の甘い香りを感じ、その記録をとってきたが、香りの源を特定することはできない。たぶんそれは、いにしえの賢人が語る大地の甘い香りだ。[賢人とはプリニウスのこと。Caius Prinius Secundus 25-79 ローマの軍人、博物学者。『博物誌』79]　プリニウスは大地の放つ「神聖な香り」について「どんなに甘い香りを放つ香水であろうと、これに匹敵するものはない」〔『博物誌』17:3〕と述べている。私はその香りを放つ花をいまだに見つけられないでいるが、それは果実となって現われる。大地が実らせる最初の果実が、空気中に溢れるほど春の芳しさを発し、いわば春の香りを凝縮した化身となっていることはまさに自然なことだ。イチゴは、香りがある所にほどなく見つけ出される天の糧だ。果汁は空気から蒸留されるのではないのだろうか。

　イチゴは、風味同様香りが目立って素晴らしい果実のひとつで、その事実からラテン名、fragaを得たと言われる。ヒメコウジの実と同様に、香りがあたりに漂う。常緑木の萎れた若枝、特にバルサムモミの匂いとよく似ている。

　これら早生イチゴを探せる場所を知っているのはわずか100人に1人で、それはいわば伝承によって秘かに受け継がれる先住民の知恵の一種だ。この日曜日の朝、私のまえを横切り丘の中腹へ向かったかの年季奉公人を召喚したものが何かを、私はよく知っている。イチゴが赤く色付けば、1年の残りをずっと隠れて過ごしていても、先述の臭い家つき虫は、どの工場

野生の果実 | 35

どの部屋に住んでいようと、その年一番に付いたイチゴの傍らにいる。彼にとってそれは本能なのだ。人類のほとんどはいまだ夢にだにしない時期だ。我々が手にするわずかな野生イチゴは、一般大衆がそれと知る前に結実してなくなっているのだ
　たくましい近所の人に育てられて売りに出されている、庭や市場の籠やクォート箱に納まっているイチゴについては、あまり考えない。私をもっとも惹きつけるのは、乾いた丘の中腹にあるイチゴの天然の苗床や畑である。そこでは、最初はほんの一握りしか取れないかもしれないが、雇われ庭師が草を取ったり水をやったり肥料をやったりしなくても、果実が地面を赤く彩ることもあれば、イチゴが不毛の地にじゅず繋ぎになることもある。12フィートもある貧弱な草地を、今は実が独占していて、イチゴは土地が育てるものの中でもっとも豊かな植物ではあるが、雨が多量に降らなければすぐに干上がる。
　ときとして、異なる状況のもとで最初のイチゴを味わうことがある。上流に向かって軽やかにボートを漕いでいるときに雷雨に捕まると、私は斜面が固い土手岸へボートを走らせ、ボートをひっくり返して、その下に避難する。そこで地面にいつものように1時間ほど横たわっていると、大地が産み出したものを見つける。雨が途切れるやいなや、這いだして脚を伸ばすと、すぐに1平方ロッドあるかないかの小さなイチゴ畑に躓く。草地はイチゴの赤一色となっていて、最後の小雨が細く降る中、私はイチゴを引き抜く。
　しかし、我々は、何の心配もなくこの恵みを享受しているわけではない。6月中旬を過ぎると天気は乾燥してもやがかかってくる。我々は地上の霧の中にどんどん入り込んでいて、今日では荒っぽい元素の中に住み、天国から随分遠のいた悲惨なところに暮らしていると私には思われる。鳥でさえ、活発さも陽気さもなく歌っている。希望と約束の季節は過ぎ、すでに「小さな果実」の季節が到来した。希望とその実現との狭間である時間が目に入り始めるので、我々は少し憂鬱だ。天国への期待はかすみに消し去られ、我々にはわずかな「小さな実」が与えられる。
　私は、萌芽地に広くて豊かなイチゴの苗床を見つけるが、葉がはびこっ

ていたり、乾季が来るまでに葉に栄養を奪われて実がほとんど付いていないようにみえる。日照の前に早く果実を実らせるのは、乾いた高地で育つ他より実りがはやく成長が妨げられた植物だ。

　草が茂っている中に、果実を付けず葉が伸びて密集している苗床を見つけることもあるだろうし、葉と果実両方を繁茂させる草を見つけることもあるだろうが、イチゴは房が美しい苗床である。草がぼうぼうとなっている草イチゴは7月には熟すので、背の高い草はイチゴを探しに来た人たちに踏みつけられる。いずれにせよ草イチゴは表に出ることはないかも知れないが、他所では干上がってしまったとしても、乾いた所で高い草をかき分ければ陰になっている根元の小さく窪んだ深い所に見つかる。

野生の果実 | 37

しかしそれは普通このあたりで手に入れる唯一の味なので、泉に出会って手を洗って濯ぐまで、実で手を赤くまた香りをつけながら道を進む。この近くを散歩しながら、この果実を毎年手に2、3杯取れれば運が良い方で、まだ青い実や葉を喜んでイチゴに混ぜ合わせてサラダのようにしているが、それでも、熟したイチゴの風味は記憶に残る。ここはそれほど高地ではないが、この植物は冷地を好むので、高地には豊かに繁茂する。「アルプス山脈かあるいはゴールの森が原産地」と言われているが、「ギリシャ人には知られていなかった」らしい。ここから100マイル北のニューハンプシャーで、新たに開拓された土地至る所の、道端や草の中、隣接する丘の斜面の切株の周りに夥しいイチゴを見つけたことがある。イチゴはそこで如何に生気に満ちて生育し、実を付けていたことか。イチゴとマスは同種の空気と水を好むので、イチゴの生育場所は、一般的にマスの隠れ処からそれほど離れていない。ニューハンプシャー山脈の真っ只中では、1つの小屋が旅行者にイチゴとマス用の釣竿を提供するのが一般的だ。きくところによるとバンゴーの近くでは、イチゴは人間の膝丈ほどの草の根元で見つかるが、熱い日だと目にする前に匂いがする。そこの山々からは、15マイル離れたプノブスコット川や、何隻ものスクーナー船のはためく白い帆が見える。そこでは、銀のスプーンと受け皿が不足することもあるが、他のものはすべて豊富で、一行が銘々大きなスプーンを持って座っている間にも、何クォートものイチゴがミルクパンに移されてクリームと砂糖が混ぜ合わされる。

　ハーン［Samuel Hearne 1745-92 カナダ北部探検家。ロンドン生まれでイギリス海軍に勤務し、のちハドソン湾会社に入社。この会社によって1769年にフォート・プリンス・オブ・ウェールズ（現チャーチル）に派遣された］は著書『北の海への旅』で、「イチゴ（インディアン語ではOteagh-minickだが、いくぶん心臓に似ているのでそう呼ばれる）のかなり大きく風味の良いものは、チャーチル川から遙か北で、特に地面が焼かれたことがある場所に見られる」と述べている。〔ハーン 452-53。ソローが括弧で括った文章はハーンの脚注に書かれたもの。チャーチル川はマニドバにあり、その河口はハドソン湾の西岸にある。〕

38 │ 春の果実

フランクリン卿〔Sir John Franklin　1786-1847　イギリスの北極探検家。2回北極を探検、最後の探検に向かいメルヴィル湾を発したまま消息を絶ち、のちキング・ウィリアム・ランドの発端で、遺骸と記録が発見され同地でふた冬を過ごしたことが明らかにされた〕の『北極海への旅の記録1819-22年』〔2:1824-1828〕によるとクリー語名は Oteimeena で、タナー〔John Tanner　探検家。『ジョン・タナーの捕囚と冒険物語』1830〕によるとチパワ語名は O-da-e-min で同じ意味を持つので、同じ語だ。チパワ族はよく異界へ行くことを夢見るが、死者の魂が、旅の途中で食事しようと「大きなイチゴ」に行き会いスプーンでそれを掬うと、スペリオル湖の近くに多いと言われている柔らかな赤い砂岩に変わると信じられていると、タナーは記している〔タナー　296〕。ダコタ族は6月を「イチゴが赤い時期の月」（Wazuste-casa-wi）と呼ぶ。

　1633年頃出版されたウィリアム・ウッド〔William Wood　1745-1808　植物学者〕の『ニューイングランドの展望』を読むと、耕作によって衰えたり窮地に追い込まれる前は、ここにもイチゴが随分豊富に繁茂していたとわかる。彼が述べているように「2インチほどのものもあって、昼前に1人で半ブッシェル集められるかもしれない」〔ウッド　16〕とある。それらは、この国の一番最初の紅、暁の紅であり、オリュンポス山の土壌にだけ育つ一種の美味芳香な神の食物なのだ。

　ロジャー・ウィリアムズ〔Roger Williams　1604-83　イギリス国教会の聖職者。1630年にはニューイングランドへ移住。ロード・アイランド植民地創設者〕は著書『アメリカの言語への鍵』の中で、最高医の1人は「神はこれ以上のものを作ることができたのに作らなかったのが良質の実だとよく言ったものだ〔最高医とはウィリアム・バトラーのこと〕。先住民が植樹したいくつかの場所では、数マイルの範囲内に大きな舟が一杯になるほどのイチゴがあるのを何度も見た。インディアンはすり鉢の中でイチゴを潰し、あらびき粉と混ぜてイチゴパンを作る。何日もの間他の食物を食べない」と述べている〔ウィリアムズ『アメリカの言語への鍵』の引用は『アメリカ歴史協会コレクション、第1シリーズ』3:203-39〕。バウチャー〔Pierre Boucher　1622-1717　総督〕は、1664年に出版された『新生フラ

ンスの自然誌』で、信じられないような無尽蔵のラズベリーとイチゴが全土に溢れていると記しているし、ロスキエル〔George Henry Loskiel 1740-1814〕の『北アメリカのインディアン、特にデラウェア族に対する同志の布教活動の歴史』(1794) では「イチゴが広く豊かに生育して、平原全体がすばらしい緋色の布で覆われているようだ」〔64〕と述べられている。1808年に、南部人ピーターズ〔Richard Peters〕は、フィラデルフィアに「ヴァージニア州のどこかで、前世紀に焼かれた800エーカーの土地がある森林地帯に、イチゴが夥しく育っている」と報告した。「年老いた隣人は、有り余るほど豊かで全土を覆っていたイチゴについてよく語る。熟し切ると遠くからでも匂いがしたものだと話してくれた。たとえ事実がよく立証されていないとしても、開花したときに花の表面がとても大きくて衰弱していることについて、物語のような語り口で表現した。その土地の境にあるごつごつして様々に変化する山々を背景に、この真似のできない自然の華やかな衣装や、花や果実を頻繁に訪れぶんぶんとうるさい無数のハチが、詩的な記述のための牧歌的なイメージの場面を提供したことだろう」と彼は述べている〔ピーターズ 「森林の燃焼による焼跡地に自生する草木について」『フィラデルフィア協会農業振興のために』1801 1:237-39〕。

　ニューハンプシャーの町の歴史家〔Leonard Seawardのこと〕は、我々に「土地が最初に耕された頃よりもイチゴが減っている」と語る。じっさいこの地方のイチゴもこくのあるシェリー酒もなくなってしまった。あのえもいわれぬ香りからこの実に、その香りゆえのラテン名が与えられているのだが、肥料を施した我々の畑からは香りは決して発しない。もし人の手の入っていない土地の濃厚な香りや果実をじっくり見たいのであれば、幻日がイチゴの種をばらまくであろう北方の冷んやりした土手へ、草原の馬やバッファローの脚を染めると言われるほどイチゴが繁茂するアシニボインの草原地帯へ、あるいは、ラップ人のみすぼらしい家の上に聳え立つ灰色の岩が、「野生イチゴで文字通り深紅色になる」ラップランドへ行かなくてはならない。ある新聞記事によると「ラップランドでは至る所でイチゴが驚異的に実り、あまりに夥しいのでトナカイのひずめや旅行者のそりを汚すが、遠い夏の避暑宮殿タズコイチェレ〔革命前のロシア皇帝の避

暑地の村で、セントペテルスブルグの郊外〕までの長い道のりの間中、皇帝自ら騎馬特使に届けさせるほどその風味は繊細で比類もない」〔『ニューヨーク・セミウィークリー・トリビューン』1860年11月13日号3〕。ラップランドでは、イチゴを赤く色付ける太陽の力を期待できないほど微光なので、いまだそれほど熟してはいない。しかし、アイルランドやイギリスで、栽培種のイチゴの下に敷く藁に由来する「藁の実〔ストローベリー〕」という卑しい名前ではもう呼ばないでおこう。ラップランド人あるいはチペワ族にとってはそうではないのだから。藁の実ではなく心の実というインディアン名で呼ぶほうがよい。じっさい、我々が初夏に食べる深紅色の心臓は、大自然がそうするように1年の残りの期間我々を雄々しくするからだ。11月の2回目の収穫の中に熟したイチゴを見つけることもあるだろう。朝焼けの赤に対して夕焼のかすかな赤さである。

沼地リンゴ（Galls and Puffs）

葉が付き始めるとすぐに、ハックルベリーリンゴなどの様々な美しい果実のようなコブがオークの木に形成されることについては言うまでもない。6月6日までには、円錐花序アセビの上に大きな房のような明るい緑色の腫れに気付く。いくつかは側面が赤くなっていて、全体が2.5から3インチだ。うっとうしい天候時にはカナダプラムがよくそうなるのだが、発育不全の状態に似て、冬になるまで黒く凋んだまま枝に残る。今だと沼地の小穴に明るく白っぽく見えるが、堅くて水分が多く、砕けるとカビ臭い匂いがする。

昔知っていたひどく怠け者で毒気のある人が私に、これらを「沼地リンゴ」と呼んでいることを教えてくれた。彼はそれを好きだと言って「子どものときにこの沼地リンゴを3ブッシェルも食べたんだ」と告白した。何と大量に食べたことか。それなら彼は沼地リンゴに養ってもらったようなものだ。

ヤナギ（Willows）

6月10日頃、豊かに葉の付いている白ヤナギは、果実が黄色っぽくてう

なだれていて、遠くの土手道でも人目を引く。15日までには川を縁取る黒ヤナギが結実し、その綿毛が川面に落ち始めて落下は1ヶ月続く。25日頃に、ヤナギは色とりどりだったり白と緑のまだらな果実のように見えて目を引き、川を舟でいく者には興味が尽きない。

ザイフリボクの実（Shad Bush）

　6月21日には熟し始めるザイフリボクの実つまりジューンベリーは、6月の25日から7月1日が最盛期で8月まで続く。総状ザイフリボクと長楕円形葉ザイフリボクの2種類がある。前者は高地に育ち、丈が後者より高くて滑らかな樹だ。後者は高さが6フィートだが比較的柔らかく低地に生育する。ラウドン［John Claudiud Loudon　1783-1843　園芸批評家、建築家。ロンドンで1834年「ガーディナーズ・マガジン」誌を創刊。『イギリスの植物と果樹』8巻 1838］によれば、前者はカナダセイヨウ、野生セイヨウの木、フランス語でいうとAlisier de Choisy…Alisier grappes、ドイツ語でいうとTraubenbinerと呼ばれる〔ラウドン2:874〕。この果実は他のものよりも少し早く熟する。

　これはイチゴの次で、早生ブルーベリーの少し前に熟す、1年のうち2番目の実つまり食べられる野生果実であり、ブルーベリーが熟し始める頃にちょうど最盛期となる。木や灌木に付く実としては一番早い。

　5月15日までにはこの灌木の花は消えて、微小の果実が顔を覗かせている灌木もあるが、それはショウブの実とたぶんイチゴを除いて、すべての食用野生果実の最初の徴候である。というのも緑色のグズベリーとアカスグリはそれほど早く確認されないからだ。30日までには、小粒の豆ほどの大きさになっているか、ヤブベリーよりも大きくなっている。1週間後に、低地ブルーベリー、チョークチェリーなどと同じ大きさになっている緑色の実を見て驚くだろう。それは花から果実になる一つの段階にすぎないのだ。

　6月17日までには、まだ十分熟してはいないが、食べられるくらいに赤く、柔らかくなり、21日までににには更に赤くなり、やがて鮮やかな赤い実の中に紫や濃紺の実を見るようになる。それらはよく熟れている。渋い濃い紫

色か赤紫のこともある。しかし熟す前の赤いときの方が美しい。堅くはないが、色や大きさ、粘性に関してはブルーベリーに近く、矩形の形状に関しては長い茎と落葉しない萼葉を持つ小リンゴや洋ナシに似ている。それらのほとんどはぜん虫や昆虫に傷つけられたり、あちこちが明らかに鳥につつかれたり砕かれたりするが、よく熟した完全な実を手に入れて判断すると、それらはブルーベリーやハックルベリーに匹敵するほどの美味しさであると言ってよい。それらはたぶんもっとも甘いヤブベリーであるが、ただ広く知られるにはもっと繁茂する必要がある。総状ザイフリボクの実の皮は柔らかいが、長楕円形葉ザイフリボクの方は堅い。

どちらもここではそれほど実っていないし、あまり多くの人に知られてはいない。1853年6月25日に、私は、これらの実が、森の中の長くて細い低湿草地の先あたり、アサベッツ川に沿うコルバーン農場で、常にないほど大量に育っているのを見つけたが、それはあたかも古代の川の苗床のようだった。嬉しい驚きであったが、その季節固有のものにゆえんするにち

がいない。私は1クォートの実を採りながら、間違いなくこの果実に惹かれて集まって来ているチェリーバードなどのたくさんの鳥の声を聞いた。灌木がいくつか集まった茂みの軽く揺れている低木の森で採集している間中、私はそれらが豊富だと言われている遠い未開の北方地域、私がその村へ行くには箱舟の長旅と多くの乗り物が必要なのだが、おそらくサスカチェワン川の土手に居るかのように感じていた。翌日私はそれをプディングにした。種のないサクランボのさっぱりしたプディングによく似ていて、それは調理しない方がいい。これを聞いた数人の農夫が驚き、1人が言った「本当か。俺は70年生きてるが、そんなものは見たことも聞いたこともない」と。

　また1860年7月30日私はある人に、マーシャルマイルズ沼の南西にある森の中の霜の降りた谷間に案内された。以前彼はそこで、ザイフリボク（おそらく長楕円形葉種）が実をいっぱい付けて熟していた畑をみつけたのだった。そこはそれほど低くはなく、森で囲まれたスゲの繁る開けた谷間で、そのうちの何本かは寒さでやられたことがあるのだろうが、今はスゲを越えて伸びている。ここの密集した小さな畑は長さが約1.5ロッド、茂みの高さは約3フィートだった。それは新しさと本質的な美しさでとても興味深い光景だった。それらはハックルベリーの茂みよりひと回りかふた回り大きく、葉は堅く深緑色で細いアスペンの葉にどこか似ていて、短くて幅広い不規則な総状花序の実は、赤と濃紫色が混ざり合ってかなり多様な色をかもし出していた。丈がかなり高くて葉があまり付いていない茂みの人目を引く赤い実（大部分が赤くなっていた）は、空気中にのびのびと育っていて、私は濃い色の葉と見事に対称的な実の、小さな野生ヒイラギを思い出す。よく熟して最大になった濃紫の実は、直径がちょうど0.5インチだった。通常は不毛で、茂みに果実が付いていない谷間で、こんな見事で豊かな光景を見れば我々は驚くとともに嬉しくなることだろう。赤い実が更に熟した濃紫の実とほとんど同じ美味しさであるという点で、これらの実は特異なのだ。この木が夏に湿気と冷気に恵まれていたからだと思う。

　ちょっとした変化には好ましい実だが、ハックルベリーやブルーベリー

ほどには私の味覚には合わない。ケープコッドでは、もっと豊かに実を付けていて、「ジョシュの洋ナシ」と呼ばれているが、あるケープ人がそれは「旨み」（juicy）の転意だと教えてくれた。

　しかし、それらが円熟しているのはイギリス領アメリカ（カナダ）においてである。ザイフリボクの実は、北方のインディアンやカナダ人が用いる「礼拝の実」なのだ。リチャードソンは、「２種のザイフリボクの有益な実は、クリー語で即ち船頭の梨（Misass-ku-tu-Mina）であり犬のあばら肉（Tche-ki-eh）である。この樹は、森と共に北に向かって続いている川の土手沿いに広がっていて、北緯65度、マッケンジーまで果実を産出する。ノバスコシア、ニューファンドランド、ラブラドルなど北方の州や太平洋の西側では一般的なのだ。黒い果実は、豆粒ほどの大きさで味が良く、十分乾燥した状態でペミカン（乾燥肉で作った固形携帯食）と混ぜ合わせたり、プディングを作るのに用いられ、ザンテの干しぶどう（アカスグリの実）とほぼ同じ目的に用いられる」と述べている〔リチャードソン　1: 126〕。その地方の最高の果実だと言われている。我々の考えるようにイチゴとマスが関連しているとすれば、この実は、この花が岸辺や丘の中腹を白くする時期にニューイングランドで捕れるニシンと関連しているかもしれない。

　私は、この町の標高12フィートの所で、よくその第一変種を見る。ジョージ・B・エマソン〔George B. Emerson　1797-1881　米教育者、植物学者。『アメリカ樹木誌』　1846〕はチェスターのそれについて「地面から５フィートの高さにあって周囲は５フィート７インチ」と述べている。私は、モナドノック山で小型種を見たことがある〔モナドノック山はニューハンプシャー南西部の山で標高3165フィート。ソローは何度か登攀しキャンプをしている。〕

早咲き低地ブルーベリー（Early Low Blueberry）

　植物学者にペンシルベニアブルーベリーと呼ばれている早咲き低地ブルーベリーあるいは小型ブルーベリーは、６月21日に熟し始め、７月の半ばには市場に出荷されるのだが、最盛期は７月25日までである。日陰にあったり、他の樹に覆われていると８月まで残っているし、山だと１、２ヶ月遅い。

ヨーロッパの初期の植物学者は、現在の北方の植物をカナダ産と呼び、南方の植物をわずかではあるがニューイングランドあるいはニューヨークからのものがあっても、ヴァージニア産またはペンシルベニア産と呼んだが、これは、違いをはっきりさせるためだけではなく、タバコが取引されていてヴァージニアの名前が大方の耳に好ましいためなのだ。ヴァージニア産という名前は、ヴァージニア州に見当たらなかったジャガイモに関しても当てられた。種名は植物がもっとも繁茂している場所を示しているとすれば、色々な州に由来する種名には正当性と利便性があるはずだ。
　そこでまず、ホートルベリー樹の中でももっとも小粒で果実が最初に熟する、小型の早咲きブルーベリーがある。一般的に真っ直ぐ伸びる灌木ではなく、多かれ少なかれ傾いて垂れ下がっていて、厚いマットのように地面を覆っていることもある。枝は緑色で花は普通白い。灌木も果実も、他のどの種より華奢で繊細だ。
　6月1日までに私は若い実ができているのに気付き、15日までに緑色のブルーベリーとハックルベリーが確認されると、それらの実が熟す時期が思い出される。早くも熟しかけている早生の実がある。この時期は果実が緑色の早生ハックルベリーの季節なのだ。私は22日までには、実が岩の上に垂れ下がっている丘の中腹の高い所で1つか2つ味見する。翌日にはたいてい、待ち焦がれている人がブルーベリーのプディングを食べたという話を聞く。
　自然は、我々に今花とともに果実を与えてくれる。
　色付く最初の実を見ることを期待して毎日森を散歩する人は、どのくらい前から熟していたのかはわからないが、ある好ましい場所で、気が付いた時にはその実がところを得て膨らんで熟しているのをみて驚くだろう。町の茂みをすべて熟知し、少なくともそれらが生育するすべての場所を毎日訪れなければ、低地ブルーベリーとハックルベリーが熟し始める日を、あるいは第何週ということさえ言えない。いずれにしても、それらの実が自分の役割に専心しているときに、丁度我々が自分の仕事に専心していれば、上手い具合にそれらの実を見つけられるのだ。
　谷を歩く人が気付く前に、それらの実は丘の頂上で最初に熟れる。年老

いた人々が色付いた実をあたりに1つだけ見つけたときには、実の生育地を熟知している子どもたちはバケツに一杯の実を採り、家々に売り歩いている。その後、最初の赤いアメランシエすなわちシャッドベリーが続く。

　イチゴは、主に春の新鮮さと水分に依存しているので春の果実だと考えられているかもしれないが、高地ではすでに乾いて柔らかい果実、即ち6月に落ちてくる一種の天の糧となっていて、草原では草陰の根元に隠れている。今イチゴよりは固い果実であるブルーベリーが出始めている。もっとも固いナッツが最後に採れる。

　これらの実は、古人が想像した天空上層の空間から作られているかのように、ひっそりと天空上層で色付けされたように、非常に無垢で芳しい風味なのだ。色で2種類に分けられる。1つは一番ありふれた、花と黄緑色の葉が付いた美しい明るい青色であり、もう1つは黒っぽい葉を付けた光沢ある黒い種類であり、花が擦り切れているだけで、最初は同じだと思うかもしれない。20年か30年前、萌芽地の高い茂みの後ろに隠れていた苗床に近づいたとき、私の前に現われたこれらの実の美しい房、一輪の花も欠けることなく木陰に垂れ下がって、あたり全体の地面を青くしている見事な房は今でも心に浮かんでくる。ひそやかで新鮮なオークとヒッコリーの芽の下に、古人が想像したような天空上層の果実を見つけたことは、実に興奮する発見だった。

　私はこの早咲き低地ブルーベリーをカナダ名に合わせて「トキワナズナ」と呼ぶが、高地ブルーベリーとハックルベリーは多くの地域では見られないので、そのブルーベリーはおそらくニューイングランドで優勢なホートルベリーなのだ。それは冷たい空気を好み、山ではたくさんの実が付く。何年も昔ウォッチュセット山でキャンプをしたときには、水がないので飲料用にミルクを運び上げていたのだが、テントに敷いたバッファロー皮に開いていた穴からブルーベリーをたくさん採って、夕食をブルーベリーとミルクにした。〔ソローは1841年7月半ば、ウォッチュセット山へ、マーガレット・フラーの弟リチャードと4日間の旅に出かけている。その小旅行はエッセイの形式で書かれ、1843年、『ボストン文学論集』 *Boston*

*Miscellany of Literature*の中に"A Walk to Wachusett"として収められた。〕　そこではブルーベリーがモナドノック山よりももっと豊富で、下界ほど早く成熟しないが、いずれにしても大気がうんと冷たいために持ちが良い。この植物は他の灌木と同じく目立たないが、とてもよく実が付

く。1852年9月7日に、頂上の岩の間に、繁っているのを見つけた。大きく新鮮で食べると冷たく、水の代わりになる。私は午後1時に山を離れ、帽子の中に新鮮そのものの植物と実の見本を持って4マイルの距離を歩いてトロイへ行き、馬車を拾うと、5時15分にコンコードに着いた。山の頂上でブルーベリーを採っていた時から4時間あるいは5時間後であった。じっさい、カナダハックルベリーであるこの実は、秋に登山をする人の元気を常に回復させる。雲の上にそびえ立つニューイングランドの山頂は、どこの庭の果実よりも豊かで美しい青色の果実で覆われている。

　ニューハンプシャーの多くの町では、付近の山頂が多くの村共通のベリー畑であり、ベリーの季節になると、山頂は採集者で群れることになる。特に休息日である日曜日には、100人ほどが周囲の村から様々なバケツと籠を持って押しかけてくる。そのような土地でキャンプし俗世間を離れて自分自身を考えているのに、私の孤独は、この種の軍隊に予告も無く侵略されたりした。ある場合など朝日が昇る前の朝霧の中をやって来て、互いに離れ離れにならないように叫び声を上げたりバケツをたたく人がいて、そこではベリーの季節は平日だけが安息日だと知った。

　石ころだらけの山頂では、ブルーベリーの灌木が1マイル以上に亘って優勢であり、若枝からすべての岩棚を数インチ幅だけ占有し、明るい緋色のゴゼンタチバナがよく点在している場所で、実が岩から小さな環状に垂れ下がっていて、花は付けていないが密集している。明るい単一色の青か黒、もしくは中間色の青い大きなブルーベリーが、険しい棚石の隙間に沿って生育していることもある。その季節にコンコードから北西の地平線に青い山頂を見ると、近くでもこの灌木は同様に実で青く見えることを思い出す。森がいつ伐採されようと、これらの実は一連の丘すべてで次々と成長してきた。30年ほど前にこの町とリンカンの間にあるファインヒルで、10クォートを2時間で集めて篩い器を一杯にしたことを思い出すが、今ではそこは木の密集した高い森林である。

　ブルーベリーで、ベリー摘みの季節と呼ぶものが始まる。インディアンはベリーが熟した季節を真夏とした。7月の半ばまでに多くの実が熟するので、子どもたちはその後に遠足を計画する。深紅色の実とは対照的に、

完全な鐘型の美しい花がすべて凋んでいるのを秋遅くにも見たことがある。

丘の中腹の樹が伐採されると、いわゆる小型のペンシルベニアブルーベリーは光と空気に曝され、あざやかな緑色の新鮮な若い芽を結実させるし、2年目又は3年目には、その茎は散歩者が実をほとんど収穫できないような森林の陰で育つ通常のものよりも大きく、風味も印象的な実が房状で地面にどっしり落ち着き、古代に彼らに与えられていた原始の山の斜面を思い起こさせる。そのような場所は、数年にわたり、あるいは樹がブルーベリーを覆い、ブルーベリーが再び自然の懐に引き戻されるまで、村人にいち早く実を提供する。ブルーベリーは、ひとつの森の倒壊から新たな森の出現までの数年間、繁茂する。

まだ熟していない緑色の実だとばかり思って、ここに記している実に対して心の準備をしたり口をきれいにしたりする以前に、どこかの森の子どもが、思っていたよりも10日早く、熟したブルーベリーを持ってドアの前にいる。ブラッド氏が一昨年前の冬にポムシティカットヒルの彼の木をひと山伐採したことを知らなかったのだろうか。この行為は、彼が思っている以上の結果をもたらす。それは、誰にも良いとこなしの不吉な風なのだ。〔バートレットはこのよく知られた諺が、はじめジョン・ヘイウッドの『諺集』（*Proverbs*, 1546）に載せられ、そのすぐ後にトマス・タッサーの『風の巧妙について』とシェークスピアの『ヘンリー四世』、第Ⅱ部（第1幕第2場 87行目）のなかで使われたと述べている。〕持ち主が伐採計画を立て丘の斜面を破壊させ、木材という作物により彼だけがその場所から幾らかの利益を獲得し、村人や遠い町の住民はその代償を、その場所が産出するベリー作物の形で得るということが起こる。彼らは伐採後に、薪束ではなく籠一杯のブルーベリーを拾い始める。庭を耕すのを止めて放置しよう。そうすれば、ブルーベリーとハックルベリーがどれほど短期間で育つことか。自然の摂理において、この自然の食料供給により、大地はすぐに小規模だが新しい森を装い、それは自然の経済の秩序の中で今度はみずからを確実にし、ついには大規模な森林の伐採へと向かわせることになる。

低木の上に垂れ下がっている華奢で、通常は青い果実を付ける、これらホートルベリーの種や変種および類似種は、あたりの山やカナダではブラッ

クハックルベリーやブルーベリーよりも優勢であり、大きな茂みに生育する。それらは旅人に「トキワナズナ」と呼ばれていて、ある種類は遠い北の地方で冬の間中雪の下で新鮮さを保ち、次の6月に採集されるだろう。

　ここから北へ向かって行くと、100マイルほど行ったときに、その違いに気付く人はほとんどいないのだが、我々の地方の種類である滑らかで光沢のある葉を持つペンシルベニアブルーベリーを背後にして、綿毛のような葉と枝を持つカナダブルーベリーを見かけることになる。つまり優勢なブルーベリーは、一般的には同じものだと受け取られていても、南北に50マイル離れている場所では異なる種類となる。

　メイン州のセントジョン川とプネブスコット川の上流で、ペンシルベニアブルーベリーではなく、マツやバンクシアーナなど常緑樹が生育している剥き出しの不毛の尾根や、石の運搬路一杯に生育している大量のカナダブルーベリーを見たことがある。〔ソローはメインの森を1846年、1853年、1857年の3回にわたって訪れているが、これらの川の上流まで踏破したのは最後の1回だけだ。セントジョン川はメイン州を抜けて北東に流れ、最終的には、ニューブランズウィックのセントジョンに位置するファンディ湾に注ぎ込まれる。プネブスコット川は、通常、メインのバンゴアを抜けて南東に流れ、メイン州のプネブスコット湾へと注がれる。〕カターディン山の斜面でも季節の遅い時期に、断然芳しい味がした。それらは何種類かのクマのお気に入りの食物なので、熟れる時期にこれらの実がたっぷりあるところでは、クマと出会うことも多い。グズベリーとラズベリーは、スペリオル湖の北の、裸地とも言える土地に倒木の真っ只中で芽を出しているホートルベリーと同じで、その豊かな実でクマを惹きつけると旅行家のマッケンジーは述べている。同じ種がニューハンプシャー州のレッドヒルでもよく見られるし、モナドノック山にもペンシルベニアブルーベリーに混じって生育している。じっさいそれらは互いにそこで気付かない程度に交配し合うので、遠く南へ運ばれた綿毛のようなカナダブルーベリーの種は、少なくとも滑らかなペンシルベニアブルーベリーを産するだろうし逆の場合もあるが、それはちょうど北方の人間は毛皮を身につけ、南方の人間は綿を着るのと同じなのだ。いずれにせよ、実質的には我々はカナダ

ブルーベリーを、他のブルーベリーの北方形であるとみなすだろう。

　ホワイト山脈では、同類種の沼沢地ハックルベリーと小型ハックルベリーとが見られる。山頂で優勢なブルーベリーは前者であるが、たくさん食べると頭が痛くなると言われている。

低地レッドブラックベリー（Red Low Blackberry）

　植物学者だけが識別できる稀なベリー、小ラズベリーを私は低地レッドブラックベリーと呼ぶが、そのベリーはこのあたりで果実を成熟させる最初のキイチゴで、その年の4番目の実なのだ。5月24日までには花はほとんど終わり、すでに小さな豆ほどの緑色の実をいくつか付けていて、6月26日から7月の半ばにかけて熟する。私はそれを、ときには棒を下の泥の中に何フィートも押しこむことができるような草の中でばかり見つけるのだが、グレイ［Asa Gray　1810-1888　米植物学者。『北米植物の手引き』1848］は「木に囲まれた丘の斜面」で生育すると述べている。それは、一般的な低地ブラックベリーと同じように地面の上を走っているが、茎は一季生で短く棘はない点で異なっている。葉にはしわが寄っている。蔓は方々に伸びているが、貧弱なほどしか結実しないので、いくらも採集できない。メイン州のかなり北の方で蔓に気付いて、森の野草の中の果実をもいだことがある。丁度ここと同じように痩せていてあまり実が付いていなかった。ベリーは黒っぽく輝く赤色で、中位の大きさであり、大粒が複数（6から10あるいは12個）集まった半透明の実なので、中の種が見える。強烈に酸っぱいが、ややラズベリー風でもあり心地良い味だ。味も姿もラズベリーとブラックベリーとの交配である。

栽培種サクランボ（Cultivated Cherry）

　栽培種サクランボは、6月22日までに熟す。ウェストンに住んでいた祖母が、1775年6月17日のバンカーヒルの戦いの日に、王党派としてコンコード刑務所に監禁された弟シメオン・ジョーンズ［Simeon Jones　1808-?　植民者］に、その年一番に熟したサクランボを持ってきたことは我が家で言い伝えられている。〔ソローの祖母はメアリー・ジョーンズ・ダンバー・

マイノットという名で1775年には、コンコードから6.5マイル南にあるマサチューセッツ州ウェストンの地所に、父親のエリシャ・ジョーンズ大佐と共に住んでいた。メアリーはソローが13歳の時に死去しソローの知る唯一の祖父母だった。〕我々の紀元の第1世紀の中期について著しているプリニウスは「ルクラス（ローマの将軍）がミトリダテスを討ち破るまでイタリアにはサクランボはなかった。都市年齢680年にして、彼は初めてポントスからサクランボを持ち出し、サクランボは120年間で海を越えてグレートブリテン島にまで広まった」と述べているが、私は、今ではそれらは遥かに遠い大洋を越えてアメリカにまで渡っていると付け加えよう。〔ソローが読んだのはプリニウス『博物誌』ボーン版3:322で、最後の節は、サクランボは「海を渡って、はるばるブリタンニアにまで到達した」と訳されている。〕鳥たちは、ルクラスが始めたと言われている仕事に従事して、今も毎年西へ西へと種を運んで結実させている。サン・ピエール [Saint Pierre 1658-1743 フランスの政治家、経済思想家、哲学者] は、「サクランボの木の原産は42度であるが、北緯61度を越えたフィンランドのワイバーグ近くで、完全に野晒しのサクランボの木を見かけたことがある」と述べている。しかし、ルクラスは優れた2、3の種類を持ち込んだだけで、今栽培されている大部分のものはヨーロッパ原産であると考える人もいる。彼の時代に栽培されたものの中で、プリニウスはあるものを「美味しい味だが、ほとんど木の下にしかできず、あまりにも脆いので移植に耐えないユリアヌスのようなもの」〔プリニウス『博物誌』3:322〕と呼んだ［ローマ皇帝ユリアヌスがギリシャ文化に心酔し異教の復活を企てたことから］。

ラズベリー（Raspberry）

野生のラズベリーは、6月25日までには熟し始め、最盛期は7月15日までで、8月まで続く。ラズベリーが形成している小さな木立を抜けてうねった道を進みながら、雨の滴を垂らしている果実をもぎ取ると、その年の経過を思い起こし、葉がよく繁った比較的大きな茂みに明るい赤色のラズベリーが成っている光景に驚かされる。

野生の果実 | 53

ラズベリーは、もっとも素朴でもっとも無垢な天上の果実のひとつだと私には思える。ヨーロッパ種のひとつは実に「イデー」と名付けられている。このあたりでは主に広い沼地に生育している。丘の上にもあるにはあるが、ほとんど結実しないので重視されない。しかし1859年、1860年のような湿気の多い夏だと、この近くでもいくつかの場所でとても豊かに実を付けるので食卓用に採集される。イチゴと同様にラズベリーは、土壌がまだ水分を多く含んでいる新しい土地や、最近焼かれるか刈り取られた土地を好み、以前はここでももっとよく見られた。

　先住民も白人も、古代人も現代人も、ちょっと寄り道をしてこの小さな果実をもぎ取ってきた。ラズベリーは最近の話によると、おそらくローマ設立前であろうが、スイスの湖底の堆積に足跡が見つかった未知の原始人の食物の一部であった。イギリスの植物学者リンドレイ［John Lindley 1799-1865 植物学者、園芸学者、ロンドン大学植物学教授。『植物の王国』、1846］は「私の目の前に3つのラズベリーの樹がある。骨が（イギリスの）地下13フィートで発見された人間の胃から取り出された種から育った樹なのだ。彼はハドリアヌス皇帝の硬貨と共に埋葬されていたので、おそらくこの種は1600年から1700年前のものである」と述べている〔ソローはAlphonso Woodの脚注から引用〕。この陳述の正確さは、しかしながら疑わ

しい。

　私は9月の半ばに沼地で、まだ新鮮な実を見ることがあるし、晩秋にところどころで2回目の収穫が見られたという話も聞いたことがある。

　プリニウスは、栽培に適してない場所でもヨーロッパ種が根を下ろし、根を遠くまで張り、場所を占領している様子を観察した後で、だから「人間は大地の世話をするようにできているようだ」と述べて、「もっとも不快で忌み嫌われるはずのことが、取り木や生垣用潅木による繁植の技術を我々に教えてきた」と感嘆している。〔プリニウス『博物誌』17:21；3:476。取り木は、若枝や細枝を地面に向かって折り曲げ、土で一部覆うことによって、根付かせ繁殖させることを含む。生垣用潅木による繁植は、大地に根付かせるため接ぎ穂を取ったり植物を切り取ったりすることを含む。〕

クワの実（Mulberry）

　私はクワの実が6月28日に熟しているのを見たが、7月26日にもまだいくつか見かけた。畑の中にある木を1、2本知っているが、おそらく栽培で広がったものだろう。プリニウスはクワの実について「開花はもっとも遅い方に属し、果実が熟すのは最初の方なのだ」と言う。熟すと果実の液で手が汚れるが、酸っぱいと汚すようなこともなくなる。「果実の大きさに与えた影響を除けば、人為がこの木に与えた影響は、その樹名（多様である）、あるいは接木や他の手段ぐらいである」〔プリニウス『博物誌』15巻27章；3:320〕と述べているが、今でもそのとおりのようだ。

　7月初旬に、早生のブルーベリー、ラズベリー、シンブルベリーが一斉に熟し始める。

シンブルベリー（Thimbleberry）

　黒いシンブルベリーは6月28日に熟し始め、最盛期は7月15日までで、7月の終わりまで続く。7月19日までには緑色の実に気付く。それらは土手沿いに生育していて、草刈人は一列刈り揃える度にそれをもぎ取る。萌芽地にも生育する。

　これは正真正銘素朴な実であり、あまり風味はないが美しくて固い。私

は若いときには、土手の斜面にそれらを並べて、鳥と競いながら大粒の黒い実や黒く成りかけの実を集めて、草の桿群に吊るして、楽しい時間を過ごしたものだ。皿を持ち合わせていない場合に、家に持ち帰るにはもっとも重宝な方法なのだ。

　シンブルベリーは、普通7月の半ばには水分が抜け始める。10月8日という遅い日に、完全に熟した大きな実がまだ熟してないものに混じっている2回目の収穫を見たことがある。そのときは前の6週間に雨が多かった。

高地ブルーベリー（High Blueberry）

　10日ほど遅れて、高地ブルーベリー、沼地ブルーベリーあるいはビルベリーが実を付ける。共通して青と黒の2種類（散房花序ハックルベリーとその変種）がある。めったに見かけられない後者は小さくて光沢の無い黒色で酸っぱく、7月1日に熟し始めて、シンブルベリーよりも早い他のブルーベリーより更に1、2日早く、高地ブルーベリーもシンブルベリーも9月まで続く。5月30日までには緑色の実に気付き、7月1日から5日の間に熟れた実をいくつか見かけるようになる。8月1日から5日までが最盛期なのだ。

　これらはニューファンドランドやケベックほどの北方にまで見られると言われている。高地ブルーベリーは沼地で育つが、水分が過度に多いと沼地の端や池の縁あたりに育ち、ときには丘の斜面でも茂みに出くわすことがある。高地ブルーベリーは非常に水を好むので、ウォールデンやグース池のように、岸が固くて急勾配になっている池の縁あたりに育つかもしれないが、汀線だけに限定されていて、水位が高い季節以外でなければ実を付けないだろう。谷間のこれらの灌木の芽や蕾などを見れば、いつ水面まで降りて行けばよいかその時期がわかるかもしれない。森の中で土地がある低さまで沈んでいると、水分やかなりの湿気が届いてミズゴケや他の水性植物が芽を出し、人間が干渉しなければ、1平方ロッドのささやかな窪地であろうと100エーカーの沼地であろうと、高地ブルーベリーの茂みが密集した垣となり縁にかかるように曲線を描きながら、縁の全周囲に同じように発育するか、もしくはそれを越えて伸びるだろう。

高地ブルーベリーは、現代の沼地や低い森では、一番ありふれた強い潅木なので、土地測量で線を引くときには私も仕方なく少なからず切り倒した。花は実を約束して、甘く、快く香り、実を手に一杯もぎ取って食べるといくらか酸っぱいのだが、口に合う人もいる。その果実は珍しく冷たく新鮮で、わずかに酸っぱい。
　植物学者のパーシュ［Frederick Pursh　1774-1820 植物学者。『北米の植物』、1814］は、彼の時代の高地ブルーベリー（我々のとは別の種類に違いない）について、あっさり「黒くてまずい実」と述べている。アンギアン（ベルギー、ブルッセルの南西2、3マイルの都市）のアレンバーグ公爵の庭では、「クランベリーの果実と同様に用いられる高地ブルーベリーの果実は、ピート地で栽培される」のがよいと言われているが、あまりにも成長が遅いので、それがどうして評価されるのかわからない。食べられないほどに決定的な苦みのあるものに行き当たったことは滅多にない。高地ブルーベリーは、大きさも色も風味も様々であるが、私は、大きくてちょっと酸味の強い、光沢のある青色の実が好きだ。これらは私にとっては沼地の本質と味を体現している。ブルーベリーが密集して大きくなると、茂みはその重さで湾曲し、これほど美しい果実は他にあまりない。
　最近伸びた新しい枝の上でまばらに成長している実は、直径が0.5インチ以上あり、クランベリーとほぼ同じ大きさなのだ。かつてじっさいに登った山で私が1本の灌木からどれほど実を採集したかは、あえて言うまい。
　多くの人々を沼地へと誘っているのは、高地ブルーベリーだけではない。年に1度我々は、このハナミズキとビルベリーが地面を膨らませている聖なる場所へ巡礼に出る。誰でも聞いたことがあるベック・ストウズ沼、ガウイング沼、ディーモン牧場、チャールズ・マイルズ沼などでは、森の真中に、数人しか知らない秘密の保護区が結構ある。
　数年前グレート・フィールズの東、オークが茂る森の中へ入り、それまでは知らなかった細長くて曲がりくねった沼地へ降りていった覚えがある。奥まった所にあるひっそりとした草原は、森林の真中に低く沈んでいて、3フィート丈の揺れている緑色のスゲと低地アンドロメダ、キンロバイで埋め尽くされていた。池底は底知れない泥だったので真夏か真冬以外では

見通す事ができないだろうし、探しても人間や獣の足跡はなかったろうが、そのとき大部分は足のところまで乾いていた。この草原の上では、ハイイロチュウヒが邪魔されることなく旋回していたが、かなり前に発見してからずっと森の上で長く飛んでいたところをみると、おそらくこの草原に巣があったのだろう。草原にはブルーベリーの茂みが島のように点在し、よく繁ったブルーベリーの垣で囲まれていて、それに混ざって、円錐花序状のアンドロメダ、高地ザイフリボク、深紅色の美しい実を付けた野生ヒイラギなどは、高い木の前面に並んでいる。昔からあるトキワナズナと同じ大きさの巨大ブルーベリーが、深紅色のヒイラギの実や黒色ザイフリボクと交互に出ているか、あるいは綿密に混ぜ合わされていて、奇妙な対照を成していながら調和していたが、これといった理由もなく、巨大ブルーベリーを選んで食べて、他の実を鳥に残した。この草原から、私は地面にかがむようにしながら、荷物で実を擦りながら、足幅もないような道を通って南へ進むと、別のさらに大きな沼地、あるいは同じような特徴の草原に着いた。というのもそれは一対の草原の片方だった。このようにぐるりと木の実で縁取られて、近くでこうした場所に出くわし、驚きながらブルーベリー保護区の縁に立つということは、ごく最近のことであるが、それがいつも歩く場所から1000マイルも離れたかのようで、まるでコンコードからペルシャほど人里離れた新奇な場所のような気がする。

おずおずした元気のない人だと勢い土地の端の方を歩きがちで、そこは実は比較的実が少なく枝に擦れることも多い。勇気ある人だと、茂みが上から垂れ下がる広い沼地を進み、水性アンドロメダとミズゴケの真っ只中を通り抜けると、そこでは周囲1平方ロッドの表土が揺れていて、多くの倒れて割れた囊状植物で少なくとも足を濡らさなければならないが、危険でもある分、人の手が入っていない垂れ下がった大きな房に近づける。様々な野生果実が混じっていると、ブルーベリー沼地の端から見渡す光景ほど野生的で豊かな光景は他にない。

　チャールズ・マイルズ沼にも、冷たいブルーベリーが頭上高く垂れ下がっていて同じように野性的で美しいが、生き生きした木の美しさがちりばめられており、その美しさは実以上の価値がある。値打ちものとされ始める数年前に、沼地でブルーベリーを採りながら、奥の方の見えない家からマイルズさんの低音のヴィオラの震える音を聴いたことを思い出す。彼は有名な聖楽家で安息日に合唱する聖歌隊を持っていた。さだかではないが、それらの調べがこだまして「私の震えている耳に届き」、私が立っている場所が「この世の土壌」だとは思えなくて、真の名声の時代を思いださせてくれた。〔引用はミルトン「リシダス」77-78行。ソローはこの詩193行を暗唱していた。〕

　こうして夏、部屋で読書や書き物をして午前中を過ごし、午後野原と森へ歩いて行くと、気が向くままに横道にそれ、肥沃で人里離れた人跡未踏の沼地へ入れば、そこに、待ってくれていたかのような大きくて綺麗な無尽蔵の豊かなハックルベリーが見つかる。これが本物の庭なのだ。おそらく、低い葉の多くはすでに赤く色付いた、頭より高いザイフリボクの密集した茂みを通り抜けて進むことになるだろう。若いカバノキとともにラズベリー、高地および低地アンドロメダなどが減少していく。常緑の沼地ブラックベリーの大きくて分厚い平らな苗床があり、やがて、ひんやりした空間に出て、そこには巨大な深緑色の高地ブルーベリーの灌木群が1つか2つ立っていて、大きな冷たい実が点在している。さもなければ、ブルーベリーは、沼地の陰あなたの頭上高くにあって、新鮮さと冷たさを長く保っている。その小さな青い袋には、沼地の果汁と花蜜が混ぜ合わされて詰まっ

野生の果実

ていて、その絆を歯の圧力で破るのだ。ジェラルドによればホートルベリーは「歯の間で破裂したときに音がするので、低地ドイツ語でクラーケベシアンと呼ばれている」〔ジェラルド　1417〕ということを私は思い出す。

　大きな沼地の中には、ほとんどが大きな木立に成長しているブルーベリーの灌木だけで構成されているものもあり、基部は別々なのに、その広がった天辺は無数の細いくねった道の上で絡まっているか、あるいは絡まっているように見えるので、手がかりのない完全な迷路なのだが、水に漬からないようにするためには、低くかがんで草むらから草むらへとまたぎながら、おそらくお供のブリキバケツの思いがけずガタガタ鳴る音を頼みにして、ウサギにだけは都合がいいような小路を苦労して進み、太陽に導かれながらその方向に向かわなければならない。

　灰色のブルーベリーの灌木はオークと同じく立派なのに、何故それらの果実は毒性がないのか。それは私が摘むハックルベリー属のなかでもっとも野生的な味がする。それは、自然が無害にした毒性の実を食べるのに似ている。私はそこから、まるでアルムベリーとアメリカドクゼリを食べて無事であったり、自分がベリーに囲まれたミトリダテスであるかのような楽しみを得る。〔ミトリダテス大王は体を毒で浸し誰も毒殺できないようにしたと伝えられている。ローマ人が彼を捕らえたとき毒を飲んで自殺を図ったが失敗し、ドール人の傭兵に命じて殺させた。〕

　2週間前には絶望的だった沼地でさえ、8月の初めに多量の雨が降ることがあると、小さな緑色の実が塊になって発生し、普通はわずかしか成熟しないのだが、すべて膨らんで熟し春の約束が成就し実りが実現するが、そこで見た光景は誰にも信じてもらえないほど素晴らしい。

　6個の実が密集して房となり黒や青や中間色が互いに触れ合いながら、何週間も変化することなく吊り下がっている。我々はそれらの近くにあるヒイラギの実の色を褒め称えはするが、灰色のブルーベリーの香りを評価するので、普通はその美しさを観察しようとは思わない。もしそれが毒性なら、その目に映る美しさについての評判をもっと聞くかも知れない。

　灰色のブルーベリーは9月まで続く。ウォールデン湖の水位が高いときに、池の南側斜面の上に垂れ下がっている新鮮そのものの高地ブルーベリー

を見つけたので、9月15日にボートに乗って採集した。沼地の高地ブルーベリーは凋んでいたが、そこの高地ブルーベリーの中にはまだ緑色の実が多かった。それらは、まだ結構密集しているかもしれないが、普通8月の中旬を過ぎると凋み始め、野性的で独特なはじける味を失い、枯れて味が抜けていく。

私がよく見かけるのは、これとクランベリー、あるいはペンシルヴァニアハックルベリーの中間として出現する別の種類であり、光沢がわずかであるか全くなくて楕円形に近い黒い実と、細い葉と、目を引く萼を持つ2、3フィートの高さのものなのだ。

この付近の多くの沼地は、ブルーベリーのためにとても貴重であるとみなされていて、それらは私有財産とされているので、ブルーベリーの灌木が焼かれたために裁定者により認められる損害賠償について聞いたことがある。これらの実で作った料理の中でもっとも風変わりなのは、実をパイ皮で1個1個閉じ込めたプディング「ブルーベリーの岩穴」であり、同じものがブラックベリーを使っても作られている。

ブルーベリーは葉が落ちてしまうと、枯れたように見える貧弱な灰色の灌木であり、きわめて年古りたものは威厳がある。じっさいそれらは、想像するよりも年月を重ねている。沼地や池の周縁や沼地の入り江で育つと、木材の伐採から逃れることもしばしばあって、それらは成長した木よりも年とっていることがある。グース池の周縁の、丘の急斜面と池の間の、ほんの3、4フィート幅の細長い土地全体に多く生育しているので伐採を免れる。このことは全体に広がっている領域内のことで、この境界線の上と下にはあてはまらない。そうした灌木は池のまつげのようなもので、灰色のコケで覆われていて、見るからに年月を経ていて、普通は湾曲したりジグザグ形だったり、付近の灌木と交じり合ってねじれているので、1本を切り落としても塊の中からその1本を引き抜くのは難しい。

氷の上に立つことができる冬は、この植物の調査には良い時期なのだ。それらはもう少しで氷に達するほど湾曲していて、幾年もの冬の雪の重みで文字通りおじぎしているが、灌木の表面には、腰の曲がった父親の横に家督を継ぐことが運命づけられた背の真っ直ぐな若者みたいに、直立して

いる若い芽が表面全体に生き生きとほころんでいる。灰色の平べったい鱗状の樹皮は、長くて堅い花鱗に分裂してしっかりと付着していて、内側の樹皮は、くすんだ赤色なのだ。これらの樹の多くは人間の年の半分ほどに達していることがわかった。根元の円周が8.5インチある樹の年輪をかなり正確に数えると43であった。別の所から、長さが4フィートで、細くなっている先の円周が6.5インチの真っ直ぐに伸びた丸い枝を切ると、木目が緊密で重い材であったが、それが何か誰にも言えないだろう。

　今まで見た中でもっとも大きく美しいブルーベリーは、フリント池の中の、私がサッサフラス島と呼ぶ場所にある。じっさい、それは1本の樹かあるいは木の塊であり、高さは約10フィートで、高さと同じくらいかそれ以上に横に広がっていて実に丈夫で活力に溢れている。それは、地面から6インチのところで、5つの樹幹に分かれていて、3フィートの高さでの円周が、それぞれ11、11.5、11、8、6.5インチ、即ち、平均9.5インチである。1つの堅い根元となっている地面付近では、円周が31インチで、直径が10インチ以上だが、それらは1つの実の別々の種から芽が出たように見える。枝は伸びるにつれてジグザグ形や半螺旋形に少し広がっていて、1本の枝は先分れしている隣の枝の上にかかり、繊細に切れ目の入った樹皮は、黄色や灰色の地衣類（優勢なのは硫黄苔と岩地苔）であちこちが覆

われていて、それは灌木の周りにも広がっている。地面から少し上ったところでは樹皮は完全に赤みがかっている。広がっているてっぺんは、やや平たいか、無数の細い枝から成る散房花序状であり、冬でも下の広い部分

と比べると繁った黒っぽい姿を空に向かって差し出している。これら細い枝状のてっぺんでは、ネコマネドリが頻繁に巣を作り、黒ヘビも、雛がいようがいまいが休息を取るのを好む。私が数えた年輪から判断すると、これらの幹の中で最大のものは60歳位だ。

　私はこの木に登り、地面から4フィートのところに、足の置き具合が良い腰掛け場所を見つけた。そこにはまだ3、4人座れる余地があるが、残念ながらベリーの季節ではなかった。

　ヤマウズラは、このブルーベリーの灌木をよく知っているに違いない。彼らはその独特の天辺を遠くから間違いなく見分けて、そこに向かって弾丸のように飛び込む。じっさいこの前の雪解けの時期に私は、その大きくて赤い芽を食べようとしてその場所にいたヤマウズラの足跡を氷の中に見つけた。

　接近できない小島に立っているものは伐採されないまま十分大きくなっていて、上の方に小さなスイカズラがあるのだが、これもそうだ。おそらく、白人が木を切りに来る前には、もっと大きな灌木が見られただろう。それらが多くの完全な栽培果樹よりも大きいことはよくあるし、これを書いている私が生まれる前から実を結んできたのかも知れない。

遅咲き低地ブルーベリー(Late Low Blueberry)

　遅咲きあるいは2度咲きの低地ブルーベリーは、ごく一般的な低地ブルーベリーで、同じ規模の灌木にハックルベリーと同時に見られることが多い堅い実であり、同じ時期に熟し始める。これは、長いヤナギのような枝が数本伸びていて、緑色の樹皮と深紅色の最新の芽と淡い緑色の葉を付けた真っ直ぐな細い灌木だ。花は、繊細な淡いバラ色にしっかり染まっている。それらは広い丘の中腹か牧草地か、萌芽地か木のまばらな森のいずれかに生育し、高さが1.5から2フィートになる。

　葉の色が淡いこの灌木は、ハックルベリーよりいくぶん早く果実を成熟させるのに、(近くのハックルベリーの何れかの果実ほどは甘くないとしても)ハックルベリーより甘い。遅咲き低地ブルーベリーも高地ブルーベリーも、現代の他のホートルベリーよりも密集して花が咲き、従って実は

ハックルベリーのように点在するのではなく、総状花序のような密集した房となるので、大きさや質が様々な実を一掴みで一挙に採ることができる。頂上でもなく下の方の斜面でもない崖っぷち、即ち丘の「傾斜面」と呼ばれている場所か、あるいは光と熱を一番よく受ける南東か南側の斜面で、一番よく熟れている実を最初に発見する。

　観察や遠征に遅れた大半の人たちには、この低地ブルーベリーが唯一の種類である。我々が便宜上トキワナズナと呼んでいる早咲き低地ブルーベリーは、山と泉を好み、確かに素朴でかぐわしい明るい青色の美しい花を付けることは認めなければならないが、柔らかく、どちらかと言えば痩せていて味がない。しかしこの2度咲きの実は、さらに土臭いと同時に、堅いパンのような固形食物だ。

　何年間かは、遅咲き低地ブルーベリーの実は特に大きく豊富だ。ハックルベリーが熟れ始めたことをうすうす感じる８月20日までには、遅咲き低地ブルーベリーはまだ美味しいけれども、少し凋み始める。９月１日までには、多かれ少なかれ膨らんでおり、雨の季節ならばダメになるが、そうでなければ半ば乾いてフライパンで炒ったように堅くなり、ハックルベリーのようにまだ甘くて美味しいのに虫に食われるということはない。これは非常にお勧めで、まだ青くても植物性の食料として自信を持って食べるとよい。この州では、干ばつがあると繁茂する。私は時折、他の植物がすべて秋の色合いの深紅色になった９月の半ばという遅い時期に、秋の香りがする完全な遅咲き低地ブルーベリーを集める。すでに酸味を漂わせたブルーベリーの残った房は、明るい色の葉とずいぶん対照的だ。

夏の果実

ブラックハックルベリー（Black Huckleberry）

　ブラックハックルベリーは、7月3日（全部が熟すのは13日）に熟し始め、22日までには果肉が太っているので採集できるが、最盛期は8月15日までで、8月の半ばを過ぎてもまだ新鮮だ。

　この灌木は日光に晒される度合いによって非常にがっしりしていたり、そうでもなかったりするが、ご存知の通り、真っ直ぐに伸びる木なのだ。天辺は生い茂って広がり、樹皮は濃茶で新しい赤い芽と肉太な葉が付いている。花は、他の種類と比べると小さいがもっと赤い。分布範囲は、サスカチェワン州からジョージア州の山々、更にこの緯度の大西洋沿岸からミシシッピー州にわたると言われているが、豊富に繁るのはこの範囲内のほんの少しの区域であって、まったく見られない区域も多い。

　ブラックハックルベリーは、高名なフランスの化学者にちなんで植物学者には「ゲイリュサックの灌木」（Gaylussacia resinosa）と呼ばれているが、それほど根拠がないと私は思う。もし彼が最初にその果樹液を滴らせてこの球状の袋に入れたのであれば、この名誉に値するだろう。あるいは賞賛されるほどのハックルベリー採集人であったのなら、彼の教室での授業がそれに値し、あるいは少なくともハックルベリーがひどく好きだったということならば、我々は異議を唱えたりしないだろう。しかし、彼はブラックハックルベリーを見たこともないらしい。パリの自然誌委員会が、ヒューロン湖の岸で籠を実一杯にしてきた先住民の乙女にこの重大なニュースを漏らすよう任じられたらどうなるのか。それは、あたかもデゲレオタイプ銀版写真が最後には有名なオジブワ族の魔術師「疾風」（The-Wind-that-Blows）にちなんで名付けられたと聞かされるようなものだ〔デゲレオタイプは1838年、フランスの画家で物理学者 Louis-Jacques-Mande Deguerre により発明された〕。それは別の人（ラウドンのこと）には、「実を付けるアンドロメダ」と呼ばれているが、ゲイ＝リュサックは確かにハックルベリーやミルクからはほど遠い所に暮らしていた。

私は6月19日までに緑色のハックルベリーを見る。忘れていてもたぶん3週間後には、陽の当たる丘の中腹の所々で、期待している時期よりもいつも早く緑色のハックルベリーと葉の間に今年一番の黒と青のハックルベリーを最初に見つけることになり、それらは明らかにまだ早熟だが、私はそれをハックルベリーの季節の到来とし、味を試す時期と決めている。虫喰いの疑いはまだない緑色のハックルベリーの中で、黒いハックルベリーが一両日中に密になり、大抵翌日にはある茂みから一掴みして家に帰ると必ず報告するが、滅多に信じてもらえず、ほとんどの人は1年の行事表で遅れをとっているのだ。

　良好な年には、8月の早い時期に、丘はハックルベリーで黒一色となる。以前ナゴッグ池〔コンコードの西約6マイル、アクトンの町にある大きな池〕のある野原で、ハックルベリーの茂みがその重みで岩の上に垂れ下がっているのを見たことがある。摘み取ってはいけないがとても美しい光景だ。形も色も味も様々で、丸いもの、西洋ナシの形をしたもの、艶のある黒いもの、くすんだ黒いもの、皮が堅くて厚い青色のもの（花の付いたブルーベリーの特殊な明るい青色ではない）、甘いものまずいものなど、植物学者が認めている以上に多種多様だ。

　今日はひょっとすると、材木が切られた残り屑の中に、高くひょろりと伸びている大きくて大抵は西洋ナシ型の、甘くて青いハックルベリーを採集できるかもしれない。百年前は森林の陰になって制限されていたのでそこには生育していなかったが、今ハックルベリーは、自らの果汁を凝縮し自然が授けてくれた新しいやり方で、最古の極上ワインのように最高の風味をもつ果実を与えてくれる。すると翌日は、地力があり多量に水分を含

んだ土壌へ行くことになる。そこではすべてのハックルベリーの実があなたを見つめ、黒いものは艶で輝き、青いものは大きくて実が締まっているので、それらがすべてハックルベリーで食用だとは信じられず、旅をして外国へ来ているか夢を見ているとしか思えない。ホートルベリー科の中のもっとも堅いものと比べてもまだ堅いので、一番市場向けなのだ。

　ハックルベリーの一粒を近くで見ると、黄色の花粉かあらびき粉がまき散らかされたような斑点が、あたかも擦られたかのように見えるだろう。顕微鏡で見ると滲み出る樹脂のようで、緑色の小さな果実の上でもすぐ目に付きやすい、黄色い地衣類の細粒のような明るいオレンジ色かレモン色をしている。それらの斑点がはっきり見えてくる頃に、目立つほど葉を覆って輝いているのは同じく樹脂であり、触れるとくっつくのが、この種が「樹脂」と呼ばれる所以だ。

　湿地で生育する種類が1つある。丈が高く細い茂みが草のように一方へ垂れ下がったり曲がったりしていて、普通は3、4フィートだがときどき7フィートにもなる。前述のものよりも結実が遅く、その実は丸くて光沢ある黒色で、これも同じく樹脂斑点があり、普通は散在するのだが、たまに10か12房集まって扁平頭頂総状花序となって育つ。私は湿地ハックルベリーと呼んでいる。

　もっとも注目すべき種類は、黒ハックルベリーと同時に熟す赤ハックルベリーで、中には白いものも混じっている（熟し切っていないものはやや白っぽいので）。赤色だが突部は白く細い西洋ナシの形をしていて光沢ある半透明で、非常に細かくぼやけた白い斑点が時々付いている。熟したものは大部分のまだ緑色の状態にあるものと簡単に見分けがつく。私は町中で赤いハックルベリーが育つ場所を3カ所か4カ所しか知らない。それは「ゲイ＝リュサックの樹脂または赤木の実」と呼ばれているかもしれない。昔ある人のためにいくつか測量をしたが、その仕事が終わる頃になって初めてその人は代金をいつ支払えるかわからないと告げた。よくあることではなかったが、そのうち払うつもりなのだろうと考えて、最初の支払い時にはそれほどこの言葉を気にしなかった。とはいえ私が彼の支払い時期についてわからないというならまだしも、彼がわからないというのはどうい

うことかと思えてきた。しかしながら、私自身が測量したので彼と同じように理解しているのだが、小屋に豚（よく見られるような良い豚）がいるし、何より農場があるので支払いについてはまったく心配ないと彼が付け加えた。お察しの通りこの一件に触発されて、防御に関する私の意識は増した。彼が何ヶ月も過ぎてから、自分の畑で育った赤ハックルベリーを1クォート送ってきたときは不吉な予感がした。彼はこの贈り物によってあまりにも私を特別扱いしたことになる。というのも私は特別な友人ではないのだから。それは私への支払いの初回分であり、最後までずっと続くのだと理解した。何年かたって彼は請求の一部をお金で払ったがそれっきりとなった。赤いハックルベリーの贈り物には今後用心しよう。〔1853年1月11,12日ジョン・ルグロスに頼まれ林地と2つの農場を測量した『ジャーナル』4: 462-63。そのとき彼はソローに「赤と白のハックルベリーが家の傍に育つ」と言った。1853年8月2日の日誌に彼が「1クォートの赤ハックルベリーを持ってきた」とある。『ジャーナル』5: 352。〕

　ハックルベリーは干上がり易いので、7月が終わる前に雨が降ってくれなければ適当な大きさにまでなかなか成長しない。熟す前でさえ日照りで乾いて堅く黒くなる。十分に熟した上で、はじけて開いたハックルベリーが、大雨続きで台無しになることもよくある。8月中旬の早い時期に柔らかくなり出すと虫が付き始めるのだが、大体20日ころには、子どもらは買い付け人に疑われるのでハックルベリーを売り歩くのを止める。

　虫がハックルベリーを喰い始めて、ハックルベリー摘みの一行が野原を去るのは、時期的に何と遅いことか。散歩者はその頃にはもう孤独を感じている。

　季節によっては森の中やひんやりした場所なら、旬の時期が1週間かそれより長く続くのがふつうだ。ベリーが収穫人や虫の分け前以上にあり、鳥も通り過ぎるようにみえる年などは、それらはいくぶん乾いた味ではあったが、丸々として新鮮で肉付きがとてもよかった。それは10月14日で、木には葉がほとんどなく残っている葉もすべて赤く色付き、葉が全部落ちた後でも、柔らかくなって雨で汚されるまでハックルベリーはずっとしがみついていた。

時々熟した後ダメになってしまう前、8月の半ばまでにあたり一面乾燥状態になり初め、その月の終わりには、ハックルベリー摘みに倒されたか燃やされたかしたように、日照りのために木が萎れて茶色になっていて枯れたように見える。ベリーがフライパンの中で乾かされたように凋んで硬くなってはいるが、ハックルベリーで依然として黒い状態の丘を9月遅くに見たことがある。そしてある年には豊かなハックルベリーの実が12月11日に付いているのを見たこともある。もっとも未熟なまま熟し乾燥し、甘みは残っていない。インディアンは自然に乾いた光景を見て、ハックルベリーを人の手で乾かすことを思いついたのかもしれない。

高地ブルーベリー、低地ブルーベリーの第2種、ハックルベリー、低地ブラックベリーはすべて、8月の第1週に最盛期を迎える。夏の土用（又は初めの10日間）にそれらは豊かに実り十分大きくなる。〔OEDは土用の日を「犬座が日出する頃で、古来より1年でもっとも暑く健康に悪い時期とされている」と定義する。ほとんどの暦が土用の日を7月に始まり8月11日に終わる、犬座の巨星シリウスが中天に昇る前の40日間にわたる時期と定義する。〕

ハックルベリーはクランベリー（湿地と山地双方）とともに植物学者により、スノーベリー、クマベリー、セイヨウサンザシ、ヒメコウジ、アンドロメダ、アマトウガラシの木、ゲッケイジュ、アザリア、ロドラ、ラブラドルチャ、イチヤクソウ、ウメガサソウ、ギンリョウソウ他多くの植物に分類され、すべてヒース科と呼ばれている。それらは多くの点で類似していて、旧世界でここにはないヒースが占領していたのと同じような土地を占領している。もし最初の植物学者がアメリカ人であったなら、これはヒースを含むハックルベリー科と呼ばれただろう。この目の植物は、「化石状態で発見された最初期の植物の中にも存在する」といわれていて、この地球がある限り、いつの時代までも生き続けることが期待できるという人もいる。ホートルベリーは「本来萼部分で囲まれている水分の多い果実」においてヒースとは異なるとG・B・エマソンは語っている〔エマソン 397〕。

ホートルベリーの分類上の属は、ほとんどの植物学者にブルーベリーと

呼ばれていて、語源については現在論争中だがそれは当然ベリー（bacca）から派生していると思われ、全ベリーの長であるかのようだ。ブルーベリー（ホートルあるいはハートルベリー、ビルベリー）は、ニューイングランドには育ってないホートルベリーの実や、ニューイングランドにもあるが非常に珍しく地域の限られる高山ビルベリーに対して、元々、イギリスで付けられた名前だ。ホートルベリーという語はサクソン語の heort-berg（又は heorot-berg）に由来していて、雄ジカの実という意味だ。hurts は紋章に用いられる古英語で、ベイーリーによるとそれは、「ハートルベリーによく似た球状の実」だ。ドイツ語では「ヒースベリー」（Heidel-beere）のことだ。

　ハックルベリーという言葉は、1709年にローソン［John Lawson d. 1717 イギリスの探検家『カロライナへの新たなる航海』1709］によって初めて用いられ、ホートルベリーから派生したアメリカ語となり、イギリスのホートルベリーと異なるほとんどの種類に対しても適用された。辞書によると、ベリーはサクソン語の beria に由来していて、ブドウあるいはブドウの房の意だ。ホートルベリーのフランス名は、森のブドウ（raisin desbois）だ。それはベリーという言葉がアメリカでは新しい重要な意味を持っていることの証だ。我々の土地はどれほどベリーが豊かであるかを我々はわかっていない。古代ギリシャ人やローマ人は、イチゴ、ハックルベリー、メロンなどに恵まれなかったので、それらについてはあまり記述がない。

　イギリス人リンドレイは『植物の自然体系』の中で「ブルーベリーは北アメリカ原産のものであり、ヨーロッパでは乏しいが、北アメリカでは緯度が高くなるほど豊富に見られ、サンドウィッチ諸島では高地に生育するのも珍しいことではない」と言っている〔リンドレイ　222〕。あるいは、G・B・エマソンの記述では「アメリカの主に温帯か、又は温暖な地域の山々に見られる。ヨーロッパやアジアの大陸と島々、太平洋と大西洋、インド洋の島々の中のいくつかで見られる種類もある」〔エマソン　397〕となっている。彼が言うには、ホートルベリーとクランベリーは、この大陸の北部全体で　ヨーロッパの相応する気候でのヒースに代わるものだが、ヒースよりも美しく比較にならないほどの有用性に満ちている。

野生の果実

我々の植物の最新配列法によれば、ニューイングランドにはホートルベリー科の中の14種類が生育していて、その中の11種類は食べられるもので、うち8種類は生でも食べられる。特にそのうち5種類すなわち、ハックルベリー、ブルーエットあるいはペンシルベニアブルーベリー、カナダブルーベリー（ニューイングランドの北部で産する）は豊富で、2度咲きあるいは普通の低地ブルーベリー、高地や湿地のブルーベリー（ダングルベリーをよく見かける季節や地域もあるが、それには言及していない）だ。一方、イギリスで育つ、生食用のものが2種類だけあって、アメリカの8種と合致することを、私はラウドンや他の人からの知識を得て知っている。すなわちそれは、ビルベリーとブルーベリーあるいは湿地ホートルベリーで、双方ともに北アメリカでも見られ、湿地のホートルベリーはホワイト山脈の頂上でよく見られるが、グレートブリテン島ではイングランドの北部とスコットランドにだけしか見られない。アメリカの豊富な5種類に対して、イングランドには1つだけしか残っていない。つまりラウドンが記述している32種類の中で、たまたまその種類であるのだが、先述の2種類と北アメリカだけに生育すると言及されている4種類を除くと、ヨーロッパでは3種類か4種類だけしか見られない。それでもこの問題について私と語り合った2、3人のイギリス人は、アメリカで育っている多くのハックルベリーがイギリスでも同じように育っていると考えたがるようだし、そう言いたがる。だから私は、生で食べられるほんの2種類の実の豊富さと価値について、イギリス人の大家が語っているので、これまで引用してこなかったものについては、これからは引用するつもりでいる。
　ラウドンは湿地のホートルベリーについて、「実は好ましいが味はビルベリーに劣り、大量に食べるとめまいや軽い頭痛が起こる」と言っている。よく見かける普通のホートルベリーについては「コーンウォールからケースネスまでブリテン島のどこの地方にでも見られ、南東部では少ないが、北へ進むに従って増えてくる。」それは「繊細で、果実を付ける植物で」、ベリーを「イギリスの北部と西部ではタルトに入れたり、クリームをつけたり、ゼリーにして食し、他の地方ではパイやプディングにする。パイやプディングは大人が食べるだけでなく、子どもにも非常に喜ばれ、あるい

はミルクをかける」か別の方法もあり、「ベリーには渋味がある」と述べている〔ラウドン　2:11,　64-65〕。

　コールマン〔William Stephen Coleman　1829-1904　イギリス画家〕は『森林地、ヒース、生垣』1859のなかで、次のように述べている。

　　アメリカの高原や山岳区域を歩く旅人は、まさに忠実な随行者のようなこの活気に満ちた低木を決して見落とすことはない。それは風通しのよい高い場所で花を咲かせるが、この地方が誇るもっとも威厳のある山の頂だけが、この丈夫で小さな登山家にとって標高が高すぎるだけだ。
　　ヨークシャーと北方の多くの地方では、大量のビルベリーが市場に持ち込まれ、パイやプディングの材料として広く用いられたりジャムにして保存される。しかしこれらの野生果実の風味は主に、高揚させる空気や山の楽しみである景色の魅力に行き着かなければならない。
　　美しい景色の多い地方でももっとも美しい景色のひとつとして人の目に入ってくるのは、田舎の子どもたちの「ビルベリー摘み」(市場に入ってくるかなりの部分が子どもたちによって集められるので)の一団の光景だ。そこでは「針金」があるとしゃがんでくぐったり、ベリーのたわわに実った房まで、ひび割れた灰色の岩を登る子どもの姿が見られる。画家の目には、健康に育っている彼らの日に焼けた顔や、ここかしこに鮮やかな赤、青、あるいは白のつぎが当てられている色とりどりの洋服（あるいは裸の）が、荒野の紫、灰色、茶色と美しいコントラストを成していて、全体として豊かな画材となっている。〔コールマン　91-92〕

　こうした大家たちは、まるで鳥がその果実を食べると話すように子供たちや他のものがそうするのだと語る。このことは、ニューイングランドの開拓者がその季節の通常の食料としてホートルベリーを重要としているほど、イギリスの人々には重要でないことを裏付ける。ニューイングランド人にとってハックルベリープディングを味合うことのない夏は考えられな

野生の果実

い。ジョナサンにとってのハックルベリープディングは、ジョン・ブルにとってのプラム・プディングなのだ。

ニューイングランドの最初期の植物学者のひとりであるカトラー博士〔Manasseh Cutler 1742-1823 アメリカの聖職者、科学者。『オハイオについて』 1787〕は、ハックルベリーについてはたんに子どもたちがミルクをかけて食べたがる果物だと軽く触れている。子どもたちの後ろに自分を隠すとは、なんと感謝の念がないことか。彼の同輩がそうであったように、カトラー博士も季節を通してハックルベリー・プディングあるいはパイをいつも食べていたということが分かったとしても不思議ではない。〔カトラーは赤と白のビルベリーについて、この種の実は生であるいはミルクをかけてまたタルトやゼリーにして子供たちに好まれて食されると述べている。カトラー 439〕。彼が気軽に親指でプラムの按配を見て引っぱり出し、「俺は何て偉大な学者なんだ」と叫んだとしたら私は許しただろう。〔ナーサリーライム「小さなジャック・ホーナーは隅っこに座り/クリスマスパイを食べていた/親指でプラムをつまみ出し/なんて私はいい子なんだろうといった」への引喩。〕しかしたぶん彼はイギリスの本を読んで誤ってしまったのか、それとも、彼の時代には白人はそれらをあまり利用していなかったのかもしれない。

イギリスのビルベリー（ハックルベリー）は今も広く散播されているが、かつては今以上に豊富であったことは間違いない。ある植物学者〔ラウドンのこと〕はこれは、ブリテン島を覆い、ギョリューモドキとアメリカのホワイト山脈に生育するツルビルベリーと一緒になって、イギリスの植物相の地形的特質を形成する種の1つだ」と述べている。アメリカのハックルベリーが分類上属するゲイリュサック種は、グレートブリテン島には該当例がなく、アメリカでもずっと北方には同種のものは見られない。従ってイギリスには、食用ベリーは一般的にニューイングランドよりも少ないと言えるだろう。

アメリカのラズベリーやブラックベリー、シンブルベリーが属する分類上の属、例えばブラックベリーあるいはブランブルベリーと呼んでいるものをとりあげてみると、ラウドンによればアメリカ原産のものが8種類あ

るのに比べて、ブリテン島原産のものは5種類だ。しかしよく見られるのは、これらの5種の中の2つだけで、一方アメリカには一般的で味も良い4種類が生育している〔ラウドン　2:735-747〕。ラズベリーはアメリカでも栽培されているが、イギリス人のコールマンは、イギリスでは最良であるイギリスラズベリーについて「重要と成り得るほど十分に自生していない」と述べている〔コールマン　105〕。野生の果実全般について同じ事が言える。野バラとセイヨウサンザシは、アメリカよりも、それらに一般的な名前がほとんど付いていないイギリスで比較的重要視されている。

私が言いたいのは我々が如何に満足し感謝すべきかということだ。

　グレートブリテン島に生育する植物は、我々が住んでいる場所よりかなり高緯度に生育し、アメリカの高山低木の中のいくつかがグレートブリテン島では平野で見られ、グレートブリテン島の2種類のホートルベリーは、アメリカでは高山植物か極北の植物であることを覚えておくべきだ。

　ひ弱で不毛であるかもしれないが、近づいて見れば足下のブルーベリーとハックルベリーに気付くだろう。それはアメリカの森林全体に生育するもっとも忍耐強い先住アメリカ人であり、適当な場所で芽を出し、植物間の次の選定時に生気づく準備も、人間がその丘を裸にしてあらゆる種類の年金受給者を養うときもその丘を再び覆うだけの準備もできている。森が伐採されるとどうなるか。この緊急事態は随分以前から予期されていたし、自然によってなされていて、空位期間も不毛ではありえない。自然はその傷跡をすぐに癒し始めるのみならず、失ったものを償い森林では育まれないような果実で我々を活気づける。ビャクダンはその木を切る木こりの周りに香りを漂わせると言われるが、この場合は、自然が自分の衰弱をもたらした手に、報償として思いがけない果実をもたらす。

　ベリーを探すのに最適な場所がわかるほど長い年月をかけて、森が伐採されている場所をその年々で覚えておく位のことは必要だ。森林の地面で好機を待つベリーは、やがて100年に1度我々を元気にしてくれる。農夫が、牧草に良いように、あるいは子どもたちを寄せ付けないようにするために伸び過ぎた草を刈るか焼くかすると、ハックルベリーはその場所に前より勢いよく芽を出し、新しいブルーベリーの新芽が地面を深紅色に染め

る。アメリカの丘陵はすべて、現在ハックルベリーの丘であるか、昔からそうであるかのどちらかで、ボストンの3つの丘とバンカーヒルは間違いなくそうだ。〔3つの丘はペンバートンヒル、ビーコンヒル、マウントバートンのこと。〕私の母は、今ローウェル博士の教会が立っている場所へホートルベリーを摘みに行った1人の女性のことをよく覚えている。〔ローウェル博士とは1806年から1861年までボストン、ケンブリッジ街とリンデ街の交差点にあったウェストチャーチのユニテアリアン派の牧師を務めたチャールズ・ローウェルのこと。〕

つまり、北部の州やカナダに存在するホートルベリーの茂みは、大森林の下でやっと存続している森林のミニチュアのようなもので、大森林が伐採されると、その場所を越えて北の方へ拡がってゆく。クロウベリー（ガンコウラン）、ビルベリー（ハックルベリー）、クランベリーなど、この属の実を付ける小さな灌木は、グリーンランドのエスキモーたちに「ベリー草」と呼ばれていて、グリーンランド人は冬に芝地や地面や家までもビルベリーで覆うと、クランツは述べている〔クランツ　139〕。彼らはそれらの木を燃料にもし、この近隣でもハックルベリーの木を薪用に切る機械を発明した人がいると聞いた。

ホートルベリー科のベリーがほとんど1000フィートの高さ毎に、今述べているベリー属が次々とほとんど新種のように生育し、あらゆる土と場所に繁茂しこのあたりにも広く分布していることは、それが土質を選び陽当たりを好むことを考慮すれば、目を見張るものがある。湿地には丈の高いブルーベリーが生育し、ほとんどの野原や丘陵には2度咲き低地ブルーベリーとハックルベリーが生育し、特に風通しの良い高冷地、森の空間、丘や山々ではペンシルバニア及びカナダブルーベリーが生育する。一方、高い山々の頂に限定される2種類のものは、低い谷から高い山まで広く生育し、ニューイングランドの大部分の主流をなす小さな灌木の茂みを形成する。

このあたりではこの属のただ1つの種であるハックルベリーそのものについても同じ事が言える。私はこの近くで灌木が育つ場所を知らないが、ハックルベリーの1、2の変種もそこで育つかもしれない。この目に属す

る全植物は「泥炭土か、あるいは密な凝集性の土を必要とする」〔ラウドン 2:1076〕とラウドンは述べているが、ハックルベリーの場合は違う。アメリカのもっとも高い丘の頂上でも成長し、どんなに岩がちで不毛であっても草地なら育ち、砂漠で砂だけでも生育するし、地力があり肥沃この上ない土壌でも花を咲かせる。ある種のものは、底にはほとんど土がない流動する沼地に特有のものもあり、またあるものはでこぼこのハックルベリーで、味がまずいこと以外に述べることはない。それは多かれ少なかれ、我々の森全体にもまばらに拡がるし、珍しいダングルベリーは、特に湿っぽい森や雑木林に生育する。

　自然は、採集する者がいる所ならどんなところであっても、この美味しいベリーを土や気候に適応させて少しずつ変化させながら、鳥や四足動物や人間を養ってきた。トウモロコシやジャガイモ、リンゴ、洋ナシは分布範囲が比較的狭いが、我々がよく知っている他のどの茂みよりも標高が高いワシントン山の頂上でも、グリーンランドに生育する種類と同じホートルベリーでバスケットを一杯にすることができるし、故郷に帰れば、グリーンランド人なら夢にも思わないような低い土地にある湿地でも、別の種類のホートルベリーでバスケットを一杯にすることができる。

　私が賞賛するベリー類は一定の範囲内に姿を現わし、それらの範囲の多くは、現在の東部、中部、北西部の州を含んでいて、アルゴンキン族と呼ばれるインディアンの領地や、カナダ、さらに現在はニューヨークとなっている所の周囲であるイロコイ族の領地とほとんど重なり合う。ベリーは、アルゴンキン族とイロコイ族が利用する小さな果実だった。

　もちろん、インディアンは我々よりも野生の果実を評価していて、その中でももっとも重要視したのがハックルベリーだった。彼らは我々にコーンの利用と栽培の方法だけでなく、ホートルベリーと冬に備えるためのベリーの干し方も教えてくれた。もし先例がなくて、その野生の果実は無害というだけでなく、古くからの経験として健康に良いということを知らされていなければ、味わってみるまでにずっと躊躇するはずだ。私はメイン州で1人のインディアンに付いて歩いて、それまで味わうなどと思いもしなかったベリーを彼がいくつか食べるのを見たお陰で、食用ベリーの数を

増やすことができた。〔ソローはここで間違いなく1857年8月3日メインの森への最後の旅でガイドとして雇ったプネブスコット・インディアン、ジョー・ポリスに言及している。ソローは彼を賞賛し、『メインの森』最後のセクションの主人公に仕立てている。〕

インディアンがハックルベリーを広く利用していたことを納得してもらうために、この件に関してもっともよく観察している旅人の証言を、できるだけ年代順にたくさん引用しよう。なぜなら様々な時期を通して繰り返し語られる一致する証言を、離れた場所を十分考慮しながら辛抱強く聞いた後にだけ、我々は真実を理解できるようになるからだ。彼らにとっては新鮮なベリーがもっとも重要だったのだろうが、インディアンが最盛期のベリーをその日その日でどう利用したかについて、冒険家たちはほとんど語っていない。我々には調理方法に関する本、つまり料理の本があるが、フルーツやタルトが食卓に乗れば、黙って食べるより他ない。彼らはハックルベリー摘みのために6週間以上の休暇を取り、おそらくハックルベリーの丘でキャンプをしたのだろうが、我々にはハックルベリー摘みに行ったインディアンの記録はほとんど残されていない。

インディアンがこれらのベリーの利用法について、我々白人から教わったのではないということを示すために大家の記述をもっと遡ってみよう。1615年にケベックの創設者シャンプラン〔Samuel de Champlain 1567-1635 フランスの探検家。『野蛮人たち』 1603〕はオタワ川の上流で土地を子細に調査し、アルゴンキン族の中に入って記録を取りながら、シャンプランがこのあたりを探検して以来ヒューロン湖と呼ばれている淡水の湖に向かう途中で、彼がブルーエと呼ぶ小さなベリーやラズベリーをインディアンが冬に利用するために、集めたり干しているところを観察した。小さなベリーというのは彼らの領地でよく見られるブルーベリーであり、現在の早咲き低地ブルーベリーの一種と考えられる。ヒューロン湖に近づいたとき先住民が、トウモロコシの粉をふるいにかけ、ゆがいてつぶした豆と混ぜ合わせてパンのようなものをつくり、ときどきその中に干したブルーベリーやラズベリーを入れることに気付いた。これは、ピルグリムファーザーズが大西洋を渡って来る5年前のことであり、私の知る限りハックル

ベリーケーキについての最初の記述だ。〔ウォールデン湖に住みはじめた1845年頃より死ぬまでほぼ17年間、ソローはインディアンについての幅広い読書の抜き書きを11冊のノートに書き記していった。この「インディアン・ノートブック」の草稿はニューヨーク市のピエポント・モーガン図書館にあるが残念ながら未出版だ。ここにある記述は4冊目36ページあたりに記されていて、ソローの「ブルーエ」の最初の用法となっている。〕

フランシスコ会の修道士、ガブリエル・サガール〔Gabriel Sagard 1614-36 フランシスコ会修道士。『ヒューロン地方大航海』 1632〕は、1624年のヒューロン地方訪問についての記述の中で「ヒューロン人がオアンタケ Ohentaque と呼ぶブルーベリーと、ふつうにはハイアケ Hahiqu と呼ばれる別の小さな果実が大量にあるので、未開人たちは我々が夏にプラムを干すように、これらの果実を冬に備えて定期的に干す。病人の甘味料として使い、彼らのサガミテ（すなわちプラムがゆの一種であるオートミールがゆ）に風味を与えたり、灰の下に入れて作る小ぶりのパンに入れたりもする」と述べている。彼によると、彼らはパンにブルーベリーやラズベリーを入れるだけでなく、イチゴや「野生のクワの実や乾燥させた他の緑色の小さな果実を入れていた」〔サガール　326-7〕。じっさい、初期のフランス人探検家たちも、ブルーベリーの採集は、未開人にとっては日常的で重要な収穫物であると語っている。

カナダのイエズス会の修道院長でケベックに住むレジェンヌ〔Paul Le Jeune『イエズス会の説話』 1639〕は、1639年に未開人について「自分たちがブルーエットの実が咲き乱れる楽園に居るのだと思う者もいる」と述べている〔レジェンヌ　46〕。

インディアンをよく知っていたロジャー・ウィリアムスは、1643年に出版された近隣のインディアンについての記述の中で「ソータッシュとは、彼らが乾燥させた干しブドウ〔ブドウとホートルベリー〕のことで、1年中保存されているので、彼らはそれを打って粉にし、乾燥させた挽き割り粉と混ぜてソータッシッグと呼ばれるおいしい料理を作るが、彼らにとってその甘美さは、イギリス人にとってのプラムケーキあるいはスパイスケーキと同じだ」と語っている。〔ウィリアムス　221〕

しかしナサニエル・モートン［Nathaniel Morton 1613-86 ピルグリムファーザーズの１人］は1669年に印刷された『ピルグリム年代記――ニューイングランドの記録』の中で、インディアンのナラガンセット族のキャノニカスと取引しようとした白人連中や1636年のオールダム氏の死について書くなかで「我々にとっての白いパンは彼らでいうとゆでグリで、たぶん食べることに貪欲なのだろうが、イギリスのしきたりにちなんだ様々な料理に努力していて、トウモロコシ粉でできたプディングを蒸し、その中には大量に保存している干しブドウのような黒いベリーを入れていた」と語っているが、間違いなくそれはホートルベリーだ〔モートン　136〕。インディアンがイギリス人を真似たか、あるいは彼らにとっては馴染みがなく風変わりな料理を客のために前もって準備したか、どちらかだ。しかし我々は、これらの料理が彼らにとって新しいものでも珍しいものでもなく、むしろ白人がインディアンを真似たのだと見ている。

ジョン・ジョスリン［John Josselyn 1638-1675］は、1672年に『ニューイングランドの珍物』について出版し、ニューイングランドの果実の項目で「ビルベリーがよく見られ、黒色と空色の２種類がある。インディアンは通貨代わりに使っているが、干したものはブッシェル単位でイギリス人に売ったりプディングに入れたり、ゆでたり焼いたりオートミールに入れたりする」と書いている〔ジョスリン　60, 61〕。

以前聞いた中で最大のハックルベリーを摘むインディアン大集団のことが、キャプテン・チャーチ［Captain Church］の生涯の中に言及されている。1676年の夏に彼がキング・フィリップを捜索しに来たときに、インディアンの一群に遭遇した。現在のニューベットフォード近くの平野で主に女性たちがホートルベリーを集めていたのだが、チャーチはインディアンを殺し、66人を捕虜にしたが、急襲されてバスケットとベリーを投げ捨てるものもいた。彼女たちの夫や兄弟たち100人ばかりは、ホートルベリーを集めさせるために彼女たちをそこに残し、より実のある食料を求め、近くの沼地で他の男たちと集まり、貯蔵用の牛や馬を殺しにスコンチカットネックへ行ったばかりであったと彼女たちが彼に話したという〔ジョスリン　49-51〕。

1689年にラホントン［La Honton　1666-1715　航海者。『ラホントン男爵北米新航海記』　1703］はグレート湖から手紙を書いて、ブルーベリーを干して貯えるインディアンについて多くのフランス人旅行者が話したことを繰り返し書いていて、それによると「北部の未開人は夏にブルーベリーを大量に採集する。それは特に獲物がないときに重要な栄養源となる」ということだ〔ラホントン　1:124〕。この点でインディアンたちは我々が普通に考えるより先見の明があったといえる。

1689年にアブナキ語の辞書を作ったラスレ神父［Father Sebastien Rasles　1657-1724　イエズス会の宣教師］は、ブルーベリーに用いる彼らの言葉は、freshがSatar、dryがSakisatarであり、7月は彼らの言語でブルーベリーが熟すときを意味していると記述している〔ラスレ　417〕。このことは、ブルーベリーが彼らにとってどれほど重要であったかを示している。

1697年のエネパン神父［Father Louis Hennepin 1626-1701　ベルギー出身のフランシスコ会士アメリカ大陸探検者。『ルイジアナ報告書』　1683］の記述の中で、彼が聖アントニウスの滝の近くで捕えたノードエシー（何と、スー族）が「彼らが夏の間に干した、コリントのブドウと同じぐらい美味しい」ブルーベリーで味付けしたワイルドライスをごちそうしてくれたことが述べられている。コリントのブドウとは輸入物の干しブドウのことだ〔エネパン　225〕。

イギリス人のローソンは、1709年にキャロライナについて解説したものを出版し、ノース・キャロライナについて「この地方のハックルベリーあるいはブルーベリーは4種類ある。1つ目はイングランドの北部でも有り余るほど育っているブルーベリーかビルベリーだ。2つ目は小さな茂みに育つ種類」で、果実は先述のものより大きい。3つ目は低地に3、4フィートもの高さに成長する種類だ。「4つ目は、木の上に10か12フィートもの高さで、男性の二の腕ほどの太さになり、並んで低地に見られる。インディアンは何ブッシェルも採集していて、敷物の上で干して、それを使ってプラムパンや他の食料を作る」〔ローソン　110〕。私が知る限り彼はハックルベリーという言葉を使っている最初の作家だ。

野生の果実

よく知られている自然植物学者バートラム〔John Bartram 1743-1812 植物学者。『アメリカの灌木と薬草植物のカタログ』 1784〕は、ペンシルベニアやニューヨークの、その頃は未だ荒野だったところを通って、イロコイ族の居住地やオンタリオ湖まで旅をして、1743年にフィラデルフィアに戻ったが、「ペンシルベニアでハックルベリーを干しているインディアンの女を見た。地中に3フィートか4フィートのほどの高さで先がふた又に分かれているフェーシアあるいはサラチューラ、つまり脚を4本立て、それらの脚の上に他の棒を渡し、かまの上に置かれた馬巣織りの上に麦芽を拡げるように、ベリーを寝かせる。その下で彼女は煙をいぶし、子どもの1人が見張り番をする」と述べている〔バートラム　87〕。
　カーム〔Pehr Kalm 1716-1779 スウェーデンの科学者。『北米探索旅行』2巻　1772〕は、1748年から49年にかけて、この地方を旅する途中で、「イロコイ族の領土を通って旅をしていると、いつでも彼らは私をもてなそうとしてくれて、干したハックルベリーが混ぜ合わされた新鮮なトウモロコシ色の矩形のパンを差し出してくれたが、プラムプディングに入っているレーズンと同じようにハックルベリーがたくさん詰まっていた」と手紙に書いている〔カーム　1:339〕。
　18世紀末を迎える時代に、人生の大部分をデラウェアに捧げたモラビア派の宣教師ヘックウェルダー〔John Heckwelder　1742-1823 モラビア派の宣教師〕は「ゆがいてない緑色のホートルベリーか干したビルベリー」を直径6インチ、厚さ1インチのパンに混ぜた」と述べている〔ヘックウェルダー　186〕。
　ルイスとクラーク〔Meriwether Lewis (1774-1809)、William Clark 1770-1838)『ルイスとクラークの探検』は1804-06年に行った、セントルイスからスタートしてアメリカ大陸を西に進み、太平洋に達して再びセントルイスに戻った探検記録〕は、1805年にロッキー山脈以西のインディアンが、干したベリーを色々に使っていることを発見した〔ルイスとクラーク　1:336　1:391〕。
　そして最後に1852年に発行されたオーエンの『ウィスコンシン州、アイオワ州、ミネソタ州に関する地質学調査』の中に次のような記述がある。

「早咲き低地ブルーベリーが聖十字山高地の不毛の地によく見られる。これはよくみられるハックルベリーで、バンクシアマツの独特の生長と関係があり、砂地の尾根を青々とした下ばえや比類ない豊かな果実で覆っている。インディアンによって収穫され、大量に燻製にされて、食用嗜好品となる」〔オーエン　204〕。

　このことから記録のない時代から現在まで、アメリカの北部全体のインディアンが、すべての季節において、我々よりもホートルベリーを広く用いてきたし、我々が必要とするよりもっと必要としてきたことがわかる。

　上記のことから、インディアンはふつうに干したベリーを、ケーキやハックルベリー粥、プディングの形で用いていたことがわかる。我々がハックルベリーケーキと呼ぶものはインディアンミールやハックルベリーで作られていて、別のベリーや果実も同様に用いるが、元は明らかに彼らのケーキであり、彼らは、昔から我々の嗜好には合わないと思われるようなものをケーキに入れるが、ソーダ、真珠灰、ミョウバンについては、私は聞いたことはない。トウモロコシとハックルベリーが育つ地方の全域でこれほど広く行き渡り良く知られた国民的なケーキは我々にはない。我々の先祖がインディアンコーンあるいはハックルベリーについて聞くずっと以前から、インディアンはそれを味わっていたし、千年前にここを旅していたとしても、差し出してくれるだろう。コネチカット川、ポトマック川、ナイアガラ川、オタワ川、ミシシッピ川でも同じだ。

　数年前に亡くなったナンタケット島の最後のインディアンは、その地で見た絵の中で、ハックルベリーで一杯のバスケットを手に持っていて、あたかも彼の最後の日々の仕事を示唆するように非常に適切に描かれている。私が死ぬときにも、ハックルベリーは存在し続ける。〔ソローは1854年12月の終わりに、ケープコッド南に位置するナンタケット島を訪れ、ナンタケット文化会館で講演を行った。1854年12月28日付けのジャーナルに「最後のインディアンが、純血ではないにしろ、まさにこの月に死んだ。絵の中でそのインディアンは、ハックルベリーの入ったバスケットを手にしていた」と記している（『ジャーナル』　7:96）。このインディアンは　エイブラム・クゥワリーといい、じっさいには1854年11月25日に死去している。

ソローの目にした絵はいまだ、ケープ・コッド文化会館に掲げられている。〕
　1789年にインディアンに捕まって捕虜となり、人生の大部分をインディアンとして生きたタナーは、少なくとも5種類のホートルベリーにオジブワ族の名前を付けた。1粒のブルーベリーには meen、複数のブルーベリーには meenum をつけて、最終音節を表すつづり字として、果実の名称として使われる語がほとんどすべてこの語を持っている」〔タナー　296〕と言っている。従って、オジブワ族の間では、我々の間でもそうであるように、ブルーベリーが典型的なベリー、あるいはベリーの中のベリーであったことがよくわかる。
　ハックルベリーの膨大な種類には、現在用いられている不適切なギリシャ語、ラテン語、英語の名称に代えて、できるだけインディアン語の名称が記録され適用されればよいと思う。インディアン語の名称は科学的使用にも一般的にも対応できるに違いない。確かにこのアメリカ自生の果実一族を、大西洋の反対側から見るのは適切とは言えない。この種族に当たるラテン語 Vaccinium が実か花のどちらを意味するかは、いまだに疑問だ。
　植物学者たちは、この科の確固たる出自を探し出すことに長い間執着していて、イダ山にまで遡っている。〔イダ山はトルコ西部古代トロイ南東方の山、神々のすみかで山頂からトロイ戦争を見守ったと言われている。〕トゥルヌフォールは「イダ山のブドウ」という古代の名称を躊躇なく付けている。一般的なイギリスラズベリーは、古代ギリシャ語の名称にちなんでイダ山のキイチゴとも呼ばれる。じっさいは風通しの良い冷地、丘陵や山々でもっとも良く繁茂するブルーベリーとラズベリーのように思えるが、少なくともこれらに似たものがイダ山に生育しているということは容易に信じることができる。しかしモナドノック山は、名前が「ひどい岩」を意味すると言われているが、イダ山と同様にいやたぶんそれ以上にブルーベリーには適している。けれども最悪の岩地は詩人にはもってこいの場所だ。それなら東洋の不確実性を西洋の確実性に取りかえよう。〔『合衆国地理概観紀要　259号』を引用しているナッティング　によると、モナドノックという名前は、「『超える』という意味のインディアン語の m'an、『山』という意味の adn、『場所』という意味の ock つまり、超越した場所の山」

に由来する。〕

　北部の州に自生するのは2、3種類のプラムや食べられない野生リンゴ、2、3種類の美味しいブドウ、味はまあまあのナッツ類だ。しかし様々なベリーが、熱帯地方のもっと賞賛される果実と同様にすばらしい我々の野生の果実であり、私はそれらの果実と決して交換を望まない。なぜなら大切なのは、単に食べられるか売れるものを船に積み込めばいいということではなく、穫り入れの喜びを考慮に入れるべきだからだ。

　では、ハックルベリーの収穫に対して洋ナシはどうなのだろうか。園芸家は洋ナシについて大騒ぎしているが、どれほどの家族が洋ナシを栽培し、どれほどの家族が1年を通して樽1杯分の洋ナシを買うだろうか。洋ナシはそれほど重要ではない。私は旬の間でも半ダース以上食べることはないし、大多数の人は私よりもさらに食べないのではないだろうか。（ここまでは近所の洋ナシの樹が実を付ける前に書いていたものだ。今はそこの主人がたびたび私や他の人のポケットに洋ナシを一杯詰めてくれる。）けれども自然は6週間以上にわたって食卓にベリーを積み上げてくれる。じっさいリンゴの収穫はハックルベリーほど重要ではない。たぶん年間この町で消費される各家庭のリンゴは、せいぜい1バレルにも満たないのではないか。これはすべての男性女性子供、さらに鳥にとっての1月かそこらのハックルベリーと比べると、微々たるものだ。オレンジ、レモン、ナッツ、レーズン、イチジク、マルメロなどもベリーに比べると我々にはそれほど重要ではない。

　ハックルベリーは金銭的にも利益がある。私は、1856年にアシュビの住民の何人かがハックルベリーを売って、2000ドル儲けたと聞いた。

　5月、6月になると丘や野原は、この科のおびただしい数の鈴の形に似た小さなかわいい花で一杯に飾られ、花の顔が向いている地面は赤あるいはピンクに染められ、虫の鳴き声と共鳴し、土から産まれるもっとも自然な健康によい各種の美味しいベリーの先陣となる。これらはこのあたりのベリーの大部分を占めるホートルベリー科の花だと私は思う。実が成ることを約束してくれるホートルベリーの花なのだ。この作物は、この地方全体に自生して健康によく、豊富かつ無料で、実に美味だ。それなのに馬鹿

な悪魔のような人間はタバコ文化に没頭し、そのために奴隷制度や多くの厄介なものをつくり、無限の苦しみと非人間性をもってタバコを懸命に栽培し、ハックルベリーに代わって主要産物としている。タバコの煙の輪がこの国から上がっていくが、これがこの国の住民が神のために燃やす唯一の香だ。我々のような者がキリスト教徒とイスラム教徒をどんな権威によって区別するのだろうか。タラやサバの業者のような、ほとんどすべての利益団体が州議会に代表を送っているがハックルベリーについては送っていない。この土地の第1発見者や探検家はこの果実について報告しているが、後続の探検家の場合は比較的ベリーについての説明は少ない。

ブルーベリーとハックルベリーは、素朴で健康によく、広範囲にある果実で、我々の民族にも関わりが深い。先住民がここで暮らしていた時代と同じように今も丘を覆っているこの種のベリーのお陰で、鳥も人間も生きているので、この種のベリーが生育しない地方を想像するのは難しい。ベリーは野生果実の筆頭ではないのだろうか。〔ソローはおそらくここで、山上の説教に言及している。「空の鳥を見よ。彼等は種もまかず、刈り入れもせず、納屋にたくわえもしない。しかしながら父なる神は、彼等を養い給う」（マタイによる福音書、6:26）。〕

この季節にだけベリーが大量に採れるということは何を意味するのか。自然は自らの子どもたちが食べていくのに最善をつくし、ちょうど鳥のひなも成長して、すぐ食べられる実をたくさん見つけることができる。灌木やブドウの樹はすべて、自然の一部を担っていて、健康によく美味しい食べ物を旅人に提供する。ベリーを欲しいだけ手に入れるために道から外れる必要はなく、道なりに進んでゆけば高地か低地か、あるいは木々で覆われているか広い空き地か、ともかくどこにでも様々な種類や品質のベリーが見つかる。たいていの所には色や味が異なるハックルベリー、湿気の多い土地に多いのは2度咲き低地ブルーベリー、道が沼地を通っていれば程よい酸味のある高地ブルーベリー、ほとんどの砂地の平野や土手や石山には2種類以上の低地ブラックベリーがある。

移動しながら果実を摘み食べる動物と同じように、人間も自然とのそのような関わりの中で結局生きている。野原や丘は、常に広げられている

食卓だ。動物に生気を与えるために、健康的な飲料や強壮的な飲料、全種類と全品質のワインが、無数のベリーの皮の中に詰められていて、動物は機会あるごとにそれを思いっきり飲む。ベリーは豊富な食べ物を提供してくれるというよりはむしろ、我々を大自然と共に過ごすピクニックという楽しい交わりへ誘ってくれる。我々は自然の神を想いながら野の実を摘み口にする。それは一種のサクラメントにして聖餐式であり、それは我々に食べるよう誘惑するサタンもいない、自然が禁じていない聖なる果実だ。〔ユダヤ/キリスト教の伝統によると、エデンの園の中央に育つ、善悪の知識の木の実を食べることをアダムとイヴは禁じられていたが、蛇の形をしてあらわれたサタンにそそのかれ、その実を口にし、人類の堕落をもたらすことになった。〕我々を自然に結びつけているほのかで純な味が我々をもてなしてくれて、さらに自然の慈悲と加護が与えられる。〔この文章には2つの連想がある。1つはジョン・ミルトンが『失楽園』1巻　2-3行目で「死が、そして我々のすべての苦悩がもたらされ／エデンの喪失がもたらされ」と述べているユダヤ/キリスト教の堕落の伝統、2つ目は、神の子であるキリストの死によって、楽園を復活し永遠の命の獲得することを祝う正餐式の伝統。〕

　この地方のいずれかの丘に登って、果実を付けたハックルベリーとブルーベリーの木が地面に垂れ下がっているのを見たときに、私はこれらが最高峰のオリュンポス山あるいは天を示している高い丘陵で育つのに適している果実だと思った。このような考えを想起させのがオリュンポス山であり、それらのベリーを味わう者が神であるというような考えは、最初は思い浮かばない。でも、この高貴なときに神の座を降りることができようか。食欲を満たすためではなく、思考の糧であるかのように思いが自然と心に湧き起るときのように、単純に自然にベリーが育つ乾燥した牧草地でベリーを食べると、乾燥してはいても、確かにそこで頭が培われてゆくような気がする。

　年によっては、前年の不足を補うように、おびただしいほどの果実が付くこともある。私は湿っぽい絶好の天候でベリーが十分大きく実り、丘陵面が文字通り黒くなった季節を何回か記憶している。そんなときには、ど

野生の果実 | 87

んな生き物も食べきれないほど種類も数多い。そのようなある年、コナンタムの丘の斜面に文字通り数段になって5、6種類ベリーが実っていた。まず、全体の陰になっている丘の下の方を探すと、全ての果実中もっともオリュンポス的な、ほのかな味で薄皮の、大きな明るい青色で早生のブルーベリー、ブルーエットが、新鮮でひんやりした状態で見つかる。次に、そのすぐ上に、より一層密集して、堅くて甘い2度咲き低地ブルーベリーがぎっしり詰まっている房があり、ずっと上には、多様な質の青色と黒色の大きなハックルベリーがある。更にその上には、低地ブラックベリーが並んで生い茂り、渦巻いている黒い果実の重みで木が垂れ下がって、揺れている一房にからんでいる。今やっと熟し始めた高地ブラックベリーは、他のすべてのものを見下して、あちこちに高々と垂れ下がっている。軽くぶら下がっているように見える、房や塊のベリーは、葉や枝と少し離れているので、大気が循環できてベリーを新鮮に保つ。この茂みを歩いて美味しい食べ物を詰め込みに行ったら、たぶん親指の先ほどもあるような、大きくて最上の高地ブラックベリーだけを摘むだろうが、大きさがどうであろうとも、様々な種類が欲しくてあちこちで一掴みしようと、美味しくて冷たくて青い花が咲くハックルベリーであることは間違いないし、足で踏みつぶしてきたものも同じだ。そのようなとき、私は、まだハックルベリーを見たことのない人に、木をかき分けてハックルベリーを見せたりした。それぞれの区域、それぞれの茂みは、前に来たときよりも更に黒く密になっているように見えるし、ハックルベリーはブラックベリーを真似たように大きく成長しているので、翌年以降また来るときのために場所に印を付けるようになる。

　おびただしいハックルベリーがあっても、鳥も獣も食べているのを見たことがない。見かけるのは蟻とハックルベリー虫だけだ。牧草地にいる牛がハックルベリーを好まず通り過ぎることは、我々には有り難いことのように思える。我々は鳥や四足動物がハックルベリーを食べるのには気づかないが、それは非常に豊富で足りなくなることなどないからで、我々がそこに向かっているとき、しいて彼らがやってくる必要もないからだ。けれども鳥や四足動物にとってそれは、我々にとってよりも遙かに重要なのだ。

コマツグミが我々の大切な桜の木にやって来るようには、コマツグミがハックルベリーをついばみに来るのは気づかない。キツネにしても我々が野原にいないときにやって来るのだから。

昔、一抱えのベリーの木をボートに運んだことがあった。私が家に向かって漕いでいた間に、連れの2人の女性がこれらの木からだけでも、3パイントのベリーを取り、裸になった木を次から次へ川に投げ入れた。

ベリーが比較的不足ぎみの年でさえ、町から少し離れためったに人が行かない場所で、我々が暮らしている土地より肥えているようなところに、無頓着な農夫の家と壁との間に、思いがけずたくさんのベリーを見つけることがある。灌木や棘のある低木は全部果実を付ける。まさに道端が果樹園なのだ。そこの大地には新鮮で豊富なブラックベリー、ハックルベリー、シンブルベリーが一杯で、干ばつの形跡や人が採集した気配もない。輝いている大きなブラックベリーは、岩に乗っかっている葉の下から私を覗く。果たして岩が水分を保っているのか。これらの果実を摘むもの誰もいないのか。肥沃で高地のエデンの園に彷徨いこんだような気がした。そこはまさに「喜びの丘」だ〔「喜びの丘」(Delectable Hills) はジョン・バニヤン『天路歴程』(1678) に出てくる山。〕ミルクとハックルベリーが溢れ流れる土地で、ただまだその地方の人はベリーをミルクに入れることはしていない。そこでは牧草は決して萎れず露は絶え間ない。私は自問した。このように加護があるのは、住民にどんな徳があるのだろうか。

　　　何と幸福な農夫たちよ、自らの幸福を知りさえすれば。〔ウェルギ
　　リウス　2:458-59〕

これらのベリーは、子どもたちを野原や森に導くには、さらに重要となる。ベリー摘みの季節は大切にされているので、学校に通っている子どもたちは、そのときは休みになり、たくさんの小さな指がこれらの小さな果実を摘むのに忙しい。骨の折れる仕事でもなく、楽しい気晴らしで、その上十分な報いさえある。8月1日は彼らにとってニューイングランド奴隷解放記念日なのだ。〔ニューイングランドでは、西インド諸島の奴隷解放

野生の果実 | 89

記念日である8月1日が、独立記念日である7月4日と同様に、奴隷制廃止論者によって盛大に祝われた。〕

　他の用向きでは遠方の丘や野原や沼地に出掛けない女性や子どもらは、手に台所の作業用具を持って急いでやってくる。木こりは冬に薪を求めて沼地に入り、妻と子どもは夏にベリーを摘む。今野原に見えているのは、海辺へは行かない完全な村の女性たちで、ベリーやナッツに精通している、男勝りで目が野生的な野に慣れた女性たちだ。

　全てを見通すザカリアがかつて降り立ったが誰にもそのことを語らなかったという遠い天国まで、スプリングなしの干し草車に乗ってゆくのは、みんな一様に床に座っているので、鋭敏な神経と、一杯になったバケツにとってはなかなかの試練だ。しかしその合い乗りはおしゃべりには都合が良い。轟音がひっきりなしに響くので都合の悪い点が隠せて、そうでなければ恐ろしい沈黙をも紛れさせてくれて、ベリーよりも印象的な新たな景色を見せてくれる。しかし昔からの散歩者にとっては、茂みに半分見え隠れするその格闘する一行は、とても新鮮で興味深いのだ。〔エーリュシオンは神話のなかで、死後天国の諸聖徒が住むところ。旧約聖書の予言者ザカリアは、おそらくその終末論的予言のために、「全てを見通す」と呼ばれたのだろう。また、ザカリアの書では、天使が予言者に何が見えるかと問い、予言者が特殊なものを見ることができると答える、ある種問答の繰り返しが見られる。〕暑いときは、少年らは木を切り倒して陰になっている場所へ運び、そこで少女らは簡単にベリーを摘むことができる。しかしこのやり方は怠惰で軽率で、丘が見苦しくなる。予定外のことも多々起こる。音を聞き分ける耳があれば、それまで聞いたことのない牛の鈴音や、逃げ出すか打ちのめされるほどの突然の雷雨の音を聞くことになるかもしれない。

　私はハックルベリーの丘で丁稚奉公し、かなりの修行を積んできた。授業料やそれなりの作業着に対してもお金を払ったことはなかったが、そこでの授業はこれまで受けた講義の中でも最高のものだったので、十分報われた。パーカー〔Theodore Parker 1810-60　米ユニテリアン派牧師、神学者。『宗教に関する諸問題についての議論』1841〕はその後ハーバードへもハックルベリーの丘以上遠く離れたどの学校へも行かなかったかもし

れないが、ハックルベリーを採集することで学んだニューイングランド青年は、彼だけではない。そこにはまさに大学があったし、そこではストーリー、ワレン、ウエアーの下ではなく、彼らより遙かに賢明な教授により、昔から脈々と続いている法律や医学や神学を学ぶことができる。ハックルベリーの丘から大学構内へ、なぜそれほど急いで向かうのか。〔この3人はソローのハーバード在学中の法学、医学、神学教授。〕

　昔、町から遠く離れたヒースに住んでいた彼らは、町で支配的な見解を受け入れることに対して否定的だったので、悪い意味で「ヒース野郎」と呼ばれていたのだが、だから、現代のヒース地といえるハックルベリーの牧草地に住む我々も、ひょっとしたら「ハックルベリーの輩」とあだ名をつけられているかもしれず、大きな町や都市の考えを受け入れるのが遅いのだろうと私は確信している。けれども最悪なのは、町からの使者たちが、我々を救済するためではなくベリーを求めてやってくるということだ。

　時々、静かな夏の午前、たまに外套の仕立て屋が一緒に食事をすることになると、たいていはハックルベリープディングでおもてなしをすることが決まっていて、10歳の少年だった私はひとりで近くの丘に遣わされた。私の中等教育はこのようにみだりに変更されたが、それなりの理由はあった。近くの丘にベリーがどれほど不足していようが、プディングに必要な数を11時までにきちんと集めることができたし、ベリーが全部熟していることが大切で、私は未熟なものがないか確かめるためベリーを2、3回くらい回してみた。ベリー摘みに行くのにはベリーを食べる以外の目的があったので、そのようなときは自分なりに、皿が一杯になるまでは食べないと決めていた。家に居る者はプディングの他には何も食べず、どちらかというとおなかに持つ食べ物だったが、私は午前中に外でベリーを食べ、プディングに対する食欲も言うまでもなくあった。彼らが食べたのはプディングに入っているプラムだけだが、プディングには絶対入っていない断然甘いプラムを私は食べた。

　連れがあったときには、その中に目を見張るような出来映えの料理をよく持ってくる人がいて、時々私はベリーが料理の中でどうなっているか興味を持って見た。ハックルベリーの丘にコーヒーポットを持ってくる人も

いて、少なくとも食い意地の張った少年が帰り道でひと掬いかふた掬いしたときには、このような容れ物が役に立つ。彼がしなければならないことといえば、蓋をしてもっと入れるために容れ物を振ることだけだ。そのグループがオランダ風に建てられていることからダッチハウスと呼ばれているところまで遠い家への帰途についたとき、私は、こういうことがどこでも行われているのを見た。面が広ければどんな容器でもいい。そのときの「若きアメリカ」も、今では老いたアメリカになったが、ルールや動機は今も同じで、ただ形が変わっているだけだ。〔Young America は1840年代はじめから1850年代半ばにかけてアメリカ合衆国でおこった、経済的、政治的、哲学的運動。自由市場主義熱、海外における共和政体主義支持熱、領土拡張主義熱を特徴とする。〕時折お目当ての場所にたどり着く前に少年全員が、丘の中腹に向かって走り出し、慌ててある場所を選び取り、境界を指しながら「俺はここだ」と叫ぶ。もう1人も「俺はあそこだ」と宣言し他の者も続く。これはハックルベリーの丘については結構良いルールだった。いずれにしても、我々がインディアンとメキシコ人の領地を手に入れたときのルールは、これと同じだ。

　私は昔、このやり方で父母、子どもたちの家族全員がハックルベリーの丘を荒しているのに出くわした。彼らは進みながら木を切り、その木を大きなバスケットの縁の上で叩き、バスケットが熟したベリーや緑色のベリー、葉、枝などで一杯になると、野人のように私の視界から去っていった。

一日中解放されたときは、いくらか離れた丘や沼地へ行くのによくバケツを持って、自由と冒険心を感じながら丘を横切っていたことを思い出す。そのような自分の存在の広がりを、世界の全学問と引き替えてくれると言われても私は断る。解放と拡大こそすべての文化が目指す果実なのだ。私はもし果実についての勉強をやめていなければもっと本の内容がわかるはずだということに、突然気づいた。［ハックルベリーの丘という］教室で、見聞の価値があることは決して聞き逃したり、見逃したりしなくなっている自分を発見し、教訓［私の授業］を受けずにはいられなかった。というのも教訓は自然にもたらされたからだ。このような経験が繰り返されて刺激となり、最後にはかのアカデミーへと進み、ついにある一冊の本を学んだ。
　しかしああ何としたことだ。我々は呪われた時代に生まれ堕ちてしまっ

た〔ミルトン『失楽園』 7:23-26〕。採集者はハックルベリーの丘から出てゆくよう命じられたと聞き、その場所で採集することを禁止する注意書きが書かれた杭を見る。採集されるがままにしてある所もあるし、許可している所もありはする。まさに「現世の栄華はかく消えゆく」(Sick transit gloria ruris) だ。私は誰も責めるつもりはないが、運命全体を嘆いてしまう。我々はこんなことが起る前の我々の生活のありがたさがわかる。もしハックルベリーを手に入れるのに市場へ行かなければならないとしたら、田舎の生活の真価はどうなるのか。業者があたりのハックルベリーを荷車に積んでいる。それはまるで絞首刑執行人が結婚式を執り行うようなものだ。我々の文明の傾向として、ハックルベリーがビーフステーキの付け合わせの程度にまで減ってゆくのは避けがたい。つまり、ハックルベリーやハックルベリー採集の8割を抹殺し、ビーフステーキの最適な付け合わせとしてプディングだけを残すことになる。ハックルベリー摘みの代わりにビーフステーキ摘みに行く。それは昔からの仲間の働き手ブライト〔ブライトは牛によくある名前でボストン郊外で屠殺場のあったブライトンの名残〕の頭をまず殴り倒し、走り回る彼から、アビシニア流にステーキをそぎ取り、次のハックルベリーがそこに育つのを待つ。ドアにチョークで書かれる業者の品書きは、今は「牛の頭とハックルベリー」だ。イングランドとヨーロッパ大陸の住民は、このような経緯で人口増加と専売によって自然権をなくしたのではないかと私は見ている。地球上の野生の果実は文明前に消えているか、あるいは価値のないものだけが多くの市場で見られる。国全体が、いわば1つの町か踏み固められた共有地のようなもので、残っている果実はバラの実とセイヨウサンザシの実だけだ。

　ハックルベリーの丘を個人の所有にするなんて、それはどんな国なのか。公道に接したそうしたハックルベリーの丘を通るとき、私の心は沈む。土地は胴枯れ病で病んでいる。自然はそのベールの下だ。私は、その呪われた場所から、慌てて離れる。自然の美しい顔をこれ以上ないくらい醜くくしている。私はそれ以来そこを、きれいで美味しいベリーがお金に交換され、ハックルベリーの神聖性が奪われた場所としか考えられない。なるほど野生の牧草や木を個人の所有にするようにベリーを個人所有にする権利

があるかもしれないし、慣習で認められてきた多くのやり方以上に悪いというものではないが、しかしどう見てもこれは最悪だ。というのも残りの丘がどのようになるか示しているし、我々の文明や労働の分割は放っておくとどんな結果になるかを示しているからだ。

　B—の丘を借りているハックルベリー採集職人A—は、特許を受けた馬用熊手で今ハックルベリーを収穫している。調理職人のC—は数種類のベリーで作ったプディング蒸しを管理していて、そのプディングはD—教授のためのもので、D—教授は書斎に座って本を書いているが、もちろんそれはブルーベリーに関する本だ。この一連の経路を通して扱われているハックルベリーの丘の究極の果実は、その作品の中に収められることになる。しかし価値などない。その中にハックルベリーの魂は何も生きていないので、読んでも退屈だろう。私は労働をもっと別の形に分ける方が良いと思う。D—教授は、書斎とハックルベリーの丘の間を自由に行き来するようにすべきだ。

　この場合私が一番残念に思うのは、現実には「利己心故の意地悪な結果」(dog-in-the-manger) を生むということだ。なぜなら、人間に丘でベリーを採らせないということは、同時に健康や幸福、インスピレーションを取り込ませないことになり、そこで見つかるベリーよりもずっと美味しく貴重な果実についても見逃すことになる。採集もせず市場運びもしないために、それらを扱う市場はなく、茂みで腐らせるだけとなる。こうして我々は、自然との体系的でわかりやすい関係を一網打尽に砕いている。これが最近豆の袋を揺らしたり亜鈴を鳴らすために雇われた人の言い分であるが、私にはわからない。ベリーは小さくて少なくても、来訪者に自由に採集される限り美しい。けれどいったんこの沼地は誰かが借り上げているのだと聞かされると、もう見たくはなくなる。我々はベリーを場違いの者の手、つまりベリーを理解できない者の手に委ねているのだ。お金を払わなければ彼らはベリーの採集をすぐにやめるという事実が、このことを証明している。彼らにとって関心があるのはベリーではなく金なのだ。我々の社会の構造がそうなっているので、我々は妥協してしまい、ベリーは品格が堕ちてあたかも奴隷のようになっている。

従って、牧草地の野生の果実を最初に摘もうとする場合、どうしても少し卑屈に感じ、我々は楽しいベリー摘みの一団を見下すようになっていたし、ベリーの方も我々を嫌っていたと言わざるを得ない。もしベリーの側に誰に摘まれたいか言えるとすれば、単に楽しむために干し草積みの車でやって来る子供の一団ではないだろうか。

これこそ我々が鉄道を走らせるために払う税金なのだ。改革と呼ばれるものはすべて片田舎を町に変る傾向がある。しかし、失うばかりの連続で本当に埋め合わせてくれるのだろうか。先にも述べたように、このことは我々の社会の制度がどんな由来や基礎を持っているかを示唆している。私はこのように言うことで広まり始めているある習慣について不満を言おうとしているのではなく、シーザーをあまり愛していなかったためではなく、ローマを愛する心がさらに深かったためである。〔シェークスピア『ジュリアス・シーザー』 第3幕 第2場 22行参照。〕

悪臭アカスグリ（Red and Fetid Currants）

標準赤スグリはおよそ7月3日頃だ。
1860年7月7日。3、4日たつ。

ニューイングランドについて書く多くの作家が野生の赤スグリと黒スグリについて語るが、それは今ではほとんど見られなくなっている。それはイチゴ、グズベリー、ラズベリー同様当時は今よりはるかに豊かだった。赤スグリは栽培種同様アンティコスティ島に見られたということだ。ロジャー・ウィリアムスには、スグリ、ブドウ、ホートルベリー入りのインディアン料理についての記述がある。〔ウィリアムス　221〕

ニューハンプシャー州ラウドンとカンタベリーの中程で、道端にすでに赤くなっているスグリを見た。1852年9月7日、モナドック山では岩場の窪みで見つけ採集した。このベリーはザゼンソウの悪臭がするが、それは必ずしも不快とはいえない野生の香りだ。ホワイト山中でも採集したことがあり、その実は小さな棘で覆われている。〔1858年7月5日から16日の間にソローとエドワード・ホアーは、ニューハンプシャーのホワイト山を訪れ、そこで友人と落ち合っている。『ジャーナル』　11:6〕

ニワトコ（Red Elderberry）

　私は1858年7月4日に、ラウドンとカンタベリーの中程でニワトコが熟して赤くなっているのを見た。この種はふつうニューハンプシャーの北部にしか見られないが、ウースター地方でも見たことがある。その果実は実に見事だ。

北部野生レッドチェリー（Northern Wild Red Cherry）

　北部野生レッドチェリーは、7月4日には熟し始める。実りの期間は長くない。色は明るい赤で美しいが、食べられない。1852年9月7日と1860年8月4日に、モナドノック山でも野生レッドチェリーを見つけた。1858年6月2日、たくさんのレッドチェリーがフィッツバーグとトロイの間の、特に焼け土や丘の斜面、古い野営地跡にあった。コンコードには少ない。

サルサパリラ（Sarsparilla）

　サルサパリラの実の中には、7月4日には熟しているものもある。
　1859年10月14日。もう何週間も変化なし。
　1852年6月10日。緑色の実が現れ始める。
　1860年6月19日。葉の下を見ると、緑色のベリーがたくさん付いている。
　1860年8月1日。木の中には黒いベリーと緑色のベリーが混じって付いている。

低地ブラックベリー（Low Blackberry）

　低地ブラックベリーは、7月9日には熟し始めて、22日頃にベリー摘みが開始され、8月1日から4日頃が最盛期になるが、日陰では8月の終わりぐらいまで続く。
　1856年8月4日。すでに柔らかくなっている。1851年には7月19日に茂っていた。1856年7月21日。収穫できるほど実が詰まっている所もある。1856年8月28日に収穫終了。日陰では、8月23日でも新鮮だった。
　今森の中には、地面すれすれの短い植物のすぐ上に育っている美味しいベリーが豊富にあるが、それはここではデューベリーと呼ばれている。見

た目には、イギリスの同名のベリーによく似ているが、味はそれよりも美味しく、ピリッとして爽快だ。

　鉄道沿いにあるような、日がよく当たる砂地の土手では、7月9日には、ベリーはもういくつか熟している。17日には、グレートフィールドでブラックベリーを摘んでいる子供が目に入り始める。

　1853年7月21日。じつにたくさんの大きなブラックベリーが丘の斜面で輝いているのを見て驚いた。

　1856年7月17日。J・P・ブラウンの家とあばら屋との間にある丘の斜面に登ると、たくさんの熟した低地ブラックベリーがあるのを見て驚いた。酸味にはここの暖かい天候がどれほど重要なことか。

　1856年7月19日。財貨採掘人によって捨てられた砂の上のそこかしこに、この夏初めてのブラックベリーが熟しているのを見た。砂から照り返す熱が、どこよりも早く熟成させたのだ。これらのベリーに関して、最初はここのベリーが土のおかげとか、財貨採掘人が授けた恩恵とか、モール・ピッチャーであるなどとは思いもしなかった。ブラックベリーがそのむさ苦しい場所を覆い尽くしてくれないことと、農夫は彼らが掘った穴を埋めないことにただ不満を言うだけだったので、そのむさ苦しい場所から果実を取り出すような人間は、おそらく私だけだろう。まったく誰の為にも吹かない風はないというのは真実だ。〔モール・ピッチャーはジョン・グリーンリーフ・ホィティアーの詩で有名となり、ホーソーンの『ブライズデール・ロマンス』でも言及されるマサチューセッツ州リンの占い師。財貨採掘人はソローが『ジャーナル』7:69-70で詳しく述べているように、昔ここに財貨が埋められたと信じて、それを採掘している人のこと。〕不精な人の愚考、または精神主義者の無意味な行為の成果として、私は早生ブラックベリーを2、3日早く手に入れる。見あげると、ブラックベリーはそこにはまだ拡がっていなかったので、去年の春その丘の1ロッド高いところに掘っていた別の穴を見つけた。ブラックベリーは8月の初旬には柔らかくなり始めるが、ひんやりした日陰ではその月の終わり頃まで新鮮な状態が保たれる。

　1854年8月12日。長い花柄に付いた大きな低地ブラックベリーが、ハッ

クルベリーより高くなっていて、高地ブラックベリーの最大のものと同じくらいに大きく、堅くて立派な小粒の種子ができているのを見た。

　1859年8月23日。広い野原で収穫して以来のことだが、ツグミがやって来るマツの陰で、特別に甘くて柔らかいじつに新鮮で大きな低地ブラックベリーを採集した。見るからに普通種より大きく、甘みもまろやかさも上だ。密集して育っているのではなく、熟し切ったベリーが、地面の上で葉に隠れてまばらに残っている。低地ブラックベリーの中でも、完全な日陰でゆっくりと熟成するものが、もっとも甘くてまろやかであり、それらにはブランブルベリーが付いている。

　1860年8月27日。広いヤニマツの森の中で、まばらにある草や緑ゴケなどの上につながって育つ、大きくて熟したばかりの低地ブラックベリーをいくつか採った。

　1852年7月31日。その低地ブラックベリーの葉はかなりしわくちゃになり、普通湿った地面の上に葉と新鮮なベリーをぎっしり付けているが、よくある低地ブラックベリーと同じなのだろうか。

　1853年7月22日。水分が多くて冷たい、強烈な味のベリーは、大きくはないが、(蔓や他の植物の陰になっている側で特に) ぎっしりと実の付いた房を付けている。

　1856年8月5日。最近熟したばかりのものをたくさん見つけた。小振りで果汁が多く、やや酸っぱいけれど、甘いものもあり、全体的に房が垂れ下がっている。

　1856年8月19日。低地ブラックベリーの種類は何と無数にあることか。低地ブラックベリーがほとんど終わってしまっているのに、私はこの広いヤニマツの森で、大きくて新鮮でとても甘い低地ブラックベリーをいくつか食べた。まだ、もう少しの間は味わえる。

野生グズベリー（Wild Gooseberry）

　7月10日。野生グズベリーを採集した。

　1860年7月22日。アナースナックの最北に近い麓。

　1854年5月27日。新しいものは、小さなグリンピースほどの大きさだ。

1853年7月30日。J・P・ブラウンの地所で少しばかり見つけた。赤いつるつるした球体で、表面に子午線が入っていて、極のあたりは平たくなる傾向にある（庭に植えてある一番早咲きのものほど開花は早くないが、その果実は色が花に似て、庭の遅咲きの花よりもっと艶と光沢があるけれども、色彩は暗い紫か青色で、花よりは果実の方が庭のものとよく似ている）。かなり酸っぱくて野生の味がする。

1854年7月10日。ほとんどの野生グズベリーは干上がり、黒ずむ。

1856年7月19日。J・P・ブラウンの地所の茂みでグズベリーを一掴み摘んだが、もう少ししたら熟すだろう。それはかなりの大きさで赤や紫、緑色のベリーだ。最初に庭で採れるものほど、濃くもないしピリッと来る味でもない。

ジョスリンは「グズベリーの木は、この地方全体に生育していて、棘ブドウと呼ばれているそのベリーは実に小さく、熟すと色は赤か紫である」と書いている〔ジョスリン　72〕。リンドレイはグズベリーやアカスグリについて「北アメリカには特に豊富である」と述べている〔リンドレイ　72〕。

オトギリソウ（Hypericums）

オトギリソウの赤い蒴果さえ、私にはうれしい光景だ。長方オトギリソウの蒴果は7月10日には地面のすぐ上に出て来始める。

穀草（Grains）

ライ麦の季節になるといつも、その成長の早さに驚かされる。

1775年のコンコードの戦いの日には、リンゴの木に花が咲いていて穀物用植物が丘で揺れていたと言い伝えられている。このことについて私が尋ねた一人の老人は、穀物用植物の丈があまり伸びていなくて、揺れているのがどうにかわかる程度だったように思うと言った。注意して観察してみると、5月の14日のライ麦畑にこの状況が見られ、草よりも早い。

7月11日までには刈り入れが始まっているので、人知れず川を静かに漕ぎ上ると、茂みの向こうで刈り人が枠付き鎌でライ麦を砕く音が聞こえる。

7月31日には、遠くで殻竿の音がして、私の心は秋の光景や過去数年間の記憶で占領されるが、秋から冬に変わる間に、時には冬にもその音は聞こえる。それは、タッサーの詩と一致する。

　　5月がくるまで脱穀を続けよ
　　新鮮な籾殻は忘れずに容器に入れよ
　　豚や鶏のための餌をつくり
　　愚図な男たちは雨が降っても働け　〔タッサー「5月の農業」〕

　1851年10月8日。農夫たちはトウモロコシやリンゴを収穫して脱穀する。11月1日。トウモロコシを収穫。
　1858年9月13日。小麦から籾殻を分離する殻竿の音が聞こえる。200年昔はどのくらいの期間、その音が聞こえたのだろうか。
　1860年7月30日。最初の殻竿の音が聞こえた。ひょっとするとどこかの農夫が納屋に場所をあけたいか、穀物が必要なのかもしれない。小麦だろうか、ライ麦だろうか。どちらかではあるだろう。
　サン・ピエールは、我々が果実に対して良い印象を持っていたら、当然主要な作物を単なる草の上にではなく、木に置くだろうが、しかし「我々の収穫物は戦争によって破壊されたり、我々自身の無分別による出火、あるいは風で根こそぎにされたり、浸水で台無しになったりすると、ある地方にそれを再生するには森林を産み出して来たすべての時間が必要となる」と考えている〔サン・ピエール　3:319〕。
　アルフォンス・ド・カンドル〔Alfonse Louis Pierre Pyramus De Candolle　スイスの植物学者。『植物地理学原論』　1855〕は、「エスプリ・フェーブル氏の意見は多くの人々に、イージロップ・トリトコイデス（Aegilops tritcoides, Req.）は栽培によって一種のコムギとなるのだと信じさせてきた。しかしこのイージロップ・トリトコイデス自体が、ヨーロッパでよく見られる卵型イージロップの1変種であるように思われる。過度の植えつけによる変種は、単に、野生イージロップと栽培コムギとの間に芽を出す雑種にだけ起こることを証明したのはM・ゴドロンである」と述べて

いる。コムギはアジア、特に小アジアとメソポタミアでは野生であると彼は述べている。

ツリフネソウ（Touch-me-not）

　1856年7月14日。ツリフネソウの種子はすでに芽吹いている。
　1852年8月27日。その種子の導管がピストルのように発射して、弾丸のように種子を撃つ。私の帽子の中で爆発した。
　1850年7月30日。非常に種子の多いものがいくつかあり、ちょっと触れただけで飛び出してくるので驚いてしまう。明るい緑と暗い緑の縞模様で、気孔がある。

野生ヒイラギ（Wild Holly）

　野生ヒイラギ。沼地に生育する小悪魔の目のような、赤い、ビロードのようなベリーが、7月14日には実が成る。たぶんもっとも美しいベリーで、明るい開けた茂みから細い糸状に垂れ下がっていて、繊細な葉の中で顔をのぞかせる。

カブ（Turnip）

　まだ若いカブ。7月15日。
　霜が降りそうな天気のときには、前もって抜いておくのを楽しみにしていたのだが、前回指がかじかむほどの冷たい夜にカブの引き方を工夫した。カブの緑色の感じと実の付き具合によっては、もう一年栄養分を貯めさせる方が労力に値する。深紅色で、形は丸いかスカラップ型で、時折地面より随分高い所に、緑色でありながらしおれている葉の間で、くっきりと姿を表わしているカブを見るのが私は好きだ。カブは寒いときの赤い頬を思い出させるし、じっさい両者には関係がある。その年最初の寒さで指の感覚が無いときにするカブ抜きでさえ、ありとあらゆる収穫というものは、おもしろいものだ。

ホロムイソウ（Scheuchzeria）

7月15日。ホロムイソウ。

1860年7月3日。ガウイング沼に育っているホロムイソウには、緑色の実がたくさん付いている。それは、広い溜池の水際に生育しているまっすぐ伸びた草に似た植物であり、へら形のモウセンゴケと一緒に拡がって浮かんでいるミズゴケの中に伸びていて、非常に小さな鉛色の葉鞘と、ヤチツツジ属の常緑低木1、2本の若枝から成っている。

1855年1月10日。ヨーロッパのクランベリー沼で、氷の張った溜池の水際あたりに、3つの細胞を持つ低地イグサ、あるいはスゲのホロムイソウ果実がたくさんあるのを見たのだが、黒い長円形で、ネズミの糞と同じくらいの大きさだ。至る所で密集しているので太陽の熱を吸収して、氷の中に1インチ以上溶け出している。何かの生き物の食べ物であることは間違いない。

1858年6月13日。ガウイング沼と同じようにレダッム池では、ホロムイソウが今ちょうど花の季節で、種が蒔かれるのももう間近だ。

ザイフリボク（Chokeberry）

ザイフリボクは、7月16日に熟し始めたが、たいていはハックルベリーの後か8月の後半であり、9月の初めになると新鮮でなくなる。

若い摘み人は、時折最高に大きくて美味しいハックルベリーだと思って間違ってザイフリボクを籠に入れる。特にブルーベリーの湿地によく見られ、ブルーベリーと同時期に熟す。見た目には美しいが決して美味しくはなく、人の頭上高く垂れ下がりその重みで木もたわんでいる。ベリーで黒くなっている高さ8フィートの茂みもあれば、少なくとも高さが12フィートはある木もあるが、ザイフリボクを食べている生き物は見かけない。これらは人間が食べない種類のベリーだ。3フィートから5フィートの高さにたわわに育ち灌木全体が黒くなっている湿地もある。このように不要なものが豊富であったり過剰であったりすることで、我々はどれほど豊かさを感じることができるだろうか。もし我々が用い方を知ってすべてのものを使うならば、自然はそれほど豊かではなくなるだろう。

1852年8月31日。ウエアー・ヒルでは、サクランボほどの大きさのナシベリーが、密になって渦を巻いたような房のまま落ちて地面をまっ黒にしていた。こんなに密なベリーを見るのは珍しい。

　1858年8月12日。私は高地ブルーベリーを食べてみるが、見た目には見事で艶のあるクロザイフリボクにも気を惹かれる。木はどの方向にも甘いベリーを付けてたわんでいて、甘い実だが、乾いて喉にむせる味なので、誰もそれを食べない。

　1856年8月28日。ちょうどハックルベリーとブルーベリーが終わった今、クロザイフリボクが全盛となっている。木々はこれらのベリーの重みで垂れ下がっているのに、どんな生き物も収穫しに来ない。ハックルベリーがずっとそうであるようにこの果実も豊かだ。それらは最初は十分甘くて美味しいが、口の中に乾いた髄質のかたまりが残る。それでも、自然はこちらもあちらも同じように恵みを与え、我々以外の子供たちを養うこと以外に、自然が何をしているかを知っておくためだけにでも、この豊かな実を見る価値はある。

　8月25日には、まだたくさん付いてはいてもほとんど乾いて黒くなっていることもある。

　1853年9月4日。腐ってきている。広い沼地にある低い茂みでは、冬まで木に付いたままのものが多い。

1850年12月19日。沼地に豊富にある乾いたザイフリボクは、今とても甘くなっている。

　1853年1月28日。トウヒの沼地でしなびた黒いものを味わってみると、かなり甘い。

　1858年1月29日。沼地では乾いたザイフリボクがよく見かけられる。

　1860年8月26日。しかしマーシャル・マイルズ沼では、ブルーベリーよりも見事なザイフリボクが見られる。際限なく茂っている、食べられることもないこれらのベリーをかき分けながら歩き進んだが、低めの葉はもう紅葉している。髄質が口にされない理由だが、それらは美味しい液体を含んでいるので、ワインにするといいのではないか。

　1856年8月28日。ちょうどハックルベリーとブルーベリーが終わり、クロザイフリボク（とブラックチェリー）が全盛となっているが、今年はどちらも豊富に実っている。

ツマトリソウ（Trientalis）

　7月の16日頃には、森の中のツマトリソウの、青白いないしは灰色の小さな果実に気付き始める。

ザゼンソウ（Skunk Cabbage）

　ザゼンソウの果実、7月17日。今もそうだが8月9月でも、低地で草が刈り込まれている所に、ザゼンソウの黒くて格子模様の果実があるのに気付くが、それは地面と水平に見える高さにまでどうにか伸びていて、ニクズクのおろし金のように粗く、イチゴのような形をした本当に大きな楕円形の果実だが、異様な香りを放つ。ザゼンソウが草刈り人によって2つに

切断されて、広い小屋のような種の中が緑色であるのはよく見かけられるが、ほとんどはスズカケノキの下の水平でない地面の上に横たわっていて、そこだと草刈り鎌で刈られても傷つけられない。牧草地のくぼみにも育っている。今のところ我々の最大の果実は北部のパイナップルで、長さが3インチのものもある。7月の後半に草刈り人が草を短く刈って地面がむき出しになると、彼の家の庭には熟したり、見た目にかなり大きくなっている果実はまだないというのに、すでに自然がかなり大きな果実をそこに成長させていることを発見して驚く。それは小さな初期のもので、春にはそれを萼片の下に探してみるのだが、今熟しつつあって、植物では肉穂花序と呼ばれるものだ。花の約以外の全部分が残ってやがて大きくなる。熟すと黒くなる。

　この早春花のきざしをすっかり忘れていたが、我々に思い出してもらえなくても、草の深い所で萌芽して自身の葉をほとんど枯らしながら、その果実をしっかりと成熟させてゆく。その仏炎苞の中に蜂のぶんぶんという音を聞いてから、少なくとも頭の中でどれほど遠くまで歩き回ったことか。春には我々の注意を惹き付ける斑点の付いた美しい角状のものが、黒くてかなり見苦しい果皮のすべてにあったことなど、ほとんど思い出せないし信じられない。私がそれを家に持ち帰ると、友人はそれが何の果実か想像もできなかったが、パイナップルかその類のものだろうと考えた。家で1週間置くと、萎んで柔らかくなった後に割れて開いて、バナナのような美味しそうな甘い香りを放ち、その香りはその果実が食べられるだろうことを暗示していた。けれど味見して少ししてから、舌を刺す苦みがした。病人以外の人間で誰かがそれを用いるのかどうか知らないが、春にさえ20か30の小さな茶色の木の実が川岸の砂州や穴に集められているのを見て、私はそれはネズミによる仕業ではないかと思っている。

ヒコザクラ（Sand Cherry）

　ヒコザクラは7月18日には熟し始め、最盛期となるのは、たぶん8月1日かそれ以降だ。

　1852年6月10日。カナダプラムのように膨らんでいるのがわかった。

1860年8月10日。よく熟しているものもある。

美しい果実で「食用」と言う人もいる〔エマソン 453〕が、非常にまずい。しかしときどきレッドチェリーやチョークチェリーよりはましなヒコザクラを見つける。果実は、2から12の花柄が集まっている房に似た散形花序の形で、小枝か葉柄がそれぞれの面に垂れている。ジョージ・B・エマソンとグレイはそれを暗紅色と呼んでいる。熟したときは黒だ。エマソン、グレイ、ビゲロウ〔Jacob Bigelow 1786-1879 米植物学者。『アメリカの薬草植物』 1817-20〕は、それがこの州では珍しいと言う〔エマソン 453、グレイ 115、ビゲロー 2:96〕。コンコードでは、高地や乾いた土地や（他の種類が）牧草地にもよく見られる。チェリーの大きさは、花柄の直径が8分の3インチ、高さが16分の7インチだ。

ハインド〔Henry Youle Hind 1823-1908〕は、1857年に関する報告の中で、このヒコザクラが島の森の湖に豊富にあることを発見して、「未開人の好みのベリー」であると述べている。ヒコザクラが繁茂する場所では、もっと美味しいのだろう。〔ハインド 『1857年に関する報告』 1:101。「森の湖」の3分の1はミネソタ州にあり、一部はカナダのマニトバ州南東部に当たり、そして湖のほとんどはオンタリオ州南西部にある。ハインドはヒコザクラが、レッドレイク・インディアン居留地とビッグアイランドの間に位置する、ミネソタ側「森の湖」に浮かぶガーデン島の「砂地の浜」に豊富にあることを発見した。〕

ツバメオモト（Clintonia）

ツバメオモトあるいはデュラセナベリーは、7月12日には初ものが見られ8月中続く。

1860年7月30日。美しい。

この植物は沼地の縁の日陰で育つ。特殊な濃い藍色（何かの青磁にも似ていて「アメジストブルー」と言う人もいる）のベリーは、8か10インチ高さの、ポキッと折れる非常にもろい茎か小花柄の一番上に、2つか5つの散形花序で育つ。それらは矩形か角っぽい丸形という風変わりな形をしていて、頂点に小さなくぼみがあり大きな豆くらいの大きさだ。規則正し

く美しく形も完全で、密生しながら地面や雑木林の濃い陰の中に模様を作る緑色の葉を見ると、ツバメオモトには特別の天上的な感じがある。それらは詩のようにかなり珍しく、ほとんど知られていない。これがその植物の本当の花であり、それを結実させるために、葉を長い間新鮮なまま汚れないように保つ。

8月の終わりに近づくと、葉はほとんど落ちる。

ヒメチチコグサ（Gnaphalium Uliginosum）

ヒメチチコグサが結実していくのは7月20日頃だ。どれくらいかかるのだろうか。

毛様アマドコロ（Polygonatum Pubescens）

毛様アマドコロは7月22日には見られる。1ヶ月後に葉は食べられてしまう。1853年は、9月4日が盛りのようだが、まあ、9月1日だろう。

これは美しい葉の茂る茎が、後ろの丘の斜面に向かって曲がっているひ弱な植物で、全体に青緑色（それは、青い花と同じ濃緑）で豆ほどの大きさのベリーが対になって葉の軸からぶら下がっている。1つの植物にはこれらの細い葉軸の下垂体が8つか9つあって、まっすぐ4分の3インチぶら下がっていて、対の2つは先がそれぞれ短い小花柄に分かれ、ベリーは幹に沿って下から上に向かうに従い、直径が8分の3インチから8分の1インチとなり、必ず小さくなっている。

高地ブラックベリー（High Blackberry）

7月22日頃に、時期的にもっとも早い高地ブラックベリーを食べたが、例年は8月の初めに確認され、8月の18日には最盛期を迎えて9月に入っても続く。

赤と緑色のベリーが混じっていて、曲がった枝が陽の当たる丘の斜面に生育する香りの良いシダやウルシの木の上に覆い被さっているか、さもなければ草ぼうぼうになって低い地面や道ばたで大きな果実を豊かに付けている、艶のある黒い果実の大きなかたまりを見つけるが、高地ブラックベ

リーは、我々に与えられたもっとも素晴らしいベリーであることは確かだ。しかし旬の時期がかなり過ぎたり（8月25日頃）、低地ブラックベリーとハックルベリーが全般的にダメになったときに、もう一度それらを特に調べるには、埃っぽい道ばたではなくて、道から遠い岩地で水分を含んだ萌芽地へ行くと、光沢のある見事な渦巻き状の果実が十分に熟していて、茎が重みで垂れ下がり、香りがさわやかで棘のあるひ弱なディキソニアンシダに囲まれた湿っぽい土の上に拡がって、高地ブラックベリーの緑色の葉の中に半分隠れているので足で踏むこともある。それらは実に新鮮で黒く艶があり、活力を与える果汁を含んでいて、今にもそれが滴り落ちそうだ。ここで食べるのに取り繕う人など居るだろうか。ティーテーブルに載せて差し出されたのと同じだ。これらは人間が食べるベリーの中に数えられる。

　埃にまみれてはいても道ばたのものも、高地ブラックベリーは甘い。

　ニューハンプシャー州とメイン州では、それらは主に道ばたに限られているようで、あたかも歩いて旅をする人のためにあるかのように、旅人がほしがる果汁をふんだんに含む、甘く、クワの実の形をした種類で、旅人はしばしば脇にそれて頭よりも高い茂みへ入り、そこで旅を一新するために活力を得る。

　8月の最終日と9月1日に、ある場所ではそれらがまだ豊富にあるのを見た。見落とされてきた葡萄だ。（私にとってどの道がいいかはベリーの状態によって分かる。）総状花序が曲がっていて、繁茂しているきれいなシダやウルシなどの中に入って見えないので、ちょっと離れると房があるかどうかわからない。ベリーは熟したり黒くなっているものは半分もなく、日陰では新鮮だが、陽の当たる所では少し萎んでいるか、乾燥している。

　コンコードにはよくある種類の他に2種類が生育している。ニューハンプシャーによくみられる、クワの実の形をした長いベリーを付ける種類と、ベリーが珍しく大きな球体で房が大きく艶が良く、木が若いときにはさわやかな味の、特別な明るいピンクの種類とだ。〔ソローはここに1857年8月27日というメモを書いているが、同日の『ジャーナル』にはここと同じ記述がある。〕

　ジェラルドはよくあるキイチゴについて「熟した果実は甘く、中にほど

よい温度の果汁がたっぷりあるので、食べても不快ではない」と述べている〔ジェラルド　1274〕。

チョークチェリー（Choke Cherry）

　チョークチェリーは7月23日に熟し始めて、8月20日頃に最盛期を迎える。6月23日にチョークチェリーが小さな豆の大きさだったことを観察している。

　ウッドは『ニューイングランドの展望』の中で、アメリカのチェリーについて「イギリスのチェリーよりも小さく、あまり熟していないときは、美味しくない。チョークチェリーが口をとても突き刺すので、赤い棘（私はこう呼んでいる）を飲み込むと、舌が上あごにくっつきのどが膨らんで耳ざわりな音がし、味は少しもよくない。イギリスの分類上の目ではチョークチェリーはイギリスチェリーに入っているが、インディアンと同様野卑なものである」と述べている〔ウッド　1〕。

　ここではそれはただの灌木ではなくて、塀や生け垣に沿って成長している。人の頭の高さ位の茂みには、豆の大きさで少し矩形か楕円形の光沢のある暗紅色のベリーが、2、3インチの長さで全体に総状花序でたわわに付いているが、少なくとも今はまだ（7月30日）、口にすると酸っぱすぎて収斂性が強い。しばしば見かけが似ていてラムチェリーと間違えられる。じっさい一月後にさえ口に舌苔を生じさせ、チョークチェリーの果汁が口に入って唾液と混じると、紅茶に入れたサワーミルクのように広がっていく。チョークチェリーは肉付きの見事な果実だ。ほとんど食べられないが、特に半熟状態にあるときの美しさは、その罪ほろぼしと言える。10か12のチェリーそれぞれの、艶のある暗紅色の半透明の美しい総状花序を見よ。美味しくなくても、チョークチェリーを好きになる。しかし、8月の終わり頃に、以前のチョークチェリーで、枯れたり熟したり少し萎んだりしているものを探すと、前より数段ましになっていて食べることができたが種はずいぶん多い。

これは、サスカチュワン川に沿って生える、高さが12フィートにもならない低木で、その実は「最近の状態では食べられないが、乾燥または傷をつけたりされるとペミカンに加えると美味しい添加物となる」と言われている。
　1854年5月22日。チョークチェリーが密生している円筒形の総状花序は、中のいくつかが破れて吹き出ることがある。
　「牛にとってチョークチェリーは、北アメリカでは危険なものとして知られている」とリンドレイが述べている〔リンドレイ　147〕。

イチイ（Yew）

　イチイは、7月5日頃に熟し、少なくとも9月12日まで続く。
　コンコードでただ1ヶ所にだけ生育しているこの興味をそそる下層木を見つけた。それはほんの少し果実が付いていて、ベリーはこのあたりの去年の木にだけ、上向きに曲がっている枝の先に4、5インチ下がった所で大きく育っていた。それは、我々が知っている中で、もっとも艶があり、

作り物のような姿で見る人を驚かせるベリーだ。その理由の1つは、常緑でドクゼリに似た低木に実がなり、その木は、優しい明るい色のベリーと

はとても結びつかず、その実の深紅色は、真の濃い常緑の松葉とは鮮やかな対照をなしている（ドクゼリにアカスグリを見つけるのと同じくらいの驚きである）ことだ。2つ目の理由は、工芸品のようなその形にあって、まるで濃い紫の種が底に抱かれている、小さな乳鉢のような深紅のコップのようで、ワックスをかけると簡単に模倣品にみえそうだ。隣人たちはそんなベリーがコンコードに育つのをとても信じそうにない。

野生リンゴ（Wild Apples）

　はしりのリンゴは8月の初め頃熟しはじめて、香りはよいが、どれもまだ味はいまひとつだと思う。はしりのリンゴは、店で売っているどんな香水よりもハンカチに香りを移すのに役立つ。ある種の果実の香りは、花の香り同様忘れ難いものだ。道端で私が拾いあげるこぶだらけのリンゴはその香りから、ポモナ〔ローマ神話の果実の女神〕の素晴らしい豊潤を思い起こさせ、その芳香は、果樹園かリンゴ酒製造所のあたりで、金色や赤いリンゴが山のように集められる日々の記憶を私に思い出させる。

1、2週間後、果樹園や庭園のそばを通ると、特に夕方は、あたりが熟しきったリンゴの香りで満たされ、一銭も払わず誰からも何も盗まずにリンゴを楽しむことができる。

　このようにすべての自然の恵みには、俗悪化されることも売買されることもできない最高の価値を表わす、移ろいやすく霊妙な特質がある。人間はいまだかつて、どんな果実も完全な風味を味わったことはなく、ただ神のような人間だけが、果実の芳香を味わい始めることができるのだ。なぜなら神々の口にするネクターや神饌は、地上の果実すべてに備わっているが、我々が神々の天を占拠していてもそれと分からないのと同様に、我々の粗雑な舌では味わい損ねてしまう微妙な味に他ならないからだ。特に下品な男が美しく香りのよいはしりのリンゴを荷車に積んで市場に運んでいくのに出会うと、私は男と馬の側とリンゴとの間にコンテストが行われているのを見るような気がする。そしてそのコンテストは私の考えでは、つねにリンゴ側が勝つ。プリニウスは、リンゴはあらゆるものの中でもっとも重く、雄牛はその荷を見ただけで汗をかき始めるといっている〔プリニウス『世界史』13:55〕。御者は、リンゴをその本来あるべき場所以外へ、つまりもっとも美しいところ以外のどこかに運ぼうとすると、その途端に本当はその荷を失ってしまっているのだ。時々リンゴを取り出し手で触ってみて荷があると安心しているが、実と皮と芯だけ市場に運ばれていき、移ろいやすく天上的なリンゴの本質は荷車から天に昇っていくのが、私には見える。荷車に残っているのはリンゴではなくそのしぼりかすだけだ。それでも依然としてこれは、一口食べれば神々を永遠に若く保つという、イドゥーナのリンゴではないだろうか。そして、神々が老いて鬚がより白髪になるとき、ロキやシャツィがヨーツンヘイムへリンゴを運び去るのを許すだろうか。否神々の薄明、つまり滅亡の時はまだ来ていないのだ。〔古代北欧神話『エッダ』によると、女神イドゥーナは不老不死の妙薬リンゴを大切にしていたが、悪霊ロキは、鷲の形をした巨人シャツィにイドゥーナからリンゴを盗み森に隠した。その結果神々は老い、地上を司る力を失い地上に邪悪がはびこった。ついに神々は最後の力を振り絞り結束してロキにリンゴの木を元に戻させた。イドゥーナはアイスランド神話で復活の

神。〕

　翌月の終わり近くか9月に、果実の自然の間引きが起こり、特に雨の後激しい風が吹くと地面は一面風で落ちたリンゴがばら撒かれる。ある果樹園では、木々の下に円状に、まだ固く青いリンゴが全収穫のたっぷり4分の3は落ちてしまったり、あるいは丘の斜面の場合は、丘の麓まで転げ落ちてしまう。しかし誰にも益をもたらさない悪い風がふくことはないものだ。村中風で落ちたリンゴを忙しく拾い集め、はしりのアップルパイを安く作ることができる。

　10月になって落葉とともに、樹上のリンゴはもっとはっきり見えてくる。ある年、隣の町で、私がかつて見たこともないほどたわわに、路地にまで小さな黄色い実を付けている枝が張り出したリンゴの木を何本か見つけた。枝はベーラムの灌木のように実の重みで優雅に垂れていたので、木全体が新たな性格を帯びていた。天頂の枝に至るまで真直に立たず、枝という枝があらゆる方向に広がって垂れていた。下の枝を支える支柱がたくさん立っていて、ちょうど絵で見たベンガル菩提樹のようだった。古い英語の金言にあるように、「実るほど頭をたるるリンゴかな」という趣向だった。

　確かにリンゴはもっとも気高い果実だ。もっとも美しい人か敏捷な人にこそリンゴを頒とう。それがリンゴの「時価」なのだから。

10月の5日から20日のあいだに、樽が木々の下に並ぶ。たぶん私は、注文に応じて最上のリンゴの入った樽を選ぼうとしている人と話をする。彼は小さい傷のあるリンゴを何度も廻し見てはそれを樽から取り除く。私の頭をよぎった考えを言うと、彼が触ったものは全部傷物になってしまったはずだ。なぜなら彼はリンゴの表面の粉をすべてすり落としてしまい、あのはかなく霊妙な特性は失われてしまったからだ。夕方寒くなってくると農夫たちは手早く仕事を片付け、ついにはあちこちの木に立てかけた梯子だけが残る。
　我々がリンゴという天の贈り物をもっと大きな喜びと感謝の念で受け取り、木の周りに荷車一杯分の肥料を新たに施すだけですむと考えるのでなければよいのにと思う。イギリスの古い習俗には、少なくとも示唆に富んだものがある。ブランドの『民間古事』には次のような記述がある。「クリスマス・イヴにデヴォンシャーの農夫は、雇い人といっしょに大きなリンゴ酒の鉢の中にトーストを入れ、うやうやしく果樹園まで運び、来年の

豊作を祈ってリンゴの木に礼をつくして挨拶をする。」この挨拶は「リンゴ酒を木の根にふりかけ、トーストの小片を枝の上にのせ」、そして果樹園中でもっともたくさん実を付けた木の周りを巡りながら、つぎの文言をそれぞれ三度唱え乾杯するというものだ。

  親愛なるリンゴの木よ、お前に乾杯。
  芽を吹き、花を咲かせ、
  リンゴをたくさん実らせますように。
  帽子一杯、ふちなし帽一杯、
  ブッシェル樽、大袋一杯、
  そしてポケットも、一杯に満たしてくれますように。
  フレー。

また大晦日の夜にはイギリスの方々の田舎で「リンゴ祈願〔アップル ハウリング〕」と呼ばれる行事があったという。男の子たちの一群が色々な果樹園を訪ねて、リンゴの木の周りを廻りながら次の言葉をくり返す。

  しっかり立ってくれ、根よ。たくさん実を付けろ、梢よ。
  神様、素晴らしいとてつもない収穫をお祈りします。
  どの小枝にも大きなリンゴがなり
  どの大枝もたわわに実を付けますように。

「それから彼らは一斉に大声をあげ、ひとりの男の子が牛の角笛で伴奏をする。この儀式のあいだ中、彼らは棒切れでリンゴの木を叩く。」これは木の繁栄を祈る「酒宴」と呼ばれ、「ポモナへの異教的供儀の名残り」と考える人もいる。〔ブランド「民衆歌謡」と、ホーン『日々の本』にあるが、ソローの引用はいずれもラウドン 2:899-900及び3巻より〕
 ヘリックも次のように詩う。

  たくさんのプラムとたくさんの洋ナシがなるように

野生の果実

木の繁栄を祈って乾杯。
　あなたの乾杯の回数に応じて
　木は実を付けてくれるのだから。
　　　　　〔ロバート・ヘリック「クリスマスの儀式」より〕

　アメリカの詩人は今も、ブドウ酒よりはリンゴ酒について歌う権利をより多くもっているが、イギリス人のフィリップス［John Philips 1676-1700「リンゴ酒　2巻」1708］より上手に歌う義務があり、でなければ彼らは自分たちの詩神の面目を施すことができないだろう。

〈野生リンゴの歴史〉

　比較的文明化された栽培種のリンゴ（プリニウスのいう都会種）についてはこのくらいにしよう。1年のどの季節でも、私は接木されない木から成る古いリンゴ園を通り抜けるほうが好きだ。そこでは木はとても不規則に植わっていて、時には2本がくっつきそうに立ち、木の列もひどく曲がりくねっているので、それらの木は果樹園の主が眠っている間に育っただけでなく、夢遊病にかかっていたときに植えられたのではないかと思わせるほどだ。接木したリンゴの列は、この野生リンゴの列のように私を散策に誘うことは決してない。しかし悲しいことに今最近の何かの経験ではなく記憶から語っている。それほど破壊が進行しているのだ。
　私の近くのイースターブルックス地方と呼ばれている岩だらけの一帯のような土壌は、リンゴが育つのにとても適していて、こういう土地では何の世話もしなくとも、あるいは年に一度土地を掘り返すだけで、他のいろいろな土地で丹精こめて育てた場合よりも、はやくリンゴが育つ。この一帯の地主はその土壌が果物に最適だと認めてはいるが、あまりにも岩だらけで耕す根気が続かず、遠すぎることもあってそれが耕さない理由だという。今、いや最近まで、その地域には広い果樹園が雑然と続いていた。というよりはリンゴの木はマツ、カンバ、カエデ、カシなどの中に自生したくさんの実を付けたのだ。私は、赤や黄のリンゴの実の輝く丸い梢が、こ

れらの木々の中から森の秋の紅葉と調和してのびているのをみて、しばしば驚く。

　11月の初めに崖の斜面を登っていくと、私は元気のいいリンゴの若木を見かけたが、それはきっと小鳥か牛によって植林され、岩と開けた森に育ち聳え立ち、栽培種のリンゴの実がすべて穫り入れられてしまった今も、霜に損なわれていない実をたくさん付けていた。それは自由に伸びた野生の木で、まだたくさん緑色の葉を残し棘がましい印象を与えた。実は固く青かったが、冬には食べられそうに思われた。いくつか小枝にぶら下がっているのがあったが、それ以上の実が木の下の湿った落葉に半分うずもれたり、斜面のずっと下の岩のなかに転がっていた。その土地の持主はこのことをまったく知らない。その木が初めて花を咲かせた日も、初めて実を付けた日も、四十雀以外に知るものはなかった。その木のために下の草地でダンスを踊った人はなく、その実をもぎとる人もいないで、見たところただリスがかじっているだけだ。その木は二重の務め、これだけの収穫をもたらしたばかりか、小枝という小枝を1フィート空に向かって伸ばす仕事を果たした。これはすばらしい果実で、多くのベリー類より大きく、家に持って帰れば来年の春まで新鮮に保たれ風味も失われないだろう。こんなリンゴが手に入るかぎり、どうしてイドゥーナのリンゴなどを気にする必要があろう。

　こんなに遅くまでまた強靱なこの灌木のそばを通り、その垂れ下がった実を見ると、私はたとえその実を食べることができなくてもこの木を尊敬し、自然の恵み深さに感謝する。このでこぼこして樹木の多い山腹に、人間によって植えられたのでも、以前の果樹園の名残でもないリンゴの木が、マツやカシのように自然に生え育ったのだ。我々が賞賛し食する果実の大部分は、完全に我々が育てるものだ。トウモロコシ、穀類、ジャガイモ、モモ、メロンなどはみな我々の植林に依存するが、リンゴは人間の独立と冒険心に匹敵するものを備えている。リンゴは単に運ばれてきただけでなく、ある程度は人間のようにこの新世界に移住し、土着の木々のなかに自力で進出しさえしてきたのであり、ちょうど、雄牛や犬や馬が時々野生に戻って種族を生き永らえさせるようなものだ。

もっとも不利な場所に育った、もっともすっぱく渋いリンゴでもこうした思いを抱かせるのだから、リンゴはよほど高貴な果実なのだ。
　とはいってもアメリカの野生リンゴは、アメリカ土着の種類には属さず、栽培種が森に迷いこんで野生化した私と同じくらいにしか、野生的でないのかもしれない。もっといっそう野性的なアメリカ土着の山リンゴ（crab apple　マールス・コローナーリア）が、既に触れたように、他の所に生えていて、その性質は、いまだ栽培によって矯められたことがない。それはニューヨーク州西部からミネソタ州と、それより南に見られる。ミショー[Francois Andre Michaux　1746-1802　植物学者。『北米の森』　1819]は、高さは通常「15から18フィートだが、時には25から30フィートのものもあり」、大きなものは「まさに並みのリンゴの木に似ている」という。「花は白とばら色のまじったもので、散房花序をなす。」山リンゴは香ぐわしさが顕著であり、これもミショーによると、その実は直径1.5インチぐらいで強烈な酸味を持つが、素晴らしい砂糖づけとリンゴ酒の材料になるとし、

「たとえ栽培により新しい味のよい変種にならないとしても、それは少なくとも花の美しさと香りの甘美さゆえに賞賛されることだろう」〔ミショー 2:67, 68〕と論じている。

　私は1861年の5月まで山リンゴを見たことがなかった。ミショーを読んで知ってはいたが、私の知るかぎり彼より後代の植物学者たちはそれを何か特別な重要性をもったものとして扱ったことはなかった。そのため山リンゴは私にとって半ば伝説的な木となっていた。私はそれが完全に育っているといわれているペンシルヴァニア州にある「湿地」への巡礼を考えた。また養樹場に苗を送ってもらおうとしたが、そこに苗があるかどうか、ヨーロッパの変種と見分けがつくかどうか疑わしいと思った。ついに私はミネソタ州に行く機会があり、ミシガン州に入ると車窓から美しいばら色の花をつけた木が目にはいってきた。〔ソローは病気療養のため1861年5月13日コンコードを発ち、ミネソタへ向かった。〕最初それはイバラの一種ではないかと思われたが、まもなくこれこそ長いあいだ捜し求めてきた山リンゴだということに私ははっと気がついた。山リンゴは1年のその季節、5月の半ば、車窓から見える花を付けた灌木や木のなかで一番目立っていた。しかし汽車は一度もその木の前でとまらなかったので、私はその木にまったく触れることもなくミシシッピ川の広い川面に乗り出していて、タンタロスの苦しみを経験した。セント・アンソニーズ滝についたとき、山リンゴを見るには北に来すぎてしまったと聞かされたときはひどく落胆した。それでも私は滝から8マイルばかり西のところで、山リンゴを見つけることができたので、手にとって触れ、香りをかぎ、私の植物標本に、まだ残っていた散房花序をひとつ確保することができた。そこは山リンゴの北限近くだったに違いない。

〈山リンゴの物語〉

　山リンゴはインディアンのように土着だが、それがリンゴの種の辺境の住人である野生リンゴより強靭かどうかは疑問で、野生リンゴは栽培種の子孫ではあっても自分に適した土壌であれば遠隔地の野原や森に自生する。

この木ほど闘うべき困難に多くみまわれ、この木ほど頑強に敵に抵抗する木を私は他に知らない。この木は語るべき物語を持ち、それはたいてい以下のようなものだ。

5月の初めごろ、リンゴの木の小さな茂みが、イースターブルックス地方の岩の多い牧場やサドベリーのノブスコット・ヒルの頂上など、牛が放牧されていた牧場に芽を出しているのを見つける。このうち2、3本の木が、干ばつやその他の事故にめげず生きのびるのだが、こうしたリンゴの自生地の特質自体が、はびこる雑草やその他の危険からリンゴの木を守ることになる。

　　2年のうちにこうしてリンゴは
　　岩の高さにまで成長すると、
　　目前に広けた世界に感嘆し、
　　さまよう羊の群れを恐れもしなかった。
　　しかしこのしなやかな若い時期から
　　リンゴの苦難はもう始まった。
　　若葉の好きな牡牛がやってきて、
　　リンゴを20センチも囓りとってしまったのだ。
　　　　　　　　　　〔ソロー『ジャーナル』　10:139〕

このときはたぶん、牡牛は草とリンゴの若木の見分けがつかなかったのだろうが、リンゴがもう少し逞しくなった翌年は、牡牛はリンゴを旧世界からの移住者仲間で、その葉と小枝も、よく知っている香りだと認識する。そして最初は立ち止まってリンゴを歓迎し、驚きを表明すると、「あなたがここに来たと同じ理由で私もここにきた」というリンゴの答えを得るが、それでも彼は、たぶんそうする資格があると考えるのか、再びその若葉を囓りとってしまう。

このように毎年折られてしまってもリンゴは絶望することなく、小枝が1本折りとられると2本の短い小枝を伸ばすことによって、地面に沿った

窪地か岩のあいだに低く枝を張り、ますます太く、やぶのように枝を絡ませていき、ついにそれはまだ木とはいえないがほとんど岩と同じくらいがっしりして緻密な、小さなピラミッド状の固い小枝の塊となる。私がかつて見たうちもっとも密で、貫通できない灌木のやぶは、密生した頑丈な枝と棘のあるこの野生リンゴのやぶだった。それはリンゴというよりは何よりも、寒さという悪魔と闘うことになる山頂に生えた、我々がその上に立ったり時には歩いたりするいじけたモミの木やエゾマツのようだった。リンゴがそのような敵から身を守るため、ついに棘を生やすようになってしまったのは不思議ではない。その棘にはしかしながら悪意（malice）はなく、あるのはただリンゴ酸（malic acid）なのだ。
　リンゴは岩だらけの野原でもっともよく地盤を固めるのだが、私が言及した岩だらけの牧草地帯には、こうした小さな繁みがびっしりと生えていて、何か強ばった灰色の苔か地衣を連想させ、その繁みのあいだにはまだ種がくっついたままの、今芽を出したばかりの小さな木も無数に見られる。
　生垣が剪定ばさみで刈り込まれるように、毎年規則的に周りをぐるりと牛に齧り取られるので、リンゴの木はたいてい完全な円錐形かピラミッド四角錐形で、1フィートから4フィートの高さの先端は、庭師が手入れしたかのように多少尖っている。ノブスコット・ヒルの牧場地と丘の突端部に太陽が低くかかる時、これらの木は素晴らしい暗い木陰を作ってくれる。またその中にねぐらや巣をもつたくさんの小鳥にとっては、それは鷹から身を守る優れた隠れ場所となる。群れのすべてが夜になるとリンゴの木にとまるのだが、私は3つのアメリカコマドリの巣を、直径6フィートの1本の木に見つけたことがある。
　もし植えられた日から数えれば、これらの木々の多くはすでに老木に違いないが、その成長の速度とこれからの長い寿命を考えれば、まだ若木に過ぎない。私はちょうど1フィートの高さで1フィートの直径をもつ何本かの木の年輪を数えてみると、それらがおよそ12年樹だとわかったが、どの木もすばらしく健康で茂っていた。それらはあまりにも背が低いために、散歩者に気づかれることもないが、一方樹養場から移植された同年代のリンゴの木は、すでにかなりの収穫をもたらしている。しかし他の場合同様、

野生の果実 | 123

時間において得たものは力において、つまり木の活力を失ってしまう。これはリンゴのピラミッドの状態なのだ［四角錐の中心には不思議な力が働くとされる］。

雌牛が20年以上もこのリンゴの木を食べつづける間、木は低く低く下方に広がっていき、ついにあまりにも裾が広くなり自分で自分の柵となり、そのときこそ敵が届くことができない内部の若枝が、喜び勇んで空に向かい枝を突出させるのだ。なぜならその木は自分の高い使命を忘れておらず、勝利のうちに自ら固有の果実を実らせる。

以上が野生リンゴが最後には牛属という敵を打ち負かす戦略なのだ。さて、もしあなたがこの灌木の発達を見守るならば、それがもはや単純なピラミッドや円錐形でなく、その頂点から、1、2本の若枝が聳え立ち、木のこれまで抑圧されてきたエネルギーのすべてを、いまやこの直立した枝に傾注し、おそらく果樹園の木よりずっと壮健に伸びつつあるのに気付くはずだ。瞬く間にこれらの枝は小さな木となり、逆さピラミッドがもうひとつのピラミッドの頂点にのっている形となり、全体としてはいまや巨大な砂時計の形状を呈する。広がった下部は、目的を果たしたのでついには消えていき、寛大にもリンゴは、いまや無害となってしまった雌牛が佇む木陰を提供し、牛のこれまでの悪行にもかかわらず成長した幹に身体をこすりつけ樹皮を剥いでしまうのを、またリンゴの実を少し味わうのをさえ許すのだが、それは、そうして牛に種を散布してもらえるからなのだ。

かくして雌牛は自分たちの木陰と食物を創造する。そして野生リンゴの木のほうは、その砂時計がひっくり返された今、いわば第二の人生を生きるのだ。

今日ある人々にとっては、リンゴの若木を人間の鼻の高さに刈り込むか、耳の高さにするべきかは重要な問題である。牡牛は自分に届くかぎりの高さに刈り込むので、その高さあたりが正解ではないかと私は思う。

さまよう畜牛と他の逆境にもめげず、小鳥が鷹からの隠れ場所として重宝するだけだったあの軽んじられてきた低木は、ついにその花の季節と、やがて小さいが真摯な果実という収穫を得るのだ。

10月の終わりまでには、葉が落ちてしまい、私がその成長を見守ってきた真ん中の若枝が、私が忘れてしまったようにその木も自分の使命を忘れてしまったのではないかと思いかけた頃、小さな緑や黄色やバラ色の最初の果実を実らせているのをよく見る。その実は、雌牛には木を取り巻く藪やとげとげした垣根に阻まれて近づくことができないのだが、私は急いで、その新しい、記述し難い種類の味を試してみるのだ。我々はヴァン・モンスとナイトによって開発された多くの果物の変種について聞いている。このリンゴは、ヴァン・カウ［牛夫人］のシステムによる開発種で、彼女は前の2人よりずっと顕著な変種を作り出した。
　甘美な果実を実らせるまで、何と多くの困難辛苦を野生リンゴは経ることか。その実はいく分小ぶりだが、味は果樹園で栽培されたものより優れているとは言えないまでも少なくとも同等だと分かり、おそらくそれが闘わねばならなかったその困苦故にこそ、いっそう甘美で美味なのかもしれない。人間にはまだ気付かれないどこか遠くの岩だらけの山腹に、牛か鳥によって植林されたこの偶然の野生果実が、リンゴの中でもっとも優れたものであり——たぶんひどくひねくれたその土地の所有者の徳のうわさなどは、少なくとも村の外にまで聞かれることなどないだろうが——そのリンゴのうわさの方は遠い異国の君主が聞き、その国の学士院がそれを普及しようとしないとも限らない。ポーター種とボールドウィン種が発展したのもこうしたことだったのだ［この2つはソローの時代のニューイングランド南部の主要なリンゴの種類］。
　すべての野生リンゴの灌木は、すべての野生的な子供と同様にかくも我々の期待をかき立てる。おそらく野生リンゴは変装した王子なのかもしれない。それは人間にとって何とよい教訓となることだろう。人間も最高の水準に照らしてみれば、自ら実らせたいと提唱し切望している天上の果実なのだが、運命によってつねに成長前に刈り取られる。だからもっとも忍耐強く強靭な天才だけが、身を守り運命に勝つことができ、ついに柔らかい若枝を天に向かって伸ばし、その完全な果実を恩知らずな地上に落とすのだ。詩人、哲学者、政治家などは田舎の牧草地に芽を出し、並み居る凡夫より生きながらえる。

知の追求もつねにこのようである。天界の果実であるヘスペリデスの黄金のリンゴは、けっして眠らない百の頭をもった竜によってつねに守られているので、それを摘み取ることはヘラクレスの労働のような大仕事となる。〔ギリシャ・ローマ神話でヘラクレスは我が子殺害の贖罪に12の労働を科せられ、11番目の仕事は黄金のリンゴを摘むことだった。〕
　これは野生リンゴが繁栄する1つのまたもっとも驚くべき方法でもあるが、普通は土が適していれば、森や沼地、また道路わきに広い間隔を置いて芽を出し、あっという間に成長する。密集した森では背が非常に高く細い木となる。私はしばしばこんな木から完璧に口当たりのよい、てなづけられた味の実を摘み取る。パラディアスのラテン語を引用すれば「地面には誰も求めないリンゴの木の実がまき散らされる」(Et injussu consternitur ubere mali)。
　これらの野生の木が価値ある果実を実らせない場合には、他の木の、もっとも価値ある特質を後代に伝えるための最良の台木になるというのは古くからある考えだ。しかし私は台木を探しているのではなく、その荒々しい活力が「軟化」されていない野生果実をこそ探しているのだ。

　　ベルガモットを植えることは
　　　　わが最高の企て
　　　〔アンドリュー・マーベル「ホラティウス風頌詩」より。ベルガモットはブリテン島で栽培されている古くからある冬洋ナシの一種〕
とはいえないのだ。

〈野生リンゴと散歩者〉

　野生リンゴの旬は10月の終わりから11月の初めにかけてなのだ。遅く熟するので11月ころやっと味がよくなるが、たぶん見たところは、ずっと変わらず美しい。私はこの実を価値あるものと重視しているが、農夫たちは、詩神の野生の風味を持つ生き生きした人を活気付けるこの果実を、収穫に

値しないと思っている。農夫は自分の大樽のリンゴのほうが上等だと思っているが、彼とは無縁の散歩者の欲求や想像力を持たないかぎり、彼は思い違いをすることになる。

　まったく野生的に育ち11月になっても残っている実は、所有者が集めるつもりがないのだろうと私は推測する。そうした実は、同じく野性的な、私が知っている何人かの活発な少年たちや、何でもありがたがり、みんなが刈り取った後の落穂を拾う野原の野性的な目をした女性や、そして何よりも我々散歩者のものなのだ〔キーツ "La Belle Dame sans Merci" の中の "eyes were wild" 参照〕。我々散歩者は野生リンゴに出会ったのだから、リンゴは散歩者のものなのだ。この権利は、ずいぶん長く主張されてきたので、いかに生きるべきか知っている古い国々では慣例とされている。「リンゴもぎの習慣は、リンゴの落穂拾いと呼んでもよいもので、イギリスのヘレフォードシャーではいまも行われているかもしれない。その習慣とは、もぎリンゴと呼ばれるリンゴを穫り入れの後までどの木にも 2、3 個残しておき、木登り用の棒と袋をもった少年たちに集めさせる」〔ラウドン　2：901〕ときいている。

　私が言っているリンゴについては、地球上のこの場所で土着の野生の果実として、私が摘み取るもので、私が子供のころから枯れかけているがまだ死んではいない、キツツキとリスだけがしばしば訪れている、いまは見捨てられてしまった老木の果実で、それは大枝の下をのぞいて見るだけの信頼も持ちあわせない持主によって見捨てられている。少し離れたところから見た木の天辺の様子からは、落ちるのは地衣だけではないかと思われるかもしれないが、地面いっぱいにばらまかれたきりっとした味の実を見つけて、木への信頼は報われる。いくつかはリスの歯型を残してリスの穴のそばに運ばれており、他のいくつかは、静かに実を食べているコオロギを 1、2 匹中に宿しており、またいくつかは、特にじめじめした日には、なめくじの住家となっている。木の天辺におかれたままの棒切れや石ころを見ただけでも、何年も熱心に求められてきたこの実の味のよさに確信をもつだろう。

　その実は私にとっては接木されたリンゴよりも忘れ難い味をもっていた

が、『アメリカの果実と果樹』〔Andrew Downing 著　1845〕には記述がない。10、11、12、1月、そしてたぶん2月から3月の間にその味がいくぶん和らいだとき、接木されたリンゴよりもぴりっとした野生のアメリカの風味となる。近所の年とったある農夫はいつもピタッとした言い回しをするが、彼によると「野生リンゴは弓矢のような刺激的な味がする」〔この農夫はジョージ・マイノットのことらしい〕。

　接木のために選ばれるリンゴは、普通そのきりっとした風味のためというよりは、味のおだやかさ、大きさ、実をたくさん付ける能力——いいかえれば、その美のためではなくなめらかさや健全さによっているように見える。じつのところ、私は果実栽培学の権威による精選品種のリストはまったく信用していない。彼らがいう「好品種」、「上もの」、「極上」などは、私が育ててみると、たいていおとなしい特徴のない味であった。食べてもあまり美味しくはなく、本当のピリッとした味や香りはない。

　この野生種リンゴが、苦く、酸っぱく、純粋な酸味の強い果汁を含んでいることがあってもどうと言うことはない。それらはナシ科に属していて、ナシ科果実は人にとって一様に無害で好ましいのではないだろうか。私はいまも野生リンゴがリンゴ酒製造所に送られるのを残念に思う。たぶん酸っぱいのはまだ十分熟していないだけなのだ。

　この小さな色あざやかなリンゴが最上のリンゴ酒になると考えられるのは不思議ではない。ラウドンは、「ヘレフォドシャー・レポート」から引用して、「果肉に含まれているのは味のうすい水っぽい果汁で、質が同等ならばつねに小さいリンゴのほうが大きいものよりも、皮と芯の果肉に対する比率が大きいため好まれる」としている。また、「これを証明するためにヘレフォードのシモンズ博士は1800年ごろ、リンゴの皮と芯だけからリンゴ酒大樽一杯分を作り、果肉だけからもう一樽を作ったところ、前者は並外れた強さと風味を持ち、一方後者は甘ったるくまずかった」といっている〔ジョン・ダンカム「ヘレフォドシャー地方の農業概観」からの引用。ラウドン　84〕。

　イーヴリン〔John Evelyn　1620-1706　英作家、造園家。『日記』1818〕は、「赤い輪がね」が彼の時代に好まれたリンゴ酒用リンゴだといってい

る。そして、ニューバーグ博士を引用して、「私の聞くところ、ジャージーでは皮に赤味が多ければ多いほどリンゴ酒に適しているというのが通説だ。青白いリンゴは、できるだけ酒醸用大桶から取り除く」としている〔イーヴリン『森あるいは樹木について』 395〕。この説はいまでも優勢だ。

　リンゴはみな11月には美味しくなる。農夫が、市場によく来る客には売れないし口にも合わないだろうと考えて排除するリンゴは、実は散歩者にとっては最上の果実なのだ。ところが驚いたことに、野原や森で口にするとぴりっとした独特の風味があると私が賞賛するリンゴが、家にもちこまれると、しばしばざらざらしてひどく酸っぱい味がする。聖地巡礼者のリンゴ（the Saunterer's Apple）は、巡礼者でも家の中で食べてはならない。家の中では舌が、サンザシの実やドングリ同様野生リンゴを拒絶し、野生味のない味を要求する。というのも家の中では、野生リンゴの最適のソースである11月の大気を味わえないからだ。したがって、ティティルスが長くなりつつある影を見てメリビウスを晩餐に招待した時、彼は口当たりのよいリンゴと柔らかいクリを客に約束したのだ〔ウェルギリウス『牧歌』 1:80-81〕。私がしばしば味わう野生リンゴはとても豊かで芳しい風味なので、果樹栽培者たちは皆どうしてこの木から接木の若枝をとらないのだろうかと不思議に思い、ポケットに一杯それをつめて家にもち帰る。しかし部屋で机から1個とりだし口にすると、びっくりするほど未熟で、リスの歯をさえ浮かせ、カケスに金切り声をあげさせるほど酸っぱい。

　野生リンゴは木から下がっている間、風雨や霜に晒されてたために、天候や季節（season）の特質を十分吸収し、その結果実に味がよくなり（seasoned）、そのエッセンスを我々の身に沁みこませ刺激し浸透させるのだ。したがってそれは、その好期に（in season）つまり戸外で食べなければならない。

　この10月の果実の荒々しく鋭い風味の良さがわかるためには、10月か11月の肌を刺すような大気を呼吸している必要がある。散歩者が経験する外気と運動は、彼の味覚に普通と異なった調子を与えるので、坐りがちの人にとってはざらざらしたひどく酸っぱいような果実を散歩者に切望させるのだ。それは是非とも野原で、体が運動で火照り、また凍てつく寒さの秋空が指先をこごえさせ、風が裸の枝をがたがたいわせ、残った2、3枚の

野生の果実

葉をかさかさ揺らし、カケスがあたりで甲高く鳴くときに、食べなければならないのだ。家の中では酸っぱい味も、エネルギーを引き出す散歩が甘くする。こうしたリンゴは、「風の中で食用のこと」とラベルをはってもいいかもしれない。

　もちろんどんな風味も捨てがたいものだ。風味は味わう力をもった人のためにある。あるリンゴは2つの性質の異なった風味をもっていて、半分は屋内で、別の半分は戸外で食べられるべきなのかもしれない。ピーター・ホイットニー〔Peter Whitney　米歴史家。「変わったリンゴの木について」1785〕という人が、1782年にノースボロからボストン学術協会会報に、その町のあるリンゴの木は「正反対の性質を持つ実を付け、しばしば同じリンゴも実の片側は酸っぱいのにもう片側は甘い。」また「ある実の場合には全体的に酸っぱく、別の実は甘かったり、しかもこのような多様性が一本の木のどの部分でも見られる」と書いている〔ホイットニー　386〕。

　私の町のノーショータック山には、私には特に好ましい苦み走った味の野生リンゴがあり、4分の3は食べ終えないとその味はわからない。それは舌に残る味だ。食べているあいだ中、それはまさにかめむしのような臭いを放つ。それを食べ、しかも賞味することは、一種の勝利感がある。

　プロヴァンス地方にある一種のプラムの木は「あまり酸っぱいために、それを食べた後は、口笛を吹くことができないというので、プリュンヌ・シバレルと呼ばれている」〔ラウドン　2:687。ラウドンは prunes sib-arells としていたが、ソローは果実ラテン名として斜字体とし、pとsを大文字にした。おそらくラテン語 Sibilus からで、意味は口笛を吹く〕と聞く。しかし、もしかしたらその実は夏に屋内で食べられたことしかないのかもしれず、肌を刺す屋外の冷気の中で食べてみれば、1オクターブ高いもっと澄んだ声で口笛を吹けるかもしれない。

　野原でだけ、自然の酸味や苦味を味わうことができる。それはちょうど、冬のさ中、日の当たる林間の空地で満足して昼食をとっている木こりにとっては、日なたぼっこを楽しみ、夏を夢見させる程の寒さが、室内の学生にとっては、惨めな気持ちにさせてしまうものであることと似ている。外で働いている人びとは寒くないのに、むしろ家のなかにいる人のほうが、寒

く震えながら坐っている。気温についていえることは、風味についてもいえるし、寒気や暑気についていえることが、酸味と甘味についてもいえる。病んでいる口蓋が受けつけない酸味や苦味という自然独特の風味こそ、真のスパイスなのだ。

　スパイスは各人の感覚の状態にあったものにするのがよい。野生リンゴの風味を賞味するには、強壮で健康な感覚、つまり舌と口蓋にしっかりと直立し、容易に矯められたり弱められたりしない突起（パピリア）を必要とする。

　野生リンゴについての私の経験から、文明人が拒む多くの食物を未開人が好むのには、たしかに理由があるとわかる。後者は屋外の人間の味覚をもっているのだ。野生の果実を賞味するには、未開ないしは野生の味覚が必要だ。それなら人生のリンゴ、世界のリンゴを賞味するには、どれほど健康な屋外の食欲を必要とすることか。

>　私が欲しいのはすべてのリンゴではない。
>　　万人の好みに合うリンゴでもない。
>　私が求めるのは永持ちするディウクサンではなく、
>　　赤いほおのグリーニングでさえない
>　妻の名を最初に呪ったあのリンゴでもなく、
>　その黄金の美が女神を争わせたのでもない。
>　私が欲しいのは命の木のリンゴだ。
>
>　　　　　　　〔フランシス・クオールス『寓意詩』　5：3〕

　このように、野原の想いと屋内の想いは違っている。私の想いが野生リンゴのように、散歩者の糧となることを望むが、それを屋内で味わったとき口に合うかどうかは保証の限りではない。

〈野生リンゴのリスト〉

　ほとんどすべての野生リンゴは堂々として立派だ。ねじけすぎたり、曲

がっていたり、色が悪すぎたりして、見栄えがしないということはあり得ない。一番ねじけているのでさえ、目にしたときにはそれを補う何らかの美質がある。夕やけの紅色が、表面の隆起したところやくぼみをさっと染めたり、点々と振りかけられていることがある。夏が、その球面のどこかに縞模様や水玉模様を付けないで過ぎゆくことは稀だ。そのリンゴが見つめた朝やけや夕やけを記念する、赤い印がいくつかあるはずだ。その上を過ぎた雲や霧や黴が生えるような湿った日々の記念に、黒さび色のしみがあり、あるいは自然の広がりを映し出す野原と同じくらい緑の、草地の広がりや、あるいは穏やかな味を示す、秋の実りのような黄色や、秋の丘のような朽葉色の広い地色が、リンゴの表面にあるだろう。

　こうした比類もなく美しい、不調和ではなく調和のリンゴよ〔ギリシャ伝説で不和の女神エリスが招かれなかった結婚式で、一番美しい人へと書いた黄金のリンゴを、ヘラ、アテネ、アフロディテに投げた故事から〕。しかもその実は、もっとも素朴な人でも分け前にあずかれるように、決して稀なものではない。霜によって色付けられ、いくつかはまるで球面が規則正しく回転してどの部分も同じように陽光の恩恵に浴したかのように、一様にきれいな、明るい黄色だったり、赤だったり、深紅色だったりする。あるリンゴは、想像できる限りかすかな、ピンクの色あいを帯びている。また牛のように深紅色のしまでまだらになったのや、子午線のように、果柄のくぼみから花の付いていた先端まで、血のように赤い何百もの細い条を淡黄色の地に規則正しく付けたものもある。さらに、ここかしこ細かい地衣のような緑色の錆びと、ぬれると燃え立つように赤くなる深紅色のしみあるいは目が、多少とけこんでしまったように見えるものや、こぶだらけなのに、秋の木の葉を塗る神の絵筆が偶然ふりかけたというような、白い地の花柄側一面に美しい深紅色の斑点があるものもある。また他に時折、美しい赤みが実の中まで広がって赤くなった妖精のような食物、美しすぎて食べられない、ヘスペリデスのリンゴ、夕やけ空のリンゴといったものもある。しかし海岸の貝がらや小石のように、野生リンゴもどこか森の谷間で枯葉の上、秋の涼気に輝いている姿や、濡れた草の中に横たわっているところを見なければいけないのであって、家の中で萎びて色あせてしまっ

た姿ではダメなのだ。

　リンゴ酒製造所で一山に積まれる多くの種類の野生リンゴに、それぞれ相応しい名前をつけるのは、楽しい気晴らしだろう。どの名も人間にちなむのでなく、地の言葉でつけなければならないとしたら、ずいぶん工夫の才が要ることだろう。野生リンゴ命名の、名付親となれるのは誰だろう。ラテン語とギリシア語を使えば、すぐ尽きてしまうだろうし、せっかくの地の言葉の勢いを削ぐことだろう。我々は、日の出、日没、虹、秋の森、野生の花、キツツキ、マシコ、リス、カケス、チョウ、11月の旅人、学校をさぼった子供などに相談し助けを求めなければならない。

　1836年には、ロンドン園芸協会の庭園に1400種以上の野生リンゴがあった。しかしここアメリカには、山リンゴが栽培された場合に産み出されるかもしれない変種は言うまでもなく、協会の目録にない品種がたくさんある。

　それらのいくつかをあげてみよう。結局、英語が使われていない地方の住人のために、ラテン語名を付けなければならないものもある。なぜなら、それらが世界的名声を得るかも知れないからだ。

　まず第一に森リンゴ (Malus sylvatica)、大カケスリンゴ、森の谷間リンゴ (Malus sylvestrivallis)、くぼ地や牧場リンゴ (Maluscampestrivallis)、地下室跡の穴で成長するリンゴ (Malus cellalis)、牧草地リンゴ、ヤマウズラリンゴ、ずる休みリンゴ (Malus cessatoris) ——どんなに学

野生の果実 | 133

校に遅れそうになっても、男の子ならたたき落とさずに行き過ぎることができない——、聖地巡礼者リンゴ——これに至る道を見つけるまで、まず道に迷わなければならない、大気の美 (Malus decus-aeris)、12月に食する凍解リンゴ (Malus gelato-soluta)——そのときだけおいしい、コンコードリンゴ——たぶんムスケタクィデンシスのリンゴと同じもの〔ムスタケキッドはコンコードのインディアン名〕、アサベッツリンゴ、まだらリンゴ、ニューイングランド・ワイン、赤リスリンゴ、青リンゴ (Malus viridis)——これにはたくさん同義語がある——不完全な状態では消化不良またはコレラを起こすが、若者にとっては特別な人気の——アタランタが立ち止まって採ろうとしたリンゴ、生け垣リンゴ (Malussepium)、なめくじリンゴ (Malus limacea)、たぶん車窓から捨てられた芯から生えた鉄道リンゴ、若かった日に味わったリンゴ、どんな目録にもない我々固有のリンゴ、散歩者の慰め (Malus pedestrium-solatium)、忘れられた草刈り鎌がかけてある木のリンゴ〔ダニエル・ウェブスターが逸話に使った有名な話に由来する〕、イドゥーナのリンゴ、ロキが森で見つけたリンゴ、私のリストにはこの他にまだたくさんあって、どれもとてもおいしいのだが、多すぎてあげきれない。ボディウスが、ウェルギリウスを自分の場合にあうように改作して栽培種について叫んだように、私もボディウスを改作して次のように叫ぼう。

> 私に百枚の舌、百の口があっても、
> 鉄のように強い声があっても、
> これら野生リンゴのすべての種類を記述し、
> すべての名を挙げることはできない。〔ウェルギリウス『農事詩』
> 2：42-43。これはボディウスによる改作で、ソローはさらに果実を
> 野生リンゴに変えた。〕

11月の半ばまでには野生リンゴはその輝きをいく分失い、主要なものは落ちてしまう。大部分地上で朽ちてしまうが、無傷のものは前より美味しくなっている。今や老いた木のあいだをさまよっていると、シジュウガラ

の声がいつになく鮮明に聞こえ、秋タンポポは半分花を閉じ、露をためている。しかしもし君が落穂拾いの名人なら、外にはリンゴがなくなったと思われるずっと後でも、接木したリンゴの実がまだポケットに何杯もとれるだろう。沼沢地の端っこにほとんど野生といってよいブルー・ペアメイン種の木が立っているのを私は知っている。ちょっと見ただけでは、その木に実が残っているとは思えないだろうが、筋道をたててよく見なければいけない。落ちて野ざらしになっているリンゴはまったく茶色に腐ってしまっているが、おそらくわずかの実は、まだぬれた落葉の中のあちこちで健康な色の片頬を見せているだろう。ひとまずそれはそのままにして、経験に富んだ目で私は、裸のハンノキやハックルベリーの茂みや枯れたスゲ、また枯葉がいっぱいつまった岩の裂目とかを探し、倒れて朽ちかけたシダやリンゴやハンノキの葉が、地面には厚く敷きつめられているしたを掘り返す。なぜなら私はずっと前にリンゴがくぼみに落ちて、適切な詰め物である他ならぬリンゴの木の葉によって覆い隠されていることを知っているからだ。木の周りのどこにでもあるこうした隠れ家から果実をひっぱっり出すと、しっとりぬれて艶があり、たぶんウサギに囓られコオロギにあけられた穴がある1、2枚の葉が（僧院のかび臭い地下室から取り出したカーゾンに古い写本がくっついているように）ぴったりくっついているが、それでもまだ豊かな色彩をとどめていて、樽に貯蔵されているリンゴより熟し保存がよいとはいえないまでも、少なくとも同じくらい熟しよく保存され、それらより新鮮でさわやかな実を見つけだす。もしこの頼みとする場所から何も見つけることができないときは、私は横に水平に伸びた枝からぎっしり生えている吸枝の根のあいだを見ればいいと知っている。というのもときどきそこに1つのリンゴがあったり、ハンノキのやぶの中で落葉にうずもれ、匂いは嗅ぎつけたはずの牛にも食べられなかったリンゴを見つける。もしうまくいけば、ブルー・ペアメイン種でもイヤではないので、それらを両側のポケット一杯に詰めこむ。そして冷え込む夕方、家までたぶん4、5マイルはある道を戻るとき、平衡を保つために左右のポケットから1つずつ交互に取り出して食べるのだ。

　アルベルトゥスを典拠としているトプセル［Edward Topsell］訳のゲス

ナー〔Conrad Gesner 1516-1565 スイスの博物学者。『動物誌』 1551-87〕を読むと、ハリネズミがリンゴを集め、巣に運んでいく方法はつぎのようなものだとある。「ハリネズミの食料は、リンゴ、虫、ブドウで、地面にリンゴやブドウを見つけると、彼はその上を、実が全部彼のはりに突き刺さるまで転げまわり、それから巣までそれらを運ぶのだが、口には1つ以上くわえない。そしてもし途中で1つ落ちたりすると、残りを全部ふるい落としてしまい、その上を再び転げまわり、元通り全部背中に落ち着ける。そうして前進するとき、彼は荷車のような音をたてる。巣に子供がいる場合は、子供たちが彼が運んできた荷を引っぱって降ろし、好きなだけ食べて、残りは将来のために積み上げておく」〔トプセル『四足獣と蛇の博物誌』 278〕。

〈野生リンゴの終焉〉

11月終わりにかけて、傷みのないリンゴはもっと熟して、たぶんさらに食用に適してくるだろうが、野生リンゴはたいてい葉と同様、美しさを失って凍りはじめる。指がかじかむような寒さになると、思慮深い農夫は樽入りのリンゴを屋内にしまい、そのリンゴや丹精したリンゴ酒をもてなしてくれる。というのもその頃はもうリンゴを地下室に入れる時期なのだ。たぶん2、3個のリンゴが地面の初雪の上に赤い頬を見せているかもしれないし、ときには冬中雪の下で色と質を保っているものもある。しかしたいていは冬の初めにはそれらも固く凍ってしまい、腐ってはいないのに、すぐ焼きリンゴのような色になる。

12月の末までにはたいてい、それらは最初の凍解を経験する。1ヶ月前までは酸っぱく、渋く、文明人の味覚にはまったく合わないものだったのに、少なくとも傷もなく凍ったものが、太陽の光に極度に敏感なのでいったん暖かい日光にふれ溶かされると、芳醇で甘いリンゴ酒で満たされていることがわかり、それはブドウ酒よりリンゴ酒に詳しい私が知っているびん詰めのどんなリンゴ酒よりも美味しい。すべてのリンゴがこの状態では美味で、それを食する人のあごはリンゴ絞り器の役目を果たすことになる。

もっと実が詰まっている他の種類のリンゴの場合も、香りのいい甘美な食物となり、私の考えでは、西インド諸島から輸入されるパイナップルよりもっと価値があると思う。私も半ば文明化してしまったせいか、最近この私でさえ食べたことを後悔せざるを得なかったリンゴは、農夫が意図的に木に残しておいたもので、いまはそのリンゴが、若い樫の葉のようにしっかり木にしがみついている性質があることを知ってうれしい。凍解は、リンゴ酒を煮ることなく甘さを保つ方法なのだ。まず霜が来てリンゴを石のように固く凍らせ、つぎに雨か暖かい冬の陽がそれらを溶かすと、リンゴは、その中で揺れているまわりの大気という媒体から借りた、天の風味を帯びてくるように思えるのだ。またおそらく家に着くと、ポケットの中でがさがさ音をたてていたリンゴが溶けて、氷がリンゴ酒に変わっているのがわかるだろう。しかし凍解を３度も４度もくりかえした後では、それほど美味しくはなくなる。

　極寒の北国の寒気によって熟していくこの果実に比べたら、炎熱の南国から未熟なまま輸入されるいく種類かの果物など何程でもない。北国の果実とは、私が友人をだまして何とかして食べさせようとすまし顔で勧めた、山リンゴだ。いま我々は貪欲にそれをポケットに詰めこみ、溢れるジュースで服のたれかざりを汚さないように、腰をかがめてリンゴのコップからリンゴ酒を飲み、リンゴ酒を傾けながらますますうちとけあう。どんなに高いところにあり、絡まる枝で隠されていても、我々の棒はそこに届くだろう。

　それは私が知るかぎり市場に運ばれたことのない果実で、乾燥リンゴやリンゴ酒のような市場で買えるリンゴとはまったく別物であって、しかもこれが完璧な状態で産出されるのは毎冬というわけではない。

　野生リンゴの時代はまもなく過ぎてしまうだろう。おそらくニューイングランドでは消滅してしまう果実である。アメリカの広範囲にわたる土着の果実であるリンゴの古い果樹園は、いまでもそこを散策することはできるが、ほとんどがリンゴ酒にされていたその果樹園の実が、いまは全部地上で朽ち果てていく。

私はある遠くの町の丘の斜面にある果樹園の話を聞いたのだが、斜面を土手に向かって転げ落ちたリンゴが4フィートも積もったので、持ち主はリンゴがリンゴ酒にされるのを怖れて果樹を伐り倒してしまったという。禁酒運動と接木の果実が広く導入されて以来、かつてさびれた牧草地や、またその周囲に繁茂している森のいたるところで見られたアメリカ土着のリンゴの木は、今は植えられることもなくなった。この野原を1世紀後にここを散歩する人には、野生リンゴを木から落とす楽しみは味わえないのではないかと私は心配する。哀れな男よ、彼に味わえない楽しみは他にもたくさんある。ボールドウィン種とポーター種が普及してはいるが、私の町で1世紀前と同じだけの広さの果樹園が現在植林されているかどうか疑問で、そのころは、広く散在してリンゴ酒用のリンゴ樹が植えられ、人びとはリンゴを食べるだけではなくリンゴ酒を飲み、リンゴのしぼりかすの山が唯一の苗床で、植林する手間以外経費はまったくかからなかった。そのころ人々は、土手という土手のわきに1本のリンゴをさし木して、後は運任せにするだけの余裕があった。今日では誰ひとりとして、淋しい路や小路沿いに、また森の中の谷底などの辺鄙なところにリンゴを植えたりはしない。接木を用いるようになり、そのために金を払わなければならないので、家のそばの地面にリンゴの木を集めて植え、その周りを垣根で囲い、その結果、我々は野生リンゴを求めて、リンゴ樽の中だけを探さざえるをえなくなるのだろう。

互生ミズキ（Alternate Cornel）

　互生ミズキ。早くも7月21日に実り始めているのを見かける。
　興味をそそられる小さな木で、樹頂が平べったくなっていることがよくある。樹皮には独特の斑点があり枯れると黄色くなる。緑色の葉には独特な畝が付いていて、赤いきれいな葉柄が無傷の青い実を支えているが、今にも落ちそうだ。これはホールデン沼とマイルズ沼の間にあるような土手沿いに育つ。我々のミズキの中で最も早いベリーは、開いた集散花序となっており、くすんだ濃い青色のへこんだ球体でその姿を持続するが、熟れるやいなや即落下するか、鳥に食べられて、8月28日頃にはほとんど終わる。

だが残って剥き出しになっている赤い花柄と小花柄は、妖精の指が開いているようで実に美しい。集散花序に並んでいるこれらの実は、遠くからでも認識できる。この木は、明るくて解放感があるにもかかわらず、魔女の雰囲気を持つ。

沼地デューベリー（Rubus Sempervariens）

　沼地デューベリーは、広い高地で7月26日に実り始めるが、8月半ばまではあまり広くには見られない。8月の終わり、25日あたりに向けて最盛期となる。9月7日にも茂っているのを見たことがあるが、どのくらい遅くまで残っているかはわからない。

　この小さくて晩熟のブラックベリーは、森の谷底などの低地や、カエデ湿地の草の縁に育ち、蔓に付いている常緑の葉は小さくて艶があり、端がぎざぎざになっている。谷間の広い所では苗床が密集していて、7、8イ

野生の果実 | 139

ンチの厚みで地面を覆っているマットのようだ。とても小さな黒い果実を付けるが、一般的な低地ブラックベリーがほとんど終わるまでは繁殖しない。沼地デューベリーは独特な酸味があって口には合わない。しかし、一般には食されていないが、実は食用で、これらをヘビのブラックベリーと呼ぶ人もいる。ヘビにちなんで名付けられているものは他にもあるし、人間はそれらをヘビに譲ってやれるし、ヘビが生息する湿った冷たい場所に育つからというくらいしか私は知らない。切株の上に蔓が這っている場所では、この実が特に豊富なのだ。

北米産ウルシノキ（Staghorn Sumac）

1860年、7月26日。北米産ウルシノキは、ちょうど最盛期で、果実は相変わらず美しい。

棘のあるウド（Bristly Aralia）

棘のあるウドの実は7月28日頃熟し始め、8月に最盛期となり、9月4日頃に新鮮さを失う。

この植物は、砂地の土手や萌芽地の木の周りに、ところどころで密集して育つ。同じ長さの細い小花柄に付いている果実は、ハックルベリー程の大きさで濃い青か濃紺の実で、直径2インチのこんもりした半球体の散形花序を成しているサルサパリラによく似ていて、無傷の半球体の大きな散形花序となって実っている。数えてみると1つの散形花序には130の実が付いていた。中央の実が最初に熟れる。

ヒヨドリジョーゴ（Solanum Dulcamara）

　ヒヨドリジョーゴつまりナイトシェードの実は、7月28日に熟し始めて、8月と9月が最盛期だが、多かれ少なかれ凋んでいても、水の中あるいは水の上では11月になっても残っている。

　これら明るい赤い実は花より美しい。うなだれる房を持つ種のひとつであり、これ以上に上品で美しく垂れ下がる房を私は知らない。川の湾曲している所で水に浸かっている房の姿は特に美しく、長い卵型か楕円なのだ。（垂れ下がっている実は、必ず滴のような卵型か梨形であるはずだ。）私が知っているベリーの中で、小さなハチの巣形の六角形にこれほど見事に並んでいるものはない。集散花序は風変わりでしかも規則正しく、それほど目が詰んでなくて優雅に間隔が開いており、堅くも平べったくもなく色々な高さに房が垂れて、それぞれの房は広いスペースを見つけて成育している。

　色も何と多様なことか。花柄と枝は緑で、小花柄と萼片だけが珍しい鉄紺色がかった深紅色、そして実は深紅色か半透明のサクランボ色なのだ。

　それらは、女性の耳のイヤリングよりも優雅に、川べりの上に垂れ下がっている。しかしそれらは毒があると思われている。確かに見たところはそう見えない。確かに、美しいものが人間にとって有害だということは、ひとつの警告ではないだろうか。しかし、食べると有毒である必要が何故あるのだろうか。たぶんそれは別の感覚［目］を養おうとしているこれらの実を食べて味わうことは、悪趣味だということなのだ。

　だからジェラルドは、セイヨウハシドコロではなく、アメリカのヒヨドリジョーゴについて次のように記している。

　　　ヒヨドリジョーゴはブドウのように材木のような茎を伸ばし、それは這っているような細い何本もの枝に分かれており、それを使って、隣接する垣や茂みに這い登ったり足場を取ったりする。外皮は明るい緑色だが、もっとも古い柄の樹皮はザラザラして白っぽいか灰色で、若枝は葉と同じ緑色なのだ。木は脆く、中にスポンジ状の髄が入っており、滑らかで先が尖っている長い葉で覆うように茂っているが、蔓

植物の葉と比べると少ない。1つの葉の下部に、2つの実まで届いているような小さな1つの葉が、どちらの側にも育っている。花は小さくまるごと青色で、中央に1つの棘、すなわち黄色の先端が付いて房のように集まり、5枚の小さな葉と共に構成されている。決まった場所にいつも美しい実が付き、球体を少し長くしたような形で、最初は緑色だが熟れてくるととても赤くなる。最初は甘いが、後に香りが強くて不快になる。艶の良いサンゴのように房になる。大きな1本の根は貧相で、細根がたくさん付いている。

　高い所から落ちて傷があったりすっかり打ちのめされたりしているものにたいし、この植物の果汁は効果的にきく。というのは果汁が凝結した血液体を溶かして、あるいは内部のどこかに散らして、傷ついたところを癒すと考えられている。〔ジェラルド　349-50〕

　これはジェラルド流の記述の見事な例なのだ。ヒヨドリジョーゴは土手の地面の裂け目に育つので、それを目指して登っていると、「自分がひからびて打ちのめされる」ような気がすることがある。

エンレイソウ（Trillium）

　エンレイソウの実は、22日か24日頃にはすでにピンク色になっており、8月の13日には熟し始める。8月の半ばが最盛期で9月まで続く。

　この植物の花を知っている人でも、果実についてはほとんど知らない。エンレイソウの実は大きくてとても美しい。六面体あるいは六角形で、毛羽と種子近くで直径を測定すると4分の3インチ、あるいは1インチで、その周囲に赤い萼が付いており、湿地の日陰の緑色の葉の下で垂れ下がっている。艶のある赤色か、しみがついているが光沢のあるサクラの木の色で、年月とともにだんだん赤が濃くなる。8月下旬になると、樹が地面に横たわるほどになるので、果実が目立ってくる。あるいは小川の縁に立つエンレイソウは地中の深部から小川の上に倒れて、赤い実を冷たい水の中に浸しており、赤い実は流れに揺れている。

　おそらく果実は、鳥を惹きつけるエンレイソウの実や緋色の棘と同色になるのだろう。

　サガールは、著書『大航海』の中で、ヒューロン地方の小さな果実について「赤いものがある。小さな束になったサンゴのように見える。月桂樹に似た葉が2、3枚付いていて、美しい花束のようだ。そこにあるだけで価値がある」と述べている。

Dwarf Cornel（コミズキ）

　コミズキすなわちゴゼンタチバナは、7月30日頃熟し始めて山では長く続く。しかし、このあたりでは稀にしか結実しない。鮮やかな緋色の果実は、輪生体となっている葉の中心で、小さな「束」となって並んでいる。山に登った者は必ず覚えているし、食物としては些細なものだがそれを食べた経験があるはずだ。しかし、もっと緯度が高い地方になると、食用果実は稀少なので、サンザシの実やゴゼンタチバナを大切にしている。一般的には、高い山の頂上からあまり遠くないところで、コミズキの緋色の房が実っている一帯を横切るはずだ。

ペポカボチャ (Summer Squash)

1860年、7月13日。ペポカボチャが黄色くなっているのに気付く。

ブラックチェリー (Black Cherry)

野生のブラックチェリーは、7月31日頃に熟れ始める。萌芽地では8月の下旬に最盛となり、少なくとも9月の半ばまで続く。

ミショーは「野生のチェリーの木はアメリカの森林で最もよく育っているもののひとつである」と述べている〔ミショー　2:205〕。萌芽地で育つ若い木は、大きくて見事な果実をたくさん結実する。大木になる小さくて苦い実よりも少しはましなものから、断然美味しいものまで変化に富んではいる。果汁が豊富で美味しいものもある。そのような場所では8月8日頃が最盛期で、非常に繁って枝が実の重みで垂れ下がっていることがある。ハックルベリーが乾いたり虫に食われる9月1日頃には、ブラックチェリーは散歩者が見つけて摘むほとんど唯一の小さな果実なのだ。鳥はブラックチェリーを当てにしているので、9月1日頃他の場所は静かで荒涼としていたとしても、1本の野生チェリーが立っている場所は、鳥が行ったり来りして活気付く。

ブラックチェリーが豊かに実ると、手に持てる以上のブラックチェリーを大きな黒い果実のリースから摘み取ることができる。緑色のもの、熟しているもの、傷のあるものもあるが、それらの実の渋さはその季節にはとても心地良い。ブラックチェリーでアルコール性の飲み物を作り、「チェリーバウンス」という名をつけて偽っている人がいると聞いている。ブラックチェリーを集める一般的な方法は、木の下に広げたシートの上に振り落とすことだ。私もこのようにしてかつて木を揺らしていたことを覚えている。シートの隅を寄せ集め

る際にチェリーに囲まれ、前世紀の懐かしい香りがした。

　1859年9月1日。今、鳥が好む野生レッドチェリーとニワトコの実、2つの果実が主流だ。

クロスグリ（Black Currant）

　クロスグリは、8月1日頃に熟れる。

　私は、野生クロフサスグリを、3つか4つの場所でしか見つけられない。ジョスリンは「赤と黒のスグリの実」について述べている。

オオルリソウ（Hound's Tongue）

　オオルリソウが8月1日頃結実するのに気付く。最盛期は8月の半ばだろう。

　私は考えなしに、一掴みの小堅果をハンカチで包んでポケットに突っ込んだが、家に帰って、それらをハンカチから取り出すのに長い時間がかかったし、その間にハンカチの糸がたくさん抜けてしまった。私はそれが自生している場所を、この町で一箇所しか知らない。1857年の春、私は、オオルリソウが広がることを願って、めったにないことだが、花壇を作った若い女性と私の姉に（前年の8月に集めた）前述した種子をいくつかあげた。彼女たちは期待を膨らませ、長い間浮かれていた。なぜなら花を咲かせるのは翌年だからだ。花と独特の香りは、一時は十分に称えられたが、今ではもう長い間種が服に付くという理由から、庭の害虫と見なされている。私は服に付いた種子を取るのに、1回に20分かかったし、若い庭師の母親（彼女は花壇を頻繁に歩き回る）が、ドレスにオオルリソウの種子を大量に付けたままボストンまで運んだこともあった。

　それは、オオルリソウを広めるためには正しいやり方で、私の目的も達成される。

アザミ（Thistle）

　8月2日頃、アザミの冠毛が空中に見え始め、冬までずっと見かけられる。8月と9月が一番目立つ。

　カナダアザミと呼ばれるのは最も早生のアザミで、ゴシキヒワもしくはアザミ鳥（Carduelis tristis）にちなんで名付けられている（carduusは「アザミ」のラテン名）のは、それらが食用としているからで、成熟する時期を私より早く知っている。アザミの頭が乾いてきたらすぐに、鳥がそれらを引き抜いてばらばらにし、撒き散らす。というのも、私なら1回に長い時間かかるのに、鳥は毎年決まって飛びながらその地方一帯にアザミを撒くからだ。

　ローマ時代にもアザミ鳥はいて、プリニウスはアザミ鳥を彼らの鳥の中で最小のものだと述べているように、この種属がアザミの種を食べることは、最近の習慣でも短期的な習慣でもない〔プリニウス『博物誌』10:57〕。アザミの種子を放出させるために産婆の役割を果たすこの鳥が来なければ、種は花托に付いたまま残り、濡れて枯れるか、下の地面に落ちる。一部の種子を自分の仕事の報酬として飲み込みながら、鳥はアザミの種子を大気中に放ち、運を天に任す。

　結果から判断すると、子どもはみなおそらく同じ目的で、同じような本能によって啓示を受ける。彼らは開いているアザミの先に触れずにはいられない。ミューディー〔Robert Mudie『ブリテン島の鳥類』1834〕は、イギリスのゴシキヒワの食料について述べて、「それらが過剰に繁殖して夏中大気を粉だらけにする」のは、特にそれらキク科植物の翼のある種子であること、つまり、アザミは「秋アザミが風に揺すられて丸裸になっている頃には、早生のノボロギクが開花し、その後続いてセイヨウタンポポや他の多くの種類も開花するので、翼果には一年中絶え間なく遷移が起こる」〔ミューディ 2:54〕ことを観察している。

　アザミの冠毛は灰白色でトウワタよりも粗く、早くから飛び始める。空気中を浮遊しているアザミの冠毛を初めて目にするのは季節の移り変わりの証拠で、私にとっては刺激的で興味をそそられるので、毎年最初のものを見たら書き記すことにしている。

野生の果実

アザミの冠毛が、ウォールデンやフェア・ヘーヴンの湖、水の上をゆっくり流れて行く様子はじつによく見かけられる。例えば、昨年のある午後、私はウォールデン湖の真ん中にいて、雨がちょうど止んだ5時に、種なしのアザミの冠毛（種が付いているものもある）が、水面の上約1フィートのところにたくさん浮遊しているのを見た。しかも風はほとんど、いやまったくない。それはあたかもアザミの冠毛が池に引き寄せられているようで、水面の上に流れがあり、流れている間は一様に落下や上昇が防止されているかのようだった。空気の流れは水の上の開けた空間に漂ってくる傾向があるので、アザミはおそらくそれらが育った近くの谷間や斜面から遊技場としての水の上に向かって漂ってくる。

　この中に、おそらく気球に乗って大西洋を渡り、アザミの種を別の場所へ移植する賢者がいる。もし荒野に降り立てば、そこがついの住家となるのであろう。

　紀元前350年に生きたテオフラストス〔Theophrastus　BC　377-288　プラトン、アリストテレスの弟子。『植物誌』　BC. 320〕はこのことを、「大量のアザミの冠毛が海の上に漂うときは、強い風が吹く」〔3:27〕天候の前兆としており、フィリップス〔Henry Phillips〕は著書『栽培植物誌』(1822)の中で、「風の気配もないのにアザミの冠毛が揺れて、

　　　　　森の葉が音も無く振動している

のを見ると、羊飼いは羊の群れを避難所に入れ、助けを求めて叫ぶ。神よ、来るべき災いからあなたのしもべを救いたまえ」と述べている〔フィリップス　1:6-7〕。

コホッシュ（Cohoshes）

　コホッシュは、白も赤も8月6日頃熟し始める。果実は8月31日頃が最盛期で、少なくとも9月23日まではある。

　9月1日頃、日陰になっている湿地に入った者は、穂状花序になって周囲の緑と奇妙な対照をなしている白コホッシュのアイボリーホワイト色の実に、ぎくりとさせられる。ベリーは、艶のある白色で、毒を持つ真珠のようだ。濃茶あるいは黒い点が先端に、また堅い小花柄に小悪魔の目のよ

うに付いている。

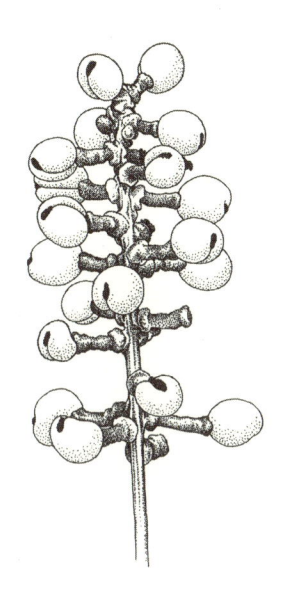

　赤い種類はこの辺では珍しい。赤い種類とは、細い小花柄に付いている実が赤い。（私がもいだものは、長さが2.5インチ、幅が4分の3インチの丸みのある円錐形の穂状花序になっていて、赤いチェリーの実が30個ほど付いていた。長さが約8分の1インチの細い小花柄に付いている実は、16分の7インチ×16分の6インチの長円で、1つの面に割れ目がある。）私は、メイン州で、ここより早く熟している実を見たことがある。

普通種クランベリー（Common Cranberry）

　普通種クランベリーが熟す時期となると難しい。おそらく完全に熟し切らず霜が降りる前に熟成が止まる。晩秋に霜で柔らかくなり、深紅色に変わるまでは生では食べられない。ある場所では早くも8月6日に良い具合の色になるので、霜が懸念される年には9月1日だというのにクランベリーをかき集める人がいる。遅いときには9月24日になってクランベリーをかき集める人も見かける。9月5日から20日にかけて集めるのが一般的だ。
　7月の半ばには緑色の実が豆粒ほどの大きさになり、季節が移っている

ことを思い起こさせる。特にかなり乾燥した高地あるいは砂地で牧草の縁沿いに生育しているクランベリーの果実は、8月初旬に、ベリーの頬が赤らみ始めてとても美しい。艶のあるチェリーの木と同じように、すでに全体が赤いものもある。

　クランベリーは、8月下旬に霜でダメになることがよくあり、そうなると作物は大幅に減少する。さらにクランベリーは柔らかいので、その季節の大雨の際にベリーの上に溜まる水でダメになる。どれくらい被害を受けるかは水の温度によると言う人がいる。いくつかの場所で水により起こる最大の害は、それが成熟を妨げることだと私は理解している。クランベリーが収穫されるときにも、まだ水位は高いことがある。家に持ち帰り、広げて乾かし、傷んだ実を取り除いていく。

　9月の半ば頃、川で舟を漕ぎ上っていると、川沿いで干し草ではなくクランベリーがかき集められているのを見かける。前に籠を付けた熊手形の農機具がゆっくり進み、籠に実を集めている。片側に荷車が備えつけられている。別の者たちは、遠く離れた草むらの中に屈んで、手で採集している。おそらく女性や子どもが落ちた実を丹念に拾い集めているのだ。

　珍しいというほどでもないナシ形のクランベリーは、丸いクランベリーとは異なる種類だと見なす人がいる。ある人がクランベリーを家に持ち帰る

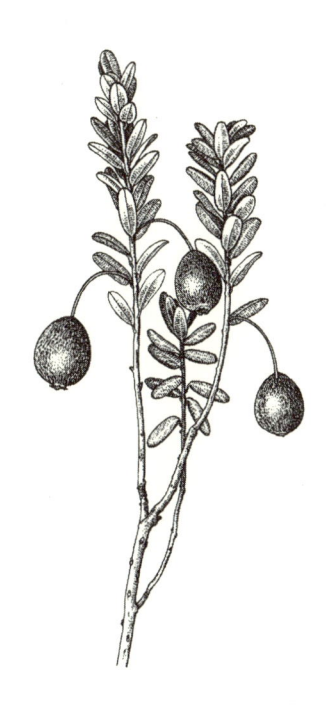

と、風変わりなクランベリーの芽が出て、思ったとおり残りのものより良品だったらしい。それらは濃い赤色だが、明るいところと濃いところの陰影があり、可愛らしいイバラの熟れた実あるいはカナダプラムに似た長円なのだ。他のクランベリーとは離れて育ったと彼は言った。
　1853年の秋、近くの牧草地に異常出水があり、熊手をかけられて緩くなっていたクランベリーが大量に洗い流された。風下の岸には、流されてきたクランベリーが打ち上げられた牧草や雑草に混じって並んでおり、大量のトビムシ（初春に雪上に集まる）が集っていた。私が11月15日に舟で牧草地へ行った時、川底に蔓で繋がった大量のクランベリーの見事なものが見られた。
　その年の11月20日、クランベリーの熊手による採集を初めて体験した。舟で川を上っていくと、壊れたクランベリー熊手が海に向かって流れていたので掬い上げたのだが、その直後、2、3の牧草地の風下側の岸がすべて、木の葉や折れた枝など屑が混じったクランベリーの実で赤くなってい

野生の果実 | 151

るのを見た。15か20平方ロッドはあっただろう。私は船一杯に屑、水など と共に全部拾い上げ積んだが、それをきれいにするのはずいぶん労力が必 要だった。2.5ブッシェルのクランベリーの荷をボストンに送り、4ドル 得た。川から多くのクランベリーを搔き集めたお陰で、私は川を漂着して いる物に詳しくなった。山のような漂着物だった。散らばった牧草やクラ ンベリーの葉には小さな角笛の形をしたカタツムリや、中位の黒いハムシ がくっ付いており、ジャコウネズミが齧った黄色味を帯びたユリ根の中に は、時折カエルや色の付いたカメがいたりした。そしてこれらの屑すべて にトビムシがたかり、活発に飛び回っていた。鉄のくま手を使って舟にク ランベリーを取り入れる際に、この屑類は助けとなった。

　クランベリーを取り込む最善の方法は、洪水時水が木を倒して、風がク ランベリーを岸に向かわせる直前に出かけて行って、最も繁っている場所 を選び、一人が大きくて粗いこやし熊手のような道具で浮いている草やそ れに混じっている漂流物をあらまし押さえ付けておいて、もう一人が普通 の熊手でベリーと屑を舟に寄せ集めると、クランベリーを掬いあげるのに ちょうど良い屑が残る。

　私は一度クランベリーでひと山当てようとしたことがある。生活費を稼 ぐ必要に迫られ、鉛筆を売り歩くためニューヨークに行く機会があったと き、私はクランベリーを出荷して利益を上げたいと思いついた。私はボス トンを通り過ぎてクィンシーマーケットへ行き、クランベリーの価格を尋 ねた。あるディーラーは、私を地下室に連れて行き、湿ったクランベリー と乾燥したクランベリーのどちらが欲しいか尋ねて、手持ちのクランベリー を私に見せてくれた。私は、いくらでも欲しがっていると彼らに思わせた。 そのことは販売人の間ではかなりセンセーショナルだったようで、よくは 知らないが、一時はクランベリーの実の価格を上昇させたらしい。私がニュー ヨークで色々な定期船を訪れると、船長から甲板と船倉に積んでクランベ リー（湿ったクランベリーと乾燥したクランベリー）を船で送る場合のコ ストの違いについて聞かされた。ある小型船の船長は、私の荷をひどく運 びたがった。ニューヨークへ行った時に（私は抜け目がなかったので、ま ずクランベリーを持たずに行った）、買物客として市場を訪れると、「最高

の東部クランベリー」が、ボストンで買うより安い値段で提供されたのだった。

　30年前、私はメリアムの牧草地でクランベリーを採っていたが、そのとき突然、私たち少年仲間が友好的にフォスター爺さんと呼んでいた人が、ものすごい勢いで私の方へ近づいて来るのがわかった。彼は激しく追ってきたが、私はバケツを掴み、12歳の少年なら当たり前のことだが若くて活発だったので、すぐに彼を引き離し、素早く土手に登り、とうとう村に辿り着いて、家の間に逃れた。そのとき私は彼を見失い、同時に彼も私を見失った。クランベリーが個人の所有物であることを、私はこのとき初めて知った。

　「1853年、1854年、1855年、1856年のカナダ地質学調査」によると、ニピシン湖で「あるインディアンが、彼と妻と2人の幼児は、シバアマーミングに到着してすぐに1バレルにつき5ドルを支払わされているので、4ないし5バレルのクランベリーを1日で簡単に集められる（種類は問わない）ということと、この取引を旨みのあるものにするのに唯一の難点は、氷ができるまでの季節が短いことに加えて、自分たちのカヌーが一度に少量しか運べないことだと教えてくれた」とある。

　11月の半ば頃には、まだ十分に熟れてないのに霜の害を受けるものがあるが、クランベリーは牧草地を横切るときにちょっと食べると美味しいということを再発見する。それらは春のクランベリーの心地好い味がする。もし水位が高ければこの時期にクランベリーは洗い清められるので、これこそが本当の成熟だと思うに違いない。しかし私は12月に、少しだが非常に堅くて霜に当たっていないものを見つけることがある。枯れたり汚れたりしているものも多いが、寒さと湿気で柔らかく熟して、冬中最高の状態で保たれるものがそれ以上にある。我々田舎の人間は、この春のクランベリーを好む。霜が厳しくなる前に牧草地が水浸しになることも時には価値があり、水は春までベリーをふっくらした新鮮な状態で保つ。

　3月になって川が氾濫し牧草地の一部が洗い流されるやいなや、味覚を上機嫌にしたり刺激する必要のある人が、単調な冬の料理の救済となる、クランベリーのサラダやソースを作ろうと、この実をボートに乗って探し

野生の果実 | 153

ているのを見かける。銃猟家は、ジャコウネズミが現れないときは、せめてクランベリーを確保する。しかし我々は皆、この自生の酸味を丸ごと味わうことによってより健康になるのは確かで、さらに確実に自然と歩調を合わせるようになる。マスケタキッド牧草地には我々の知恵と薬味瓶がある。私はいつも少しだけ味わって、慣れていることを立証する。春の増水と風が、粗悪な川の漂着物と混ざり合っているクランベリーを牧草地や川の浅瀬に集めると、あちこちが凍っているのだが、しばらくすると、子供たちはそのクランベリーを集めてクォート単位で売り、一方北へ向かうカモは、まだ蔓に付いているクランベリーに突進する。

　春になると、我々にはクランベリーがもたらすかなりの酸味が必要になる。食卓で味わったどのタルトも、春に牧草地でもいだクランベリーほど、文字通り熱中させ世界中を経験している気になると同時に、その酸っぱさに魂が引き締まるような、新鮮で元気が出て希望を与える酸味を持ち合わせてはいない。クランベリーは冬の痰を切ってくれるので、この世の新しい1年を他のソースなしで飲み込むことができる。感謝祭の食卓の上でさえ、クランベリーはかなり酸っぱくて、風味だけでなく美しさも失われている。それは水の中ほど素晴らしくない。市場や船内で、湿ったものと乾いたもののどちらを食べるかとか、甲板や船倉のどちらで運ぶべきかと問われるが、私が思うに、樽に入っている濡れたものは春に水に浸された牧草地で集めたものなのだ。岸近くで死んでいるのが発見され、クランベリーを過剰に食べ過ぎて死んだと言われた小さな男の子を思い出す。しかしきっと彼は、毎日クランベリーを食べていなかったから死んだのだ。

　牧草地の中州にある海を舵を止めて渡り、船べりを眺めていると、よくクランベリーの苗床を見かける。熊手を逃れた鮮やかな実が大量に、はしけ舟の下の深い所で、蔓が許す限り上に向かって伸びてぐるぐる回っている。そういう場所をもう一度見つけるために静かに回るのであれば、ぶらつくには最適の場所だ。

　栽培されているクランベリーの小さな畑がつぎはぎ状になった美しい光景を、コッド岬のハリッジとプロビンスタウンで見たことがある。中には10エーカーから12エーカーの畑もある。クランベリーは、池あるいは沼に

隣接して開墾された牧草地を占領している。地面を海抜数インチ上昇させるために砂がふんだんに運ばれ、その粗くて白い砂に、18インチごとに真っ直ぐ並んで植物が植えられているので、クランベリーの間の匍匐植物やコケなどと一緒になって、一様に緑色で満足のいく苗床を形成するのだが、とても目を惹き美しい。

スイカ（Watermelons）

　スイカ。一番早いものは8月7日から28日までに熟し、凍るようになるまで熟し続ける。最盛期は9月なのだ。

　ニューイングランドの古き住人であったジョン・ジョスリンは、スイカを「この地に適した」植物のひとつで、「草がくすんだような緑色か生き生きした明るめの緑色で、熟したときには黄色が混ざる」〔ジョスリン52，57〕と述べている。

　この大きな果実の豊作と共に、9月がやって来る。スイカとリンゴは同時に私の脳にも肥料を施すようだ。

　冬に料理していたものと今とでは、どれほど違うことか。今は肉屋に何の励ましも与えられないが、彼を招待して我々の庭で散歩してもらう。

　私は、スイカを栽培できるのにしない人や健康に悪いと言って避ける人には敬意を払わない。スイカは北極圏でパーリ〔Sir William Parry, 1790-1850 英北極探検家、1827年北緯82度45分に到達〕と一緒に3度目の冬を過ごしているはずだ。スイカは船旅が始まる時に食料として取り入れられたらしい。私は今それが何年前のことか、スイカの果肉が入っていた空き缶を積み上げてスイカの記念碑とするだけの価値があるということを知っている。

　鳥の食料と同じに、我々の食物も季節に応じていなくてはならない。今は西向きの水分の多い果実の季節だ。夏の土用には、我々は熱がある病人のように、ほとんどスイカの果汁液だけで我々の生命を維持すると言ってもいい。この季節、バターを塗ったパンとスイカほど美味しくて滋養のある食べ物を、私は他には知らない。スイカの食べ過ぎを恐れる必要はない。

　ボートなどの乗り物で採集に行くとき、私は飲み物代わりによくスイカ

野生の果実 | 155

を持っていく。スイカは、重宝な樽に入った最高に美味しい新鮮な活力源であり、冷たさを手軽に保てる。活力源の入ったこれら緑色の酒瓶を持っていくことだ。畑に着いたら、食べたくなるまで日陰に置くか水に入れておけばいい。

　横たわって陽に当たっていたスイカを家で冷やしたい場合は、中に熱がこもったままのスイカを水に漬けるのではなく、切ってから、地下室の床におくか、陰で風が通る所に置けばいい。

　スイカが熟しているかどうかを言い当てるには色々な方法がある。もし最初から畑をよく見ていたのなら、スイカ一つひとつの歴史や最初になったスイカを知っているわけだから、早く熟れるスイカを推定できるだろう。そうでないのなら、日にちが経っているものとして、丘の最も中央寄りか最も麓近くに横たわっているスイカに目を向けると良い。

　次に、さえないくすんだ色で艶の足りないものはどれでも、良い頃合の徴候なのだ。見かけは緑色や鉛色で、ウドンコ病のように白粉が霧状に覆っているものもある。切ると、これらはニラネギのように隅々まで緑色で、困ったことになる。くすんだ濃緑色のものは、表皮の循環は早くなく、白粉の時期を過ぎているので、まちがいない。

　蔓が非常に生き生きして、柄の根元のカール部分が枯れていれば、ほぼ確かな証拠なのだ。前もって見分けておくことができない場合はこのことが、中身が赤くなって熟れている徴とされている。2つのスイカがあれば、指の関節で叩いたときに低い音を出す方を取るとよい。見かけは同じでも、別の方は中身が詰まってない。日にちが経っていたり熟れているスイカは、低い音が響き、なって間もないものはテノールかファルセットの音がする。押さえつけて中が割れているかどうか聞くという乱暴な方法を使う人もいるが、これは勧められない。とりわけ、蔓が付いたスイカを軽く叩くことはしない方が良い。本来の目的を無にする貪欲さというものだ。それは子どもじみてもいる。

　ある人は、自分の子どもたちが全部切りとってしまうだろうからスイカを育てないのだと話した。彼は自分がそう話すことで自分を納得させたのだと私は思う。それは、彼の子どもたちが進むべき方向に子どもたちを育

てられなかった証拠であり、孔子の教えに従えば、一国の統治者には相応しくない。かつて特別な神慮により、ブラインドを通して、彼の男の子の内の1人が最も早くなった私のスイカにまたがっているのを見た。壊れた杭の近くに育っていたスイカの上で、鞘に入ったナイフを振り回していたのだが、被害が大きくなる前に、私はすぐに怒鳴ってその子どもを追い払った。私は脅すことで彼が父親の庭にいるのではないことを納得させた。その際実がなったものをいくつか失ったが、このスイカは、その泥棒が叩いて付けた三角形の傷跡を最後まで持ったまま、目立つほどに大きく甘く育った。

　農夫は自分のスイカ畑を、トウモロコシやジャガイモの中に隠すことを余儀なくされる。散歩していて、私は時々それにつまずく。今日そうした畑があり、そこではスイカがニンジンの苗床の中でニンジンと混じっており、ちょっと離れると葉も全体的に似ているので見分けがつかない。

　1つの腕で2つのスイカは持てないという諺がある。実際、つるつる滑って、1つを遠くへ運ぶのも難しい。リンカンに住む友人を訪れて、歩いて帰ろうとした時に友人たちから荷物になるスイカをプレゼントされた女性について聞いた話を思い出す。彼女は、腕に抱えて軽々とウォールデンの森を歩いたが、森は小鬼などがでるという不吉な噂が当時はあった。森の木がだんだん茂ってくると、危険が大きくなるように思えるのに、腕から腕へ頻繁に移し変えてもスイカは軽くならず、とうとう、いたずら好きな小鬼の手にかかることになった。スイカが彼女の腕から滑り落ちて、一瞬のうちにウォールデンの道の真中で粉々になった。小刻みに震えていた彼女は一瞬考えていたかと思うと、最高の香りがする一番軽い断片をいくつかハンカチに集めてそれを持ち、コンコードの静かな通りへ、走るというよりはむしろ飛ぶようにすぎて行った。

　霜が降りる時期に残っているスイカがあれば、地下室へ入れておいて、感謝祭のときまで保存すると良い。私は、森の中で霜がひどく降りていた大きな畑を見たことがあるが、スイカを割って開くと、とても美しい透明体に見えた。

　スイカはギリシャ人やローマ人には知られていないそうだ。ユダヤ人が

砂漠でアバティオヒムの名で懐かしんだエジプトの果実のひとつであると言われている。

イギリスの植物学者はスイカについて何も知らないと言ってもよいかもしれない。ジェラルドが書いているものの中で現代のスイカに一番近いのは「シトラル・キューカンバー」の章で、彼はその中で「樹皮のすぐ内側にまで広がるキューカンバー・シトラルの果肉あるいは髄は、食べられる」〔ジェラルド　914〕と述べている。

スペンスの〔Joseph Spence 1699-1768 英作家〕『逸話集』の中で、ガリレオがアリオスト（イタリアの詩人）の『オルランド』〔1532〕をスイカ畑とよく比べていたと書いてある。「スイカ畑では、あちこちで実に素晴らしいものと出会うだろうが、総体的にそれほど価値はない」〔スペンス　76〕。モンテーニュ〔Michel Eyquem Seigneur de Momtaigue 1533-92 仏哲学者。『随想録』〕は、オーレイアス・ヴィトー〔Aurelius Victor〕を引用して、「王位を譲り渡したディオクレチアヌス皇帝は、『私的な生活』に退いたが、しばらくしてから任務に復帰するよう懇願されて『もし君が、私が自分の果樹園に植えた木の素晴らしい状態や、私が庭に種を撒いてできた見事なスイカを見ていたら、こんな申し出をして私に応じさせることなどできなかったろう』と言い放った」〔モンテーニュ　63〕と言っている。ゴス〔Philip Henry Gosse　1810-88　英国の博物学者〕は、著書『アラバマからの手紙』〔1859〕で、スイカについて「イギリスにスイカが伝わっているとは知らなかった。ロンドンの市場で陳列されているスイカを見たことがなかったから」と言っているが、スイカは合衆国全土で繁殖している。そして南部について次のようにいっている。

　　黒人たちは、自分たちのモモの果樹園やスイカの「つぎはぎ畑」を持っており、自分たちの主人よりも早生であったり、見事な種類を育てることが、彼らの野心のささやかならざる目的であった。フランス王女の「温められた氷」という考え方が一番わかりやすいかもしれない。ほとんど毎晩、家族の要求に応じて翌日用に車に積まれた荷が畑から持ち帰られる。というのも、この炎天下で、スイカを食べること

以外に仕事はほとんどない。お客が来れば、友情を表わす最初のもてなしは、座るとすぐに一杯の水をごちそうすることだ。次に、すぐに大声でスイカが催促される。各人が自分の分を取るのだが、いくつかはナイフが入る前に中が崩れている。ご婦人は、皮に近い固い部分を、星などの可愛い型にくりぬき、冬のジャムとして砂糖漬けにする。
〔ゴス　63〕

アメリカニワトコの実（Elderberries）

　アメリカニワトコは8月7日頃に熟れ出すが、本格的に熟し始めるのは8月25日で、9月4日から12日が最盛期なのだ。7月下旬には緑色の実が目立ってくる。

　8月22日、私はアメリカニワトコの樹が実の重みで垂れているのを見た。部分的に色付いた果実を付けていながら、枝の先端にはまだ花が咲いている。8月の最終日近くになると、大きくて黒い集散花序は、その重みで樹を垣に沿って垂らし、目立っていた。房は熟すに従って膨らみ重くなって

垂れ下がり、樹を湾曲させていた。つまり、同じ樹に、緑色の集散花序は直立し、半熟の集散花序は多かれ少なかれ垂れ下がっており、完熟した集散花序はたいていまっすぐ下向きに垂れ下がっている。直立した状態にある場合、頂きの集散花序は一定の形となっている。4つの主部が、直立している中心部の回りに四等分に垂れ下がり、下の集散花序が上の集散花序を中心に垂れ下がる。

　9月1日頃だと、最盛期を過ぎて乾いているブルーベリーを除けば、野生チェリーとアメリカニワトコが主な野生果実なので、それらが育っている場所に、その実を食べる鳥が集まっているのを見る。9月20日頃になると、鳥（若いコマドリ、ルリツグミなど）が集散花序をかなり食い散らかしているので、採集するには遅すぎる。

遅咲きホートルベリー（Late Whortleberry）

　その後には、果実が8月7日頃になって熟し始める遅咲きホートルベリー、ダングルベリー、ブルータングルベリーがあり、最盛期は8月の終わり頃だ。

　遅咲きホートルベリーは、高さがハックルベリーの樹の約2倍ある高くて美しい樹で、淡い青緑色に見える。かなり湿気が多い陰地の雑木林に生息して、湿っぽい天候を必要とする果実を多く実らせる。2あるいは3インチ垂れ下がっている長い柄に付いた実は、最も美しい実のひとつで、滑らかで丸く、ハックルベリーよりも青くて透き通っており、多少なりともつれ合っている。経験のない者は有毒だと思って避けるが、だからこそかえって美しく記憶に残る。食べると非常に美味しいが、独特の味で少し渋い。ほとんどのハックルベリーと比べると必ずしも心地好い味ではなく、皮がざらざらしている。遅咲きホートルベリーは、9月の第1週末に、非常に新鮮で唯一食べられるホートルベリーなのだ。しかしこのあたりでは珍しく、プディングにするほど見つけることができる年は限られている。

歯状ガマ（Viburnum Dentatum）

　歯状ガマの実は8月7日頃に熟し始め、9月1日頃に最盛期を迎え、9

月一杯残っているものもある。7月の終わりに近づく頃緑色の実に気付く。
　ガマの中で最も早く果実が熟れるのがこの歯状ガマだが、実はガマの中で最も小さく果実よりも葉が目立つ。面の一部が色付いたり熟したりし始めている果実には、腐ったように見える黒っぽい斑点がある。8月の半ば頃に、歯状ガマの平べったい集散花序が、茂った川縁の地面の割れ目を塞いでいるミズキやヤナギ、タマガサノキに囲まれて、川端に覆い被さっているのを見かける。実は直径が16分の3インチの小さなへこんだ球体で、極めて不味い。光の中で近づくと光沢があるのだが、くすんだような、あるいは腐ったような明るい青色か鉛色なのだ。

プラム（Plums）

　カナダプラム、8月8日頃。
ウィリアム・ウッドは著書『ニューイングランドの展望』の中で、「チョークチェリーのできと比べると、この地方のプラムはプラムとしては良い方なのだ。カナダプラムには、ドーソン石と同じ位の大きさの黒と黄色の種があり、ほどよい美味しさなのだ」と述べている。カルティエ〔Jacques Cartier 1491-1557 仏航海家。カナダを横断し、St. Lawrence 川を発見〕は、フランス人と同じく冬にプラムを干すカナダ先住民について語っている。ジョスリンは、ニューイングランドで、イギリスのプラムとは異なる白や黄色や黒の丸いプラムを発見した。ナットール〔Thomas Nuttall 1786-1859〕は著書『北アメリカの樹木』の中で、アメリカプラム、即ち野生プラムについて次のように述べている。

　　北アメリカで、この種類のプラムほど範囲の広い樹はない。サスカチェワンからハドソン湾に至るまで、途中のすべての地方、即ちジョージア州、ルイジアナ州、テキサス州でこの種を見かける。ニューヨーク州の西部では非常によく見られる。アボリジニーが、チカソー族のプラムと同じ方法で、集落の周囲に栽培している例もある（1810年にわかった）。果実は大部分が黄色い場合もあるが、一般的には朱赤あるいは黄色と朱赤の混ざった色の面を持つ。〔ナットール　2:29〕

有毛ハックルベリー（Hairy Huckleberry）

　有毛ハックルベリーは、8月8日頃熟れる。

　有毛ハックルベリーは、アンドロメダ・ポリフォーリアやカルミア・グローサが生育する、気温の低いミズゴケ湿地のように荒涼として見捨てられたような場所や、農夫以外は目もくれず放置されているのとほとんど同じ状態の低地にだけ育つ、極めて稀な植物だ。ベリーは楕円形で黒く、短い毛が付いていて、触るとざらざらする。有毛のハックルベリーは私がこの町で知っている唯一のブルーベリー種で、食べることはできない。別の種類のホートルベリー、即ちシカベリーつまりスコー・ハックルベリーが州の別の地域で育っているのは見たことがあって、やはり食べられないと言われている。それにしても有毛のハックルベリーは本当に風味がない。農場で育ったものだと少しは風味がある場合もあるが、厚くて毛むくじゃらの感じの皮が口に残り、食べられるとか美味しいといった味からは程遠い。有毛ハックルベリーもダングルベリーも、一般的なハックルベリーと同じ属（あるいは門）に入る。

　1860年8月30日。マイノットが昔ジャガイモを育てた固い土地に、これまで湿地でしか見たことがない有毛ハックルベリーが、今ほとんど最盛期で繁茂しているのを見て驚いた。それほど美味しくもないが、一般的には食すに適さない有毛ハックルベリーが、ここでは味が少しました。農場なら改良されるだろうと思うに違いない。ベリーは、他のハックルベリーよりも長い総状花序、即ち房なのだ。楕円形で黒い。厚くて毛むくじゃらの感じの皮が口に残り、食べられるとか美味しいといった風味からは程遠い。

　有毛ハックルベリーは、いくつかのこの地方の草とともに、ここでも育つと私は思う。なぜならマイノットは古めかしい男で、他の人がするように土地をどうにか改良したりはしなかったからだ。彼の土地は非常に荒れた原始的状態だ。ハックルベリーは、まさにこうした土地に繁茂している。

マスクメロン（Muskmelons）

　マスクメロンは、8月10日頃熟し始める。緑色の晩熟シトロンの実は、霜が降りる頃には熟しているが、そのときには蔓が枯れていることもよく

ある。私はその年最初のものを、1854年には8月10日に採集し、別の年には8月23日に採集し、1853年には8月12日に収穫した。

　黄色い種類の熟成度は、色と匂いですぐにわかる。黄色くなってゆく早さは驚くばかりで、「わたしをもいで」と言わんばかりだ。朝熟したものをすべて集めても、夜に畑へ行けば、思いも寄らない隅の方から1、2個は熟したものが現われる。太陽が空を東から西へ通過するように、黄色がメロンの表面に広がるのだ。しかし熟している最中のものは、まず香りでそれとわかる。一般的には表皮が最も粗いものが最良で、緑色のシトロンが均一に揃っているのがよい。私に言わせれば、庭師が手を焼くプラムとブドウはメロンに比べると味が劣る。

　古代人がメロンとして食したものが何であるか定かでないが、彼らの時代のマスクメロンはヒョウタンに似たようなものではないのかと私は思う。彼らの頭の中ではキューキュミス、キューキュシタは、結びつけて考えられていたし、もちろん畑においてもそうだった。テオフラストスは彼の通訳者であるが、ヒョウタン、キューキュミス、キューキュシタと呼ぶものについて述べている。テオフラストスはキューキュミスの皮を「苦い」と語っているので、これはキュウリのことだと思われる。彼は「季節風が吹く頃にクワを入れるとヒョウタン、キューキュミス、キューキュシタの周りに埃がたち、給水しなくとも甘く柔らかく育つ」と述べている。これらの果実、特に後者の2つについてはしばしば語っており、キューキュシタを柔らかくするために彼らは種をミルクに浸したと述べている。キューキュミスを甘くするためには、彼らは種をミューサに浸したとコルメラは付け加えているし、パラディウスは、メロンの香りを強くするために種がしばらくバラの乾いた葉の中に埋め込まれたと語っている。キューキュミス、キューキュシタがどういうものに用いられたかについてはコルメラの詩からわかる。

　　頭部の細い天辺でぶら下がって育つ長いものが欲しければ
　　その細い首の部分から10個の種を選べ
　　実が大きく膨らむ球体のものが欲しければ

鞘に包まれている種を選べ
これは、イミタス蜂蜜やナリスのピッチを含むに相応しい
子孫を生み出す。・・・
子孫はやがて急流の中で泳ぎ方を学ぶだろう。

　これらは明らかにヒョウタンのことだ。
　ド・カンドル（1855）はマスクメロンについて述べる際に、オリヴィエ・ド・セレス（1629）の「プリニウスは混同して2つの果実を同じ名称にしており、キュウリをメロンと取り違えていることが多い」を引用している。1513年にスペイン人・エレーラ〔Spaniard Herrera〕が「メロンは、美味しければ、存在する最高の果実のひとつであるし、それを凌ぐものはない。まずいものは実にまずい」〔カンドル　2:906〕と語ったとド・カンドルは述べており、この中で彼はメロンを女性になぞらえている。
　ジェラルドはマスクメロンについて「ギリシャ語で$\mu\eta\lambda o\nu$（メロン）、すなわちリンゴを表す。キュウリのギリシャ語は正確には$\mu\eta\lambda o\pi\varepsilon\pi\omega\nu$、すなわちメロペポン。ペポはリンゴの香りという意味で、この果実はそれに似ているし、さらに麝香のような香りも持つ。そのためマスクメロンと名付けられている」〔ジェラルド　918〕と書いている。
　1858年、9月13日。マスクメロンとカボチャは庭や湿地のシダの茂みで黄色くなっている。
　サン・ピエールは、「我々の果実の樹は簡単に皮が剥げ落ちる」し、落とすと傷がつく柔らかな果実は地面近くで実ると言った後に、「果実の形態や大きさが調節されているのはまさに驚きなのだ。チェリーやプラムのように多くの果実は人間の口の形に合うようにできている。ナシやリンゴのような果実は人間の手に合っている。メロンのように更に大きいものは小分けの切り目が印されていて、すなわち必然的に社会性のある家庭的食物であるようだ。インドにはジャック、我々にはカボチャのように、ご近所で分けられるほど大きい果実もある」〔サン・ピエール　3:311-12〕と付け加えている。私はスイカを加えてもいいと思う。形としても感触としても小分けすることは示されていないが、色の幅を1切れと考えれば合理

的なのだ。家族全員に十分行き渡るものを1人で食べても差し支えないのだが、スイカを小分けにすることは、たまたま、それが健康に良いことを示しているように思える。

　雨が夥しかったり、長引くために、マスクメロンが甘くなる前に割れて開くこともよくある。

ジャガイモ (Potatoes)

　8月11日頃人々は早生のジャガイモを掘り始める。

　1851年7月16日。隣人が数日前に山の中腹に手を突っ込み、クルミ大の新ジャガイモをいくつか堀り出して、それらを再び土で覆った。今や草取りはもう必要ないだろう。

　8月11日までにはジャガイモ掘りの一番乗りがいる。彼らは8月の終わりに向けて（8月20日および23日）熱心に掘り始める。腐ったり値崩れすることを懸念して、ジャガイモが十分に大きくならないうちから、畑の中で荷車や樽を携えている人たちを見かける。朝早くあるいは夜中に出発した彼らが今ジャガイモやタマネギを市場へ運んでいる。午後には空っぽの樽を持って帰ってくる彼らを見かける。

　8月の終わりから9月にかけて、私は十分に大きくなって畑に横たわっている丸い塊を観察する。我々は、何であろうと自然が豊かに実るのを見るのを好む。それは自然の活力を、そして自然が我々の賞賛する果実を公平に豊かに結実させるということを、我々に確信させる。私は低木のオークにさえドングリがたわわに付いているのを見ると嬉しい。ジャガイモは蔓の両端に実を付ける植物であり、見かけは悪いが、低地の畑を通過する間ずっとジャガイモが大きく成長していくのを見るのは楽しい。まるでこの実は、これらの塊茎を一時的に差し出すだけでなく、もし満足してもらえず新しいものを求められれば、その種を植えるようにと言っているかのようだ。何と言う恵みの深さ。何という美しさか。農夫には価値のないこれらの球塊も、全体として見ればその年の実りが豊かであることを印象付ける。それはニューヨークの人口の急速な増加と同じくらいに私を元気付ける。ジャガイモの垂れ下がった蔓は、我々の年が肥沃であることの何よ

りも素晴らしい象徴なのだ。確かに1房のブドウより素晴らしい。

　1860年7月28日。ある人が道で私に、一塊のジャガイモを見せる。それは1つの蔓に実が20個も付いていて、直径が1インチのものも数個あり、全体の直径は吊るした状態で5インチになるので、ちょうどブドウの房のようだ。それらの光景を見ただけで、私の身体には必要なだけのジャガイモ成分つまりカリウムが満たされる。あとでジャガイモが郵便局に吊り下げられているのを見た。

　1860年7月30日。サイラス・ホズマーのジャガイモ畑を通っているときに、ジャガイモが砂地に不規則に広がって巨大な塊となっているのを見かけた。数回の雨のため、それらの表面は砂を被っていて、蔓の両端が畝の間に下がっているのが見える。湿気と冷気のおかげで、ジャガイモは今年珍しく豊作だ。

　1860年8月22日。そう、ジャガイモ畑は、蔓が半分枯れて黒ずんでいようとも、蔓の枯れていく匂いが空気中に溢れ、空気はかつてないほどジャガイモのことを大声ではっきりと語っていて、多くの人には目障りでも、私には素晴らしい光景だ。風雨に晒されたジャガイモの角があちこちで盛り土から覗いているのを見かける。コオロギのキーキー鳴く音やバッタの鋭い羽音がますます大きくなる暑い夏の終わり頃には、大地がそれらを中に押し留めておくことができないのだ。これらジャガイモの存在について何も知らないのか、あるいは銀行で投資しているか預金があって財産が保証されているのか、気楽というか贅沢というか、ジャガイモを当分寝かせておく大胆な農夫がいる。彼はジャガイモが繋がっている先端を見て労働の手をゆるめ、長い昼休みを取り、先祖代々の木陰で手足を伸ばしている。私が通りかかると、彼は帽子を脱ぎ半袖姿で、家の前の道端の草の上に敷いたバッファローの皮の長さいっぱいに太い素足を伸ばした格好で、周囲で鶏と七面鳥がこっそり歩き回っている間、眠ったり農業の新聞を読んだりしていた。

　今年はジャガイモが豊作なので、行商人が今回はこちらを出し抜こうという意図もなく、私がヨーロッパコマドリくらいの大きさの巨大なデーヴィス実生苗を引き抜くのを見学しようとその滞在を延ばしていた。おそらく

行商を断念して、ジャガイモを栽培しようと考えているのだろう。ジャガイモを険しい山の中腹の穴蔵まで担ぎ上げなければならない農夫は、ジャガイモがあまりに重いので大声で罵っているが、思うにもっと重くても彼は内心嬉しいはずだ。

　ブドウの収穫が始まる。オリーブも熟している。強い土地にできる果実であり、カリウムを含んでいる。自然が甘さだけでなくカリウムの作用を持ち合わせていることがわかって、私は嬉しい。

　今年はジャガイモほど自慢できるものはないように思える。一般的に金あるいは銀の地と同じ「ジャガイモの地」に、垂れ下がっているジャガイモの蔓を、我々の武器の紋章にしたらどうだろうか。

　トネリコとミズゴケと一緒に耕して湿地を開墾したムーアの新しい畑で、ジャガイモは肥えて繁殖している。まっさらの土地にいかにジャガイモが根付くことか。あるアイルランド人が語ってくれた話だと、彼はリンカンで1片の沼地を手に入れ、伐採して株や根を掘り起こし、土地を焼いて、6インチの深さの灰の層を作り、その後ジャガイモを植えたそうだ。彼は決して鍬を入れず、ある朝ついに掘りに行った。夜までに彼ともう1人の男は、1人75ブッシェルのジャガイモを掘って収穫した。

　9月の半ばまでには、農夫はどこでもジャガイモ掘りに忙しく、作業のために前かがみになっているので、私が行き来するのも目に入らない。10月の終わり頃になると、彼らは地面が固く凍るまでに畑に残っているジャガイモを急いで掘る。

　1859年10月16日。ウィザレル家の地下貯蔵庫がある砂地のジャガイモ畑を通った。掘られていないジャガイモは晩熟のようだが、放置されている。砂地の盛り土の上には蔓がほとんどなかった。そのうちすぐに畑仕事の計画がされて、占い棒でジャガイモを探し出すことになるだろう。農夫はいつぐらいまで放置できるか見積もり始める。

　所有者が新しい方法論を持ち、それを証明するために耕し方や植え付け方にこだわった広いジャガイモ畑があったのを憶えている。畝が非常に長く、完璧なまでに真っ直ぐなので目を引いたが、この農夫は地面が凍るほど寒くなるまでジャガイモを掘ることを控えていたので、ジャガイモはダ

野生の果実 | 167

メになった。

　一般的に我々の歴史の中では、ジャガイモはウォルター・ローリー卿〔Sir Walter Raleigh　1554-1618　英探検家。『世界の歴史』　1614〕によってヴァージニア州からグレートブリテン島へ持ちこまれたと伝えられているが、実際にはアメリカ原産ではない。ジャガイモは南アメリカからきた。T・W・ハリス博士が私に言うには、フランスで作成された息子の方のデュ・カンドルの意見報告でジャガイモがヴァージニア州原産だと書かれているのを見て、彼に手紙を書き、ハリオットが述べている通り、通常のアメリカホドイモは最初は野生ジャガイモかヴァージニアジャガイモであったことを正確に引用して彼に確信させ、ジャガイモについて彼に訂正させた。

　チャールズ・ダーウィン〔Charles Darwin　1809-1882『種の起原』1859〕は、最も高いものは4フィートにも達するほどの野生のジャガイモを南アメリカのクロノス群島で見つけたことを、著書『ビーグル号航海記』で述べている。一般的には直径が1あるいは2インチしかない小さな塊茎は、「すべての点でイギリスのジャガイモと似ているし、同じ匂いであるが、ゆがくとかなり縮小し、苦味はないが水気が多くてまずい」〔ダーウィン　2:23〕。

　ジェラルドは次のように述べている。

「**ヴァージニアのジャガイモについて**」

　ヴァージニアのジャガイモは、窪みの多い柔らかな細枝が、300平方フィートのでこぼこした地面の上を、砂地の中で一定の間隔でもつれたり曲がったりしながら這っている。その節々から、数個の群葉から成る1枚の大きな葉が出ている。群葉は小さい葉も大きい葉もあり、中ほどの太い葉肋に一対となって付いていて、日に焼けた緑色が赤色に変わりかけている。葉全体は冬のコショウソウの葉に似ているが、もっと大きい。口にすると最初は草の味がするが、あとでピリッと舌が刺激される。その群葉の胸部から半円形で長細い柄が出ており、その柄の上に美しくて見栄えのよい花が育ち、全体として1枚の葉を形成しているのだが、それは見慣れない形態で折りたたまれているというか、ひだになっているので、5枚の小さな葉

から成る花に見え、引き抜いて開いてみない限り簡単には分からない。花は全体的に明るい紫色で、すべての折り目、すなわち縁の中ほどまで明るい黄色の縞が付いており、紫色と黄色が混ざり合っているように見える。金色にも似た黄色の太くて平らな先端が花の真中に突き出ており、更にその真中には小さく鮮やかな緑色がぽつんと付いている。花の後にできる果実はボールのように丸く、小さなヨーロッパスモモや野生プラムほどの大きさで、最初は緑色だが熟すと黒く、内にはカラシの種よりも小さな白い種が含まれている。根は分厚く塊茎状で、ボールのように丸いものや長円形あるいは卵形のもの、長いものや短いものもあるにはあるが、根がそれほど大きくも長くもないことを除けば、形、色、味の点で一般的なジャガイモ（つまりスカラップ）とあまり変わらない。節くれだった根はしっかり茎に繋がっており、毛根が無数に付いている。

　クルシウス〔Carolus Clusius　1526-1609　仏植物学者。『草木誌』1557〕が報告しているように、最初に発見されたアメリカでは、ジャガイモは自生している。それ以来私はヴァージニア（ノーレンベガとも呼ばれる）からその根を取り寄せているが、それは私の庭でも先住の地でと同じように成長し繁茂している。〔ジェラルド　927〕

ハダカガマズミ（Viburnum Nudum）

　ハダカガマズミの実は8月11日頃までに熟し始め、9月1日頃に旬となるが、長くは持たずに通常9月半ばが過ぎるとすぐになくなる。必然的にアマガマズミよりも実のなる時期は早い。

　人にとっては毒を含んでいるように見えるかもしれないが、この実は沼に生えるとても美しい果実だ。またその実が目立って興味深いのは、熟すまでに移り変わっていく単一の集散花序が示す様々な色合いや、その陰影のためで、明るい緑や白っぽい色、濃いピンクや紫がかった色、それから果粉が擦れ落ちると見える濃紫や黒といった色の実が、萎びた（紫色の）実と一緒に実を付ける。この実はいっぺんに熟すのではないのだ。その実は大きさも多様だが、形も楕円形や長方形、球形など様々だ。それは通常極端に楕円形で、片方がもう一方よりも長く、不規則な球形やリンゴの形

野生の果実 | 169

をしているが、普通の実より細長いものもある。

　ハダカガマズミの実は8月の初旬になると色付き始め、目にみえてその白さがほのかな赤みを帯びてくる。その時点ではだいたい緑色だが、他の実より高い場所にあって、より日光に晒されている実は、片面は淡緑色のままやがて片側が燃えるような濃いピンク色となり、おそらくごく少数の実が、濃紫色になるか、あるいはもし果粉がなければすでに黒くなっている。その実は1つづつ突然に熟すようだ。8月中旬までには赤い実に混じってとても濃い紫色の実が見つかるのだが、一方同じ茂みにある房は全体的に緑色のままだ。それからしばらく経つと、淡緑色の実の間でさえ萎んだ紫色の実が見つかることもある。

　ハダカガマズミの実が絡まった蔓が成熟したときに、その実が濃いピンクから濃紫色へとどんなに突然変わるかは驚くほどだ。私がその美しさに惹かれて摘んで帽子に入れておいたピンク色の集散花序が、家に着く頃までには半分ほど濃紫色に変色してしまうことがよくある。ある晩など、すべてバラ色をした53個の実が付いた集散花序を1つ摘んで持って帰ったところ、翌朝には30個の実が濃紫色に変わっていた。またある日の午後4時30分に、かすかにピンク色がかった緑色一色の集散花序を1房摘んだのだが、6時半（つまり2時間のうち）に私が帰宅したときには、9個の実が濃紺に変わっていて、その翌日にはそれが30個に増えていた。こうしてみると、この実は常に濃いピンク色の段階を経るわけではないようだ。さらに付け加えれば、以前は固く苦かった実も、濃紫色に変わったとたんに柔らかく食べられるようになり、大きな種はあるがいくぶん野性のサクランボのような風味がする。それは風変わりで突然起こる化学変化だ。

　ハダカガマズミの実は常に少し甘く、レーズンのようだ。あるいはむしろナツメヤシに似ている。

　1856年10月末、ニュージャージー州のパース・アンボイで、クロサンザシ［黒い実を付けるガマズミの低木］と呼ばれる種あるいはその変種が、ハダカガマズミの実が終わってしまった後も豊富に実を付けていて、3、4週間経ってもそのまま枝に実を付け続けているのに気付いた。濃紫色の実が豊富に付いているおかげで、その生息地の辺りに植わった茂みはとて

も装飾的だ。ある紳士と一緒にそこまで歩いてきた私が、繁みに近づいて両手一杯の実を食べたところ、それが健康に良いことを知らなかった彼を驚かせてしまった。そしてそのことは近隣の学校の知るところとなり、この繁みはすぐにその装飾品である実を失うことになった。〔ソローは1856年10月25日から11月25日までパース・アンボイから1マイル西に位置するイーグルスウッド・コミュニティを訪れ、そこで所有者である裕福なクェーカー教徒マルカス・スプリングスのためにその場所を調査した。〕この実はニューヨーク辺りでは「ナニーベリー(乳母の実)」と呼ばれている。しかしこの低木は棘が生えている点でハダカガマズミと異なる。この地域では、棘だらけでほとんど通り抜け不可能なほど密集した低木の茂みの隙間を縫って歩かないといけなかった。

　8月末から9月初旬にかけて、この実はもっとも目に付きやすい野生の果実のひとつだ。その綺麗で固い緑色の葉を背景に、おびただしい数で垂れ下がった豊かな色とりどりの集散花序は、その沼の萌芽地に野性味と美しさを加え、この果実の名前を知らず、味見をする勇気のない多くの通行人たちの目を惹いたに違いない。

　9月3日。人の食べ物とはならない比較的珍しく美しい野性のベリーは、今がその季節だ。もし我々が甘い味覚のベリーをそんなに一生懸命集めるのであれば、視覚にとって美しいベリーを集めるのに1年のうち1時間もかけないというのはおかしなことだ。この意味で少なくとも年に1回はベリー摘みにでかけ、花のように美しいがそれほど知られてはいないベリー類を、私たちのバスケットが一杯になるくらい集めに行かなければならない。たとえば、無視されてはいるが美しい果実を持つミズキやガマズミ属、ヤマゴボウ、アルム、メデオラやサンザシなどの実だ。子供たちがそのために休暇をもらえるわけではないが、今こそ「美しい」ベリー摘みの時期だ。子供たちには、彼らの身体のためにだけではなく、想像力のためにも休暇を与えるべきだ。プディングやパイは最後の、あるいはもっとも甘い生活の糧ではない。ちょうどミントやシナギクをその時期になって摘むように、私はこの時期がくるとバスケットを抱えてベリーを探しに行く。

　ここ数年ハダカガマズミの収穫高は特に良好だ。1856年9月3日、私は

野生の果実 | 171

4、5クォーツの実を集めた。それからその旬の時期には、シャドブッシュ牧草地で様々な色や熟し加減の集散花序を丸ごと採った。沼沢地の一区画から別の区画へ進むにつれ、異なる茂みが提供してくれるその心地よい多様さは信じられないほどだ。それは妖精の庭園のようなもので、実際に行ってみなければ決してそれらを目にすることはできない。その茂みでもっとも綺麗なのに、一塊に密集しているその実を見るのも悪くはない。このように違った種類のガマズミやミズキの実を自宅に持ち帰り、お互いに比較してみるのは価値あることだ。

ヨーロッパナナカマド（European Mountain Ash）

ヨーロッパナナカマドは8月12日頃熟し始める。それはおそらく9月の初旬から末にかけて9月いっぱい盛りだ。

私は7月28日まで窓の近くで若い紫色のフィンチがその実を食べているのを見かける。9月20日頃には、前庭に生えている木々は、その垂れ下がったオレンジ色の房からその実を取るコマドリやチェリーバードでにぎやかになるだろう。私の隣人は、鳥たちがまず彼のまだ十分熟していないイチゴをほとんど食べてしまい、それからナナカマドの実が前庭に最高の飾りとなってくれる頃になって、数日も経たないうちにその実をすべて取って

しまうと文句を言う。

　ラウドンは、「リヴォニア［バルト海東岸の地方］やスウェーデン、カムチャッカ半島では、ナナカマドの実は熟すと果物として食される」〔ラウドン　2:917〕と述べている。これほど不満を言われる実はないが、誰かがどこかでそれを食べているのだ。それは私の味覚にとってはかなり苦くて質素な味であり、どうやって鳥たちがこの実を食べることができるのか不思議なのだが、実を言うと彼らはこの実を噛まないのだ。

シロミズキ（White-Berried Cornel）

　シロミズキは8月20日頃熟し始める。もっとも1852年には8月2日に最盛期だった。しかしその実のほとんどは、ある程度熟す前に落ちて食べられてしまう。8月中旬に実を落とし始め、9月初旬にはほとんどが落ちてしまうのだ。それでも1859年9月11日には、蠟のような果実が豊富に枝に付いたまま残っているのを見かけた。

　このミズキと互生ミズキは半熟のうちに落ちてしまうか、鳥の餌になる。熟すと白色に変わる。おそらく8月の後半にはもっとも素晴らしい見物となる。それはカレッジ街道やシャドブッシュ牧草地のそば、それにリップル湖の霜の降りた窪地でよく見られる。この実は互生ミズキとともに塀沿いの乾いた土壌を好む。その白い光沢のある色と、通常半分が裸で空に向かってその小さな掌を広げた集散花序の綺麗な赤味がかった優美な指との両方のおかげで、概して趣のある実だ。その実はとても苦い。その小さな赤い指状の枝は実を付けていないことも多いが、それは実の代わりとなるのに十分なだけの美しさがある。

アメリカミズキ（Cornus Sericea）

　アメリカミズキ、8月13日。

　1852年7月27日。たくさんの緑色の実を付けたアメリカミズキがアサベッツ川の岸を覆い、その窪みを埋めている。

　1852年8月25日。アメリカミズキは一番よく見られる品種だ。あちこちで川と沼地の縁を覆い、紫色の磁器やガラスのビーズのような垂れ下がっ

た集散花序が白っぽい実と混じりあっている。

　1852年8月28日。今アメリカミズキの実が川沿いにとても美しく実を付け、水面に垂れ下がっている。大部分が白の混じった薄青色で、川面の上で揺れて水面に映しだされたその実は、この季節だけに見られるペンダントの宝石だ。この実と白い実は今旬を迎えている。

　1852年8月24日。双葉ミズキが実った後は、アメリカミズキの実がガラスのように明るく輝く青緑色に色付き始める。それから白色の実を付けるが、丸葉の実は見たことがない。

　1853年8月30日。この実の中には、片側がほとんど真っ白で、反対側が鮮やかな青色のものがある。

　1853年9月4日。川沿いに実を付けた青磁器のような色のミズキの実は、今たわわに実っていて、いくつかの集散花序が真っ白になっている。

　1853年9月11日。姿を消し始める。

　1854年8月15日。数日のうちに丘で見ることができるだろう。

　1854年9月1日。今が旬であり、淡い色、濃い色、そして青みがかった白など様々な色合いの青色を見せている。あまりに豊富にあるので、あぜ道や川岸を飾る素晴らしい装飾品のようだ。

　1854年9月23日。アメリカミズキがクワの実に取って代わる。これで今年のベリーは終わりだ。21日と22日の厳しい霜のためだ。

　1856年8月28日。アメリカミズキの明るい青色の実が、川沿いで赤褐色の葉の間から姿を見せ始める。これはインディアンが「キニキニク」（kin-nikinnik）と呼ぶものだ。

　1856年9月3日。アメリカミズキの実が熟さないまま垂れ下がっている。

　1859年8月26日。かなり熟し始めた。ハインドはクマコケモモを「タバコと混ぜて作るとキニキニクができる」〔ハインド　47〕と述べている。平原インディアンたちは通常、彼らが赤背ヤナギと呼ぶアメリカミズキの樹皮の内側を使う。互生ミズキの内側の樹皮を彼らが燻っているのを私たちは見たことがある。これらの樹皮を調理する方法はとても簡単だ。4分の3インチほどの厚みのある4、5インチの長さの小枝を手に入れる。次に樹皮の外側を火で温めて削り取り、それから樹皮の内側に6インチから

8インチほどの間隔をあけてナイフを当て上に引き、その小枝の周りに丸まった束状に内側の樹皮が集まるようにする。それから残り火にかぶさるように地面に突き刺して、完全に乾燥するまで炙る。それから同じ割合でタバコを混ぜると、北西部インディアンが好むキニキニクができる。タバコの蓄えをきらした彼らが、クマベリーの樹皮や葉っぱだけを燻しているのをよく見かけた。

ノボロギク（Groundsel）

8月13日頃、ノボロギクの綿毛が飛び始める。

無毛ウルシ（Smooth Sumac）

無毛ウルシが、8月13日頃から美しくなり始める。8月の末までにはどの実も色付きだす。

7月19日が過ぎて1、2週間のうちに、次第に赤く色付きだしたこの実が珍しいほどの美しさを見せる。深紅と言うべきか、あるいは朱色と言うべきか、はっきりとは分からないが、無毛ウルシの実の房が一番美しいのは、部分的に色付いているときだ。ヴェルヴェットのような深紅の頬をした緑色の実が見えているときが一番美しい。それは8月1日頃、つまり8月上旬のことだ。

8月23日。まっすぐな若枝の先端が、豊かな暗緑色の斑点のない葉から突き出し、様々な方向に向いている。それらは9月の初旬には腐り始める。11月初旬になると、私は再びまだ色鮮やかな赤や深紅のその果実を感心して眺め始めるのだが、この時期はこの木の葉だけではなく他の木々の葉も落ちており、明るい色調はほとんど見られない。小枝に付いたその実が今ではとても目立っている。今はその色鮮やかな葉のせいで注意をそらされることがないのだ。その実は冬の間ずっと枝に付いたまま、ヤマウズラやアメリカコガラ、そしておそらくネズミの餌になる。4月になってもまだこの実はたくさん見ることができるだろう。ラウドンは、明らかにカームからの引用だろうが、「その実は子供たちが難なく食べることができるが、とても酸味がある。色は赤く染色の際に使われる」〔ラウドン　2:552〕と

述べている。『シリマンズ・ジャーナル』の中でロジャース教授は、「その実にはリンゴ酸が多く含まれていて、家事や薬の様々な用意にレモンの代替品として使われる」と報告している。〔『シリマンズ・ジャーナル』 27: 294〕

1856年1月30日。まだかなり熟したまま木に付いている。

1860年8月27日。果実と果実の間に、あるいは果実の表面に、酸味のある白いクリーム状の霜花のような付着物が付いていることに気付く。それは滲出物だろうか。それとも虫に喰われてできたものだろうか。

1860年9月18日。美しい盛りが過ぎて、白いクリーム状の膜がほとんど乾いてしまっている。

1856年1月11日、ヨーロッパヤマウズラやネズミによって食べられ、1月30日にはアメリカコガラの餌になる。

カームの『旅行記』によれば(フィラデルフィアでは)「枝を実と一緒に煮ると黒インクのような着色剤ができる。食べたあと病気になる危険はないので、少年たちはその実を食べるが、それはとても酸っぱい」〔カーム 1:75〕。

ノコギリ草(Saw Grass)

ノコギリ草は8月14日に見られる。

その長くてほっそりした種の多い穂状花序は、低くほとんど水平に広がって生い茂り、畑の刈り取りが終わった後に姿を見せるため、初秋を連想させる。このようなお決まりの現象は、どんなにわずかなものでも、毎年起きて季節の移り変わりを気付かせてくれる規則正しさがあっておもしろい。この時期になると、今では完熟しかけたこの草の種の多い穂状花序が散歩の際にいつも見られる。その穂状花序上の配列のせいで鋸歯のような印象を生みだすことから、私はそれを「ノコギリ草」と呼んでいる。

早咲きのバラ(Early Roses)

2本の早咲きのバラの実は、8月15日頃に赤く色付き始め、通常は9月の1日あたりから美しくなり始める。コケバラの実は大きく、圧扁した球

状の緋色の実だ。

　1854年9月7日。コケバラの実のなかには、とても大きく美しくて、極端に圧扁した球状のものがある。

　カトラーは、我々の「野バラやヨーロッパ野バラ……は湿地でよく見られる……。その実を砂糖と一緒にかき混ぜたものは、ロンドンの薬局で血栓症防止剤として蓄えられる」〔カトラー　451〕と述べている。

　1850年12月14日。ローリング湖そばの牧草地のある場所で、今までに見たことのないほどたくさんの様々な形をした野バラの実を見つけた。それらはモチノキの実と同じくらい密集して生えている。

ヤナギラン（Epilobium）

　ヤナギランの綿毛、8月15日。

　1858年8月23日。白とピンクの細い棒状の綿毛のある種をたくさん落としている。

洋ナシ（Pear）

　8月15日、野生の洋ナシ。

　ラウドンはプリニウスを引用して、「すべて洋ナシは、どのようなものであれ、十分に茹でるか焼くかしないかぎりその果肉が胃にもたれる」〔ラウドン　2:882〕と述べている。ジェラルドは、「洋ナシとリンゴについて書くには特別に1冊割く必要があるだろう。洋ナシの種属、あるいはその系統は数え切れないくらい多い。どの国にも独特の種類の実がある。私が知っているある人物は、この果実を接木して植えることに関心を持っていて、自分の持っている土地で60種類のとても素晴らしい洋ナシを育てている」〔ジェラルド　1455〕と述べたが、それは比較的実の少ない木について挙げているに過ぎないのだ。

　1853年9月9日。ペドリックの土地に生えた野生の洋ナシの木の下では、地面に半ブッシェルの綺麗な洋ナシが落ちている。いくつかは熟していたが、木にはもっと多くの実がなっている。

　1854年9月23日。その場所で旬を迎えた良い実を集めた。

1860年9月3日。ボウズ貯蔵庫のそばの2本の洋ナシの木に熟した実がなっているのを見つけた。熟して数日経っているものもある。ほとんどが苦く、さもなければパサついていたが、なかにとても甘くて美味しいものがあった。中ぐらいの大きさで、ほとんどの栽培種より色が豊かで美しい。その実にはいくつか赤い筋があり、とても光沢があったので、私が家に帰るとソフィア〔ソローの妹〕がそれを自分の花瓶に活けるのに使ってしまった。しかしその実が中でも一番美しかった。

1860年10月11日。この季節は、リンゴ、ジャガイモ、ホワイトオークの実と同様、洋ナシにとっても好ましい時期だ。ラルフ・W・エマソンの庭にはその実があちこち落ちている。しかしエマソンによれば、その実はリンゴほど美しくも詩的でもないので、子供たちがうまく詩に詠えないと不満を言うそうだ。洋ナシはずっと土っぽい素朴な色をしていて、手触りも見た目にも快く健全な色だ。暗いアズキ色や鉄さび色にすらなることもあるが、その果実は霜に耐えるようにできているみたいだ。それは普通とても地味な色をしているので、葉と区別するのが難しい。リンゴがその鮮やかな色のおかげではっきり分かるのとは違って、それは葉の間に隠れてはっきりと姿を見せない。そのため私の仲間は、ある1つの種類の実はすべて集めたと思っていたが、小さな木になった半ダースの大きな洋ナシの実を見過ごしてしまっていた。暗緑のさび色が斑に付いた褐色がかった緑色の葉によく似ているので、すっかり隠れてしまっていたのだ。私が見つけた野生の洋ナシのなかには、多くの栽培種の有名な品種より、もっと色鮮やかで美しいものがある。思いがけなくとても風味の良いものもあり、ツグミのようにくすんだ外見の下に甘い声を隠している。しかもなかには美しい頬を持つものもあり、一般的なその形は、特に木から垂れ下がるよう作られた本物のペンダントのようだ。したがって大工や石工の使う「プラム」という重さの単位だけではなく、「ポアレ」つまり洋ナシの計量単位がある。〔大工と石工の重量の単位は「プラム（plumb）」であり、それはラテン語のplumbumからきている。〕

洋ナシはリンゴよりも貴族的な果実だ。その木は持ち主からどれほど深い関心を寄せられることか。リンゴは人を雇って摘み樽に入れるが、洋ナ

シに対しては、枝に付いたその実を所有者自身が暇のあるときに娯楽として摘み、一番上の娘がそれを紙で包んで、ときには冬リンゴの樽の真ん中に、まるでナシのほうが大切だと言うかのように大事に置かれることもある。その実は一番立派な部屋の床の間に置かれ、特別な客への贈り物にされる。裁判官や元判事や議員たちは洋ナシの鑑定家であり、議会や裁判の合間に延々と洋ナシについて語り合う。

　しかし洋ナシにはリンゴのような美しさや香りはない。洋ナシが卓越しているのはその風味であり、それは味覚に直接訴える「最高品質のデザート」なのだ。だからこそ、子供がリンゴを夢見るのに対して、元判事は洋ナシを観賞するのである。洋ナシには、皇帝や王、女王、公爵、公爵夫人に因んだ名前が付けられる。共和主義者が容認できるようなアメリカ的な名前が洋ナシにつくまでには、しばらく待たなければならないのではないだろうか。もう一度フランス革命が起これば、それら全ても改名されるかもしれない。

　私は小さな茶色の斑点で覆われた「ボンヌ・ルイーズ」［洋ナシの晩生品種］を手にしているのだが、その斑点はそれぞれ12分の1から16分の1インチの間隔で付いていて、日の良く当たる場所にある斑はもっとも大きく拡がっている。近くでよく見てみると、多くの斑点がとても規則正しい間隔や形で付いているのに気付く。まるで毛穴の先や蘇蓋のように、果実のきわめて薄い外皮に突き出していて、見た目同様手触りもややざらついている。これら小さな破裂（もしそのように呼ぶとして）は、4、5個の、通常は5つの尖った先のある星型をしており、あまりに割れがひどいので、その外皮の真ん中にはイボ、つまり突起ができている。そのため、もしリンゴが太陽を反射して鮮明な色をしているのだとすれば、洋ナシのよりくすんだ色の表面では、星の出ている夜空の天空すべてが外に向って輝いているのだと言えよう。その実は、成長し熟してゆくのに影響を与えてくれた幸せな星のことを囁いている。このことは洋ナシのすべてに言えることではなく、ずっと完成度の高い品種についてのみ言えることだ。その実は星の光が大気と空間を抜けて我々のところに達する法則に共鳴していることをほのめかしているのだ。

モモ（Peach）

　モモ、8月15日。24日にはかなり実が付き始めており、9月27日に旬を迎え、10月には終わる。ローマ人はクラウディウス〔Tiberius Claudius Drusus Nero Germanicus　B.C.10-A.D.54　ブリテンに侵攻したローマ皇帝〕の治世にペルシャからモモを受け取ったと言われている。そしてローマを通ってイギリスにモモが渡ってきた〔ラウドン　2:681〕。

　1857年9月27日。驚いたことに、昨日はとても暖かかったので、モモが突然熟した後萎れてしまい、この前の雨の後よりもよりたくさんのモモの実が落ちた。モモが美味しいのはもっとゆっくり熟したときだ。

　1851年10月12日。スミス家が最後の収穫を市場に運んだそうだ。

　1852年6月9日。イーヴリンによれば、「当初モモはとても柔らかく繊細な木だと思われており、またペルシャだけに生育すると思われていたと記録にある。またガレノス〔Claudius Galen　129-216　ギリシアの医者、作家、哲学者〕の時代でさえ、エジプトより近くのローマ地方には生えていなかった。プリニウスの時代よりも30年ほど前までは都市で見ることはできなかった」〔イーヴリン　119〕。しかし今ではニューイングランドのリンカン〔マサチューセッツ州リンカンはコンコード南に隣接する。ウォールデン湖南東の岸の一部はリンカンにある〕で栽培される主要な果物であり、西部の広い地域にわたって、インディアンが立ち退いて数年も経っていない土地でも栽培されている。それどころか、インディアン自身がこの果実を栽培しているのだ。ローソン〔John Lawson　d.1711　イギリスの探検家で、ノース・カロライナを探検した〕はその著『カロライナ史』の中で次のように言っている。「地面に降ちたモモは3年、あるいはそれよりも早く実を付けるようになる。自分たちの果樹園でモモを食べることで、モモの実は中心からあまりにぎっしりと詰まって生えるようになるので、それを間引きするのに大きな注意を払わなければならない。さもないと我々の土地はモモの木ばかりが生えた荒地になってしまう」〔ローソン　115〕。またビヴァリーはその著『ヴァージニア史』のなかで、モモは育てやすいので、「わざわざ豚のためにたくさんのモモの果樹園を作るよい農夫もいる」〔ビヴァリー　315〕と述べている。

水生ギシギシ（Water Dock）

水生ギシギシ、8月17日。
水生ギシギシの円錐花序は褐色で大きく毛深い。

クササルトリイバラ（Carrion Flower）

クササルトリイバラは8月17日に色付き始め、9月4日頃旬を迎える。1853年8月2日。その緑の果実が密集した球状の傘が、直径2インチで長さ5、6インチの茎の先端に付いていた。1つの傘は、長さ4分の3インチの小果柄の先に固まってしっかり付いているエンドウマメほどの大きさの3面から6面ほどある果実が48個集まってできている。全体的に硬くてしっかりした手触りだ。これら球状の傘は熟して紫色になるにつれ下のほうが少し開き、より半球状に拡がって、整然とした蔓状の茎から6インチから8インチほど離れたところに突き立って、とても美しい姿を見せる。それは青い果粉に覆われているが、それが葉で擦れて落ちると黒みがかった色に輝く。この植物は牧草地に生える。

テンナンショウ（Arum Triphyllum）

テンナンショウは8月19日に実を付け始め、9月1日が盛りだ。9月28日になってもまだたくさん見かける。私は7月22日にその緑色の実に気が付いた。

テンナンショウの実の密生した楕円形の束が、緑から赤へと色を変え、湿地やぬかるんだ土手を歩く人を驚かせている。それは我々の土地に生える果実のなかで、もっとも美しいとは言えないまでも、一番目に付きやすい眩い果実のひとつだ。びっしり密生していても美しい、円錐形や卵形をした鮮やかな緋色や朱色の実（まさに明るい色の封蠟や「塗装された鼈甲」の色）のこの房は、たいていは1インチか半インチの長さだが、時には幅2インチで長さ2インチのものある。かなり圧扁の実が、短い（長さ6インチから8インチほどの）花柄に付く。

1房は大きな頭部に付く100個ほどの実からなるが、大きさは洋ナシから僧上帽、棍棒形まで様々だ。その実はお互い押し合って平らになり、袋

野生の果実

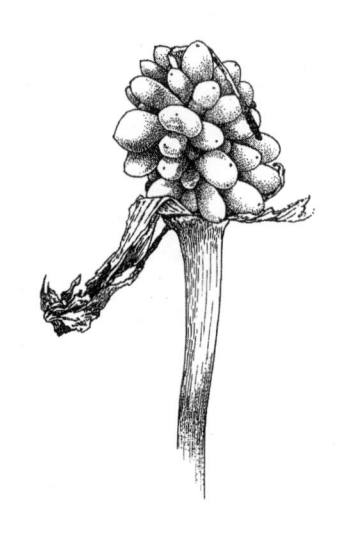

のように空洞状になって、ところどころ白色や斑の混じった紫色の1本の筒状の茎から生えている。これは実が落ちて外気に晒されても紫色に変色しないのだろうか。この豊かな地色を見ることができるのは、実が落ちたり引き抜かれたりした後で、それほど徹底的にそれは色の深みや輝きに気を配っているのだ。この果実は、「緋色の」トウモロコシの非常に短く厚みのある円錐形の穂軸に似ている。特に白色の萎んだ仏炎包が皮のようにその実を包んでいるときはそうだ。「星型サルトリイバラ」の実というよりもむしろ、「ヘビトウモロコシ」とでも呼ばれるのにふさわしい。

　たいていは果実が熟した時に落葉する色付いた葉は、繊細な白色をしているが、特に下に生えている葉はそうだ。あちこちでこの素晴らしい緋色の果実は湿った葉の上に伏せって付いているが、落ちて腐りかけた葉の上のその明るい緋色の球果は、沼地の上や、またその褐色や白色の枯れかけた葉の間でもっとも目立っていて、簡単に見つかる果実のひとつだ。地面に点在するその枯葉は、おそらくまだその実を覆って隠している萎れた仏炎包の一部なのかもしれない。早春にはじめてその美しい花に気が付いて以来、その実がなる見込みについてまったく忘れていたとしても、今ようやくこの沼地でもっとも目立ち輝いている果実のひとつとなり、注目と賛美を集めている。この沼地の萌芽地は、有毒とは言わないまでも、なんと

腐蝕性の豊かな土地であることか。メギの実、クジラドリなど、驚くほど多くの実が今緋色に色付いている。そのような知識を持っていたのであれば、インディアンが自然そのものの色である白人の朱色の顔料に惹かれたのも不思議ではない。

　私はこの実を一度も味わったことがない。それはきわめて刺激が強く舌を焼くような辛さだと言われている。しかし8月の後半には、その大部分が動物か何かに食べられてしまっているのをよく見かける。

　この果実がどれほど長く新鮮さや輝きを保つかは驚くほどだ。その葉や茎そのものは通常柔らかく腐りかけているのに、その一方で果実は申し分なく新鮮で輝いている。その実には、私が思い出すことのできる果実のなかでももっとも鮮やかな艶があり、そのせいで緋色の部分と同じくらい緑色の部分も興味深いものとなっている。

　9月28日になっても、その実は沼地で申し分なく新鮮で豊富になっていた。それだけではなく、ある年の9月1日に私が摘み取った緑色の実の穂が、18日になるまでには完全に緋色に色付いて、乾いて暖かい部屋にずっと置いていたにもかかわらず、ふっくら新鮮で光沢を保っていた。そのうちのいくつかは11月18日になっても、つまり摘み取ってから10週間以上経っても、同じ状態だった。

ドクウルシ（Rhus Toxicodendron）

　ドクウルシ、8月19日。剥き出しの岩の上で緑がかった黄色の実を付けているが、いくつか萎んでいるものもある。しかし通常は9月まで萎びることはない。コルヌトゥス［Lucius Annaeus Cornutus　b.20頃　ストア派の哲学者］は明らかに、ドクウルシを三葉カナダツタと、また五葉ノブドウを五葉カナダツタとして説明しているが、両者はともに今日ではツタと呼ばれる〔コルヌトゥス　387〕。

　1850年11月15日。（おそらくは根を生じるはずの）ウルシの実が枯れて黄色くなっており、ミズキの実のように砂っぽい色となっている。

ウールグラス（Wool-Grass）

ウールグラスが茶色の実を付ける。8月19日。

ヤマゴボウ（Poke）

ヤマゴボウは8月19日に実を付け始めるが、9月までは完全に熟すことはない。最盛期は9月25日頃で、その状態のまま実を付けているが、10月の初旬には大部分が枯れる。

萌芽地の丘の斜面のかなり高くて岩の多い土地では、よくヤマゴボウが豊富に実っているのを見かける。そこではこの植物が群生しているのだ。そのような場所では、木によく似た大きくて歪曲した植物がかたまって生えている。その下垂する総状花序は、9月の終わりまでに大部分裸になってしまう明るい紫色の幹の周りに垂れ下がり、お互いを押しつぶさんばかりとなっている。この総状花序は長さ6インチ以上の円筒状で、先端に向かって少し先細りになっているのだが、根元部分には大きく黒味がかった、つまり熟した紫色の実が付き、次に小さく赤みがかった実がなって、先端には緑色の実や花が付く――そのどれもが色鮮やかな紫や赤紫の果柄や小果柄の上に付いている。私はときに何ブッシェルものヤマゴボウを集めることができる。コマドリやその他の鳥はこの実を重視していて、この時期ヤマゴボウが生える場所は彼らの行き来でにぎやかだ。

ヤマゴボウの酸味のある果汁は、私が今までに買ったどのインクよりも上等な赤や紫色のインクになる。その3分の1が熟す前、9月の下旬にはよく一部分苦くなり、丘の斜面で一番背が低いものが最初に枯れる。しかし高く生えて霜を逃れたものが、11月になっても一部青いまま残っているのをまだ見かける。

1852年2月9日。ヤマゴボウの種子を見るのは面白い。それは10粒の白い斑点のある光った黒い種で、ややソバマメに近い形をしている。それは鳥にとって今でも豊かな食料庫となっている。

アメリカホドイモ（Ground Nut）

アメリカホドイモは 8 月 20 日（あるいはそれよりも早く）に実を付け始める。その蔓は少なくとも 9 月 20 日までには枯れる。私は 8 月 21 日までに、また 10 月中旬にそれらを掘り起こした。

これらホドイモは低地にある牧草地の縁沿いに生え、垣根や他の植物を乗り越えていく。ふつうこれらは、クルミくらいの大きさから雌鳥の卵ほどの大きさのものまである。

1852 年 10 月 12 日。ちょうど牧草地の端の高い堤防の底に当たる鉄道の砂の土手で、私はいくつかホドイモを手で掘り出した。大きさは雌鳥の卵とほぼ同じくらいだ。私はそれを焼いたり茹でたりして夕食時に食べた。その皮はジャガイモのようにすぐに剥ける。焼いたら好みの味になり、舌触わりはいくぶん繊維質だが、普通のジャガイモとよく似ている。目を閉じて食べたら違いが分からず、少し生焼けのジャガイモを食べていると思えなくもない。茹でると意外にもかなりパリパリして、木の実のような風味が多少増す。少し塩でもかければ、お腹がすいている人にとってはとてもおいしい食事になるだろう。

再び 1859 年 9 月 29 日。庭でジャガイモを掘ってみたが、あまりよい出来ではなかったので、バスケットと鏝を持って野生のジャガイモやホドイモを掘りに鉄道柵の近くへと向かった。私はとても大きな植物の塊茎のようなものを半ダース掘り出し、思いがけない収穫を得た。4 分の 3 ポンド強の重さのある根茎もある。以前に掘っておいた大きなジャガイモに匹敵するくらいの大きさのものが 13 個あった。もっとも大きいものは、2 インチと 4 分の 3 インチの長さで、外周は小さなところでも 7 インチはある。普通のジャガイモであればいい大きさだと言えるくらいのものが 5 個あった。

私が会った人たちの中で、私がバスケットの中に何を持っているか分かった人はいなかった。しかしこれら大きなジャガイモは、茹でるとたいてい筋っぽさが目立ち、普通のイモほど美味しくないのではないかと思われる。もしこれを栽培して普通のジャガイモほど大きくするとなると、巨大になってしまうだろう。しかしある人〔マイノット・プラット〕が言うには、庭の良い土壌に塊茎を植えたけれども、インゲンマメ以上に大きくなることはなかったそうだ。彼はそれには1年以上かかることを知らなかったのだ。
　この植物を見つけることは、特に蔓が枯れているときには容易ではない。あらかじめそれがどこで成長するかを知らないと特に難しい。前に説明したように、それはかなり細長い蔓で、収穫はあまり期待できない。しかし土中（おそらくは砂地、または石の多い地面）深く、5、6インチ、時には1フィートの深さのところで、その褐色で普通瘤状の根茎が見つかる。その塊茎の表皮は多かれ少なかれ縦に割れていて、子午線のような筋をつくっている。通常の根には大部分塊茎や膨らんだ部分がある。
　1857年8月31日、靴と長靴下を手に持って、フリント湖の縁に沿って、8ロッドから10ロッド先のウォーフ・ロックに向って歩いていると、湖の底に沈んでいたり、岸に打ち上げられたりしている、小さな澱粉をふいた根や塊茎をたくさん見つけて驚いた。根茎に付いた小さなジャガイモによく似ている。12ロッドにも渡って1歩ごとにそれを見つけた私は、最初それが水深のもっと深いところから流されて来たに違いないと思った。しかし注意深く調べてみると、砂地を伝って1本の長い（切り離されていない）根茎が、土手の端に生えた1本のホドイモの根につながっていることが分かった。その後も、砂中に埋まっていた場所が水位の異常に高くなったときに水に洗われて、剥き出しになってしまったホドイモの根茎がたくさん目に付いた。これほど多くのホドイモを見たことはない。私はきっと、それを何クォーツも集めることができただろう。ふわりと水に浮かんだ長さ約18インチの長さの、通常一方の端が少し青みのある1本の根茎は、小さなクルミかそれより小さいくらいの大きさの13個の実を付ける。これは毎年目にする自然現象だ。私が再びそれを見たのは1858年の8月31日だった。
　これぞ本当のヴァージニアのジャガイモであり、これについて歴史家は

間違ってきた。ローリーの入植者たちが、ヴァージニアで原住民が食していたのを見つけたのだが、これがヴァージニアからイギリスにもたらされた一般のジャガイモの話になってしまったのだ。

　飢饉の場合には、私はすぐにこの根菜に頼るだろう。

普通種モチノキ（Prinos Verticillatus）

　モチノキとか黒いハンノキという名でよく知られている普通種のモチノキの実が、8月20日頃に赤く色付き、9月20日にはかなり熟すのだが、場所によっては2月までその実を付けている。私はそれが普通は9月の上旬に日当たりのよい場所で赤く色付き始めるのに気付く。まだ緑色の葉の間から、赤または緋色のその実が、茎に沿って固まって付いているのを見かける。それは冷たい感じの赤色で、その月の中旬になると目立つようになる。9月20日頃にはかなり熟し始めていて、おそらく10月1日に旬を迎える。

その実は緋色で、直径16分の7インチあり、アラム属の実よりもいくぶん明るい色をしている。その実がどれほどぎっしりと茂みを覆い、その葉と美しいコントラストをなしていることか。この効果を高めているのは、その実が間に覗く葉が濃い新鮮な緑色をしていることだ。大部分の花と実が萎んだ今では、色鮮やかで新鮮なその実がとても目立っていて、非常に爽快な光景だ。

　10月10日までに葉は落ち始め、明るい実が剥き出しのまま残される。月末にかけて葉がなくなり、赤い実でいっぱいになったこの木々が見られる。今はコマドリがそれらを食べているが、一部ネズミが食べたような穴があいていたり、ネズミによって割れ目や穴に押し込められていたりするのを見かける。

　今（11月1日頃）では特にその実は魅力に溢れ、葉が少なくなり、この木自身の葉もすべて落ちてしまっているのでより目立つようになっていて、そのためにいっそう鮮やかな緋色に見える。

コマドリ、ヤマウズラ、ネズミ、そしておそらくその他の生物たちもそれを餌にする。私はその実が1月まで豊富に実を付けているのを見たことがあるが、たいていは11月上旬にほとんどなくなってしまう。12月末にかけて、それはほとんど食べ尽くされ、皮だけがたいてい残って小枝に残っている。まるでそれは我々の森が、蓄えを使い果たした北からの予想以上にやってくる渡り鳥を、もてなさなければならなかったかのようだ。真冬に雨氷を通して見るとその実は特に興味深い。

2月までにはそれは暗褐色に変色し、少し離れたところから見ると黒っぽく見える。3月7日にもなって、真っ黒で萎びているにも関わらず、その実を1匹のヤマウズラがたくさん食べているのを見た。

1857年11月19日。鉄道の西にあるストウの萌芽地で、切り株の下に穴巣を作っているネズミが普通種のモチノキの実の「小さな種子」の「中身」をきれいに食べ尽くしてしまうのを目にした。ネズミにとってこの色鮮やかなモチノキの実は、なんと綺麗な果実だろう。ネズミたちは夜中に小枝に上がってこの輝く実を集め、小さい種子を取り出して、巣の入り口でその仁を食べる。そのあたりの地面にはそれらが撒き散らされている。

カンショウ（Spikenard）

カンショウ、8月21日頃。ある年は9月12日までここでそれを見ることはなかった。たぶん9月いっぱい実を付け続けるのだろう。恐らく9月5日が旬だ。

1853年7月24日。いくつかの花と一緒に、すでにかなりの大きさになった緑色の実を目にした。

9月5日頃、時折その大きな円錐花序や実が密生して円筒形になった房が、1フィートかそれ以上の長さで、生垣から水平に突き出しているのが見える。ニスを塗ったマカボニー材の色をしている。

ガマ（Cat-Tail）

ガマ、8月21日頃。

ガマの綿毛は、まるで霞か帽子を羽でいっぱいにする奇術師のトリック

のように、手の中でふわりと拡がって膨らむ。ちょっと擦り落としても、閉じてその傷口を完全に隠すことができるので、拡がった綿毛は掌から溢れるほどいっぱいになるのだ。明らかに綿毛を構成する素晴らしく弾力のある糸にはバネがあり、それは長い間すし詰め状態になっていた後で、その付け根がもっとも張り詰めた状態になったとたん、パラシュートの形にパッと開いて遠くまで種子を運ぶ。たとえ飛んでいる鳥や氷に襲われても、この綿毛は爆発したかのように広がる〔1860年3月16日の『ニューヨーク・セミウィークリー・トリビューン』誌に載ったアメリカ農夫会合報告の記事参照〕。その穂状花序の綿毛を親指で再び擦ると、転がって拡がるにつれてその綿毛の付け根にかすかに紫がかった深紅の色が現れ、それと同時に、魔法のようにさっと溢れ出したときに手にぬくもりが伝わってきて驚いた。それを試してみるのはとても楽しい実験だ。

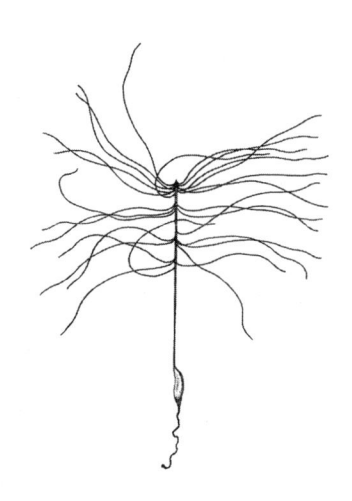

リンドレイによれば、「ガマ科の花粉はヒカゲノカズラ属のそれと同様に可燃性であり、燃料の代用品として使用される」〔リンドレイ　366〕。

サンザシ（Thorn）

8月22日。緋色のサンザシが8月後半に食べ頃になり、9月中旬に旬と

なる。場所によっては10月いっぱい続くところもある。その緑色の実は早くも6月19日には目立つようになる。

　最初に熟したとき、その色鮮やかな緋色の果実はその青葉と見事なコントラストをなしていて、やがてそのいくつかは（もし家に小枝を持ち帰れば）眺めるのに本当に素晴らしく、けっして食べられないことはない。それは大きいだけではなく、枯れた後も残る萼がその実の綺麗な緋色を浮き彫りにすることでその美しさをいや増している。それは長方形の角張った実で、黄色っぽい斑や溝のある濃い緋色の果実だ。毎年同じ低木にはならないとしても、豊富に実を結び、ちょうど良い酸味を持つ実もある。

　路傍や牧草地で、食べられる実が豊富にあるのを見ると、それがどんなものでも私は嬉しく思う。それはある種の生き物たちが当てにする蓄えとなり、熟すと緋色というよりむしろ深紅色となる。おそらく果実はエンレイソウや緋色のサンザシのように色付いて、鳥たちを引き寄せるのだ。

　1852年9月28日。エビー・ハバードのキハダカンバ沼に、とても美しい灰色の斑点のある1本のサンザシがある。直径6インチで頂部が比率的に大きく、小さなリンゴの木と同じくらいの大きさがあり、その幹の周りの吸枝から多くの棘が逆立っている。これはコンコードで私が今までに見たもののなかで一番美しくもっとも大きなサンザシの木であり、今では葉がなくなって、直径8分の5インチの一塊の赤い果実が細長い枝を優雅に広げ垂れ下げている。それは束ねた干草や、柄から広がった箒の先を思い起こさせる。ノーショータクト・ヒルにも、同様にとても美しいがもっと小さな木々がある。それはカナダで見た大きな実を付けたものと同じ種に違いない。それはおそらく実を付けたときが一番美しい。単にその色のせいだけではなく、その果実によって枝が広がって優雅に外向きに曲線を描いているからだ。実をいっぱいに付けたこのようなサンザシほど美しいものは他にはまずない。この果実は10月の中旬までその潅木を赤く染め続けるが、月末にかけてほとんど落下して地面を赤く染め上げる。ウィリアム・ウッドの『ニューイングランドの展望』によると、「白いサンザシは、イギリスのサクランボと同じくらいの大きさの実を付け、その優雅で心地よい風味によってサクランボ（おそらくチョークチェリー）よりも上等だ

野生の果実 | 191

とみなされている」〔ウッド　21〕。

　1856年9月25日。サンザシの実のいくつかは、今では傷んでまったく美味しくない。

　1857年10月5日。葉はほとんど落下しているが、(シャタクの納屋では)たくさんのサンザシの実がまだ青く硬い。これは赤くなって食べられるようになるのだろうか。

　1859年9月24日。(ほとんど葉のない)同じ木が、いつもと同じように硬くて青い実を実らせている。

　1859年3月6日。あるサンザシを計ってみると、(地面から6インチ、つまりすぐに枝分かれするので枝の下のもっとも小さい所では) 2フィートあり、外周は3インチあった。

　リンカン夫人はベーコン卿を引用して、「白いサンザシとヨーロッパイバラの潅木は、一般的に湿気の多い夏に、並はずれた量の種子がその木に付いてとても多くの実りをもたらすが、それはその年の冬が厳しくなる徴候だ」〔フェルプス(リンカン夫人)　207-208〕と述べている。

三葉アマドコロ　(Smilacina Trifolia)

　三葉アマドコロ、8月23日。

ツキヌキソウ　(Fever-wort)

　ツキヌキソウ、8月23日。9月5日頃が旬で10月半ばまで新鮮だ。その独特の色、明るい「トウモロコシ色」のせいで目立っている。ハシバミの実と同じくらいの大きさで、葉が完全に枯れる10月13日になっても、なかば伏地性の葉の軸のあたりで新鮮な実をいくつか付けているのを見かけた。それは丘や岩の多い場所の壁側に沿って生える。

双葉アマドコロ　(Two-leaved Solomon's-Seal)

　双葉アマドコロ、8月23日。9月が最盛期。

　1860年8月1日。細かな赤い斑点を付け、見頃となりだした。7月19日頃、赤い斑点が散らばった小さな白みがかった果実に気付き始める。8月

末にかけて明るい半透明の赤い実のいくつかが熟していた。これらはちょうど良いほのかな甘い味で、大きくて固い種子を付ける。

　秋中ずっと沼地の乾いた葉の間に所々見え隠れしているが、葉の上に出て付くことはほとんどない。しかし冬になって地面が剥き出しになっているときには、その頃から4月下旬になっても、萎びてはいてもいつもその実に気がつく。森のなかで枯葉が剥き出しのまま落ちていて、その上ではあちらこちらにこの鮮やかな赤い果実が見える。雪のせいで平らになり、動物か何かに食料を提供しているのだろう。

メギの実（Barberry）

　メギの実、8月23日。10月1日頃旬を迎える。

　1852年9月18日、メギの実摘みに出かける。1853年10月1日、1854年9月29日、1855年9月25日、1856年9月18日、1857年9月16日、いくらか集める。1857年10月5日（たくさん集める）。1859年9月24日。

　7月19日。黄緑色の実が下がっている。

　8月20日。果実が下垂した房が赤く色付いている。

　9月12日。半分しか色付いていないけれども、綺麗に赤くなって美しい。もしすぐに色付くとしても、9月20日前にはまだそれほど色付いていない。しかしお互いに先を争ってもっと早くから収穫を始める人が多い。10月5日は収穫にはまだ十分間に合う時期だ（もっともまだもぎ取っていなかったらの話だが）。しかし10月1日あるいは9月25日がメギの実の季節の盛りだ。

　最初の実が付いた時のメギの実の低木ほど美しいものはあまりない。おそらく他の潅木や低木に混じって群生し、その下垂する赤や緋色の実の房が岩の上に垂れ下がっている。だんだん重くなってゆくその実は優美さを増していく。その実が目の前に現われるたびに、先に見た実よりも豊富に実っていて、よりふっくらとしているように思われる。

　私がよく足を運ぶのは、フリント湖とコナンタムの南にあるヒマラヤスギの生えた丘や、ノーショータクト・ヒル、それにイースターブルックス地方だ。私はかつてはフリント湖にしか行かなかった。そこではヒマラヤ

スギの間に半分隠れてこの木々が生えていて、その間からちらちらと湖の景色を見ることができた。8年から10年ほど前には他のだれもその実を摘みに現われなかったのだ——しかし私の小型のバスケットは、家に戻る前には重くなっていた。私はコナンタムに行くのが一番好きだが、それは私が集めた実をボートで持ち帰ることができるからだ。

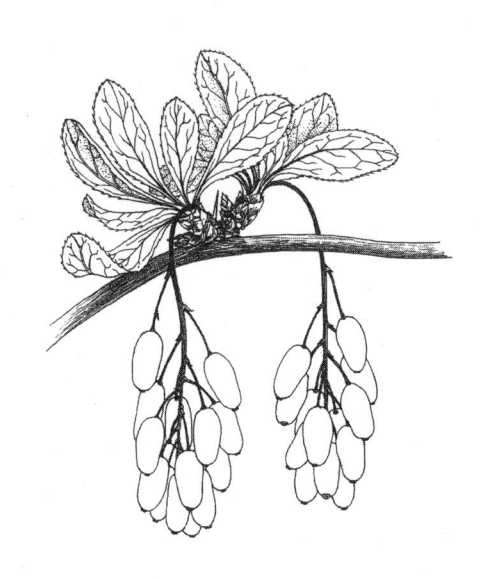

1855年9月25日。天気が良く暖かい午後、私はボートで叔母とソフィアを連れてコナンタムにメギの実摘みに行った。4、5本の低木から約3ペックのメギの実を採った。（私は3時間以内に1人で3ペックのメギの実を採ったこともある。）私たちはバスケットを果実でいっぱいにすることができたが、その代償に指が棘だらけになった。手を十分に防備していたら、快適な果実摘みになっていただろう。この実はとても美しく、そのうえたくさん生えていて、バスケットをあっという間に満たすことができるのだ。私は自分のことを器用なメギの実の摘み手だと見なしているが、両手に手袋をはめていればより便利だろう。というのは私の技巧をもってしても指から棘をすべて抜くには何日もかかるからだ。垂れ下がった枝の端を左手で持ち上げ、右手でつかめるだけの房を下にさっと引っ張ってもぎ取る。

そのとき棘を折り曲げ、葉をできるだけ取らないようにするのだが、わざわざ取ろうとは思わない緑の葉っぱや包葉がたいてい1つの房ごとに2、3枚付いてくる。特に密生して美しい実の付いた房が見つかると、家に帰ったとき見せようと、枝を丸ごと折って、バスケットの中にぐるっと折り曲げて入れる。この枝ごと酢漬けにする人もいる。潅木によっては他の木より大きくふっくらとした実を付けるものもあり、数年の間その総房花序が異常に長くなる。

　メギの木はなんと生産性が高いことか。かつて私はコナンタムで、1株から半ブッシェルのバスケットいっぱいにメギの実を採ったが、その株は根元の直径が4フィートあり、どの方向にも房が垂れ下がっていた。ほんの12ロッドしか離れていない摘み手たち——必要以上に大声で会話するのが彼らの仕事なのだ——に見られることなく、その茂みの後ろに立ってバスケットを満たした。そしていまだ気づかれないまま、彼らとの間に茂みを挟んで、次に私に何ができるのか確かめようと引き下がった。30分後彼らはフェアヘーヴン湾に浮かぶ私の船の帆が小さくなってゆくのを見ることとなった。その間ネコマネドリが私のそばのハンノキの上で鳴き、カケスの鳴き声が森の縁から聞こえていた。

　数年前まではほとんど競争者はいなかったのだが、今では事情が変わった。この実は私にとってリンゴの収穫以上のものとなったのだ。とくにリンゴやクランベリーがほとんどなくなったときにはそうだ。秋口に保蔵しておいた2、3ペックのメギの実は、毎日の食卓に載せても冬の間中持つが、リンゴは2、3バレル蓄えておいてもそれほど長持ちしない。

　しかしメギの実に関して自然に何ができるのかを見たいのであれば、イースターブルックス地方に行くといい。そこは未開墾の、ほとんど人の手の入っていない野原なのだが、なのにすべての自然に生きる人間を喜ばせ、さらに多くの人々に食料を提供する。農夫の気力を削ぐこのように岩がちで湿った地域は、未改良の土地で、そのため価値がほとんどないと見なされてしまう。だが何マイルも続くハックルベリーやメギの実、それに野生リンゴについて考えてみたまえ。花が咲き果実の実ったそれらはとても美しい。野性の人間や子供たち、そして獣や鳥たちがそこに足繁く通うのだ。

9月末というのは、果実摘みに行く初日としては最良の日だと多くの人が証明してきたのだが、その時期にもし偶然そこに行く機会があれば、こういった潅木の茂る野原は、姿はほとんど見えなくても、彼らの生き生きとした声で満たされる。この地域のことを良く知っていて、人より早くやってくるだけの賢さを持った狩猟好きな人に私は出会ったことがある。彼は銃を家に置いてきていて、ちょうど獲物袋やバスケットにメギの実をどっさり詰め込んで家に戻ろうとしていた。そのため彼は休み休み帰らねばならず、立ち止まって私と話ができるのを喜んだ。パーカーの店で余分な夕食を買うよりも、コマツグミのように大自然がその季節に与えてくれるものをこのように受け取るほうが確かにいい。〔パーカー・ハウスは1855年に創業し、ボストン・クリームパイやパーカー・ハウス・ロールパンなどの発祥地として良く知られていた当時ボストンで第一級のレストラン。〕

　そこではメギの低木はとても大きく、豊富に生えているので、どの方角を見ても野原を見通すことはできない。反対側にいる人間に見られずに、後ろに隠れて2ブッシェルもの実を摘むことのできた潅木の茂みがある。結局すべての生物が採った分を合わせても、4分の1にも達していないのだ。2、3マイル歩いてみたが、そこでもまだメギの潅木の茂みが、その緋色の果実の房を付けた束が目の前に、またどの方向を見ても生えている。それらはマツやその他の木々の間から突き出しているように見え、まるで散歩をしているのが私ではなくメギであるかのようだった。

　10月20日頃には、この潅木はどれもその実をついばむコマドリたちで活気に溢れている。12月までにはそれは萎びてしまうが、この州ではその種子がネズミによって岩の裂け目に押し込まれているのを見かけたことがある。また真冬にはカラスやウズラですらそれを餌にする。4月にも枝に付いたままの実がいくつかあるのに気付く。それは霜が降りた後だともっと美味しくなる。ある詩人は次のように詠っている。

メギの潅木
　イバラや苦い実をたくさん付けた茂みに
　霜が降りその青葉を赤く染めるまで待っておくれ

もし甘い実があなたの舌に合うのなら
　そこでなじみの食べ物が見つかるだろう
　セイラムの丘いっぱいに撒き散らされた
　その黄色い花が春には目を奪う
　街道の脇にすら散らばって
　その熟れた枝を君の手にもたらしてくれる
　幼い少年の頃からよく摘み取っていたそれに
　私はありふれた名前を付け、それが似合いだと思っていた
　でも今では同じくらい酸っぱい果実が
　あなたが今「君」と「僕」と呼ぶもので大きくなると知っている
　でもどうか秋になるのを待っておくれ
　きっとこの赤い実はより甘い味がするだろうから〔ヴェリー　1:131〕

　この潅木はもっぱら鳥や牛によって牧草地に散種されるようだ。晩秋になると、この木々が生える牧草地の中にあるたくさんの岩の上で、鳥（おそらく主にコマドリだろう）によって荒らされた種子が目に付く。5月には牛の糞の中から芽を出した小さなメギの密集した茂みが、リンゴの木と間違えられることもある。なぜなら牛がその酸っぱい実を食べ、ちょうどリンゴのときと同様に、その種子がばら撒かれるのを手伝うからだ。そこでこの木々は肥料と開けた空間を見つける——もし旱魃で枯れなければ少なくとも最初の年は——しかしおそらく鳥が落としたのだろう、岩の上で1粒だけ芽生えたものがもっとも繁茂しているように思える。そのようにして新しい茂みがつくられ、この実をもっとも広く利用している生き物がこの実を繁殖させるのに役立っている。秋の1、2ヶ月の間彼らはこの仕事に従事するのだ。
　ラウドンによれば、「野生の状態では、普通種のメギの実は4、5フィート以上高い場所でなっているのを見ることはめったにないが、栽培された状態なら、およそ30フィートの高さにまで育つ……。その木はさして大きさを変えることなく2、3世紀に渡って生き延びるだろう」〔ラウドン　1:301-302〕。このあたりでは平均4、5フィート以上の高さとなる。

無毛モチノキ（Prinos Ligatus）

　無毛モチノキの実、8月24日。フォックス・キャッスル沼のような沼地で実を付ける。

アカザイフリボク（Red Pyrus）

　アカザイフリボク、8月24日頃。8月31日がおそらく旬だろう。1858年8月31日。明らかに長くはない。

　1854年8月21日。ハバード沼で黒く干からびているのを見かけた。独特の光沢を帯びた赤色で角張った形をしていて実に美しい。ソーミル川沼やその他いたるところで見かける。

巻毛状ミズキ（Cornus Cincinnata）

　巻毛状ミズキ、8月27日。

　1852年9月16日に見かけた。

　半分青磁色で半分白い実がある。これらもまた互生ミズキや円錐花序ミズキのように早く落ちたり、食べられてしまったりする。

　1857年9月4日。コーネルロックでは私が知る中でもっとも美しくもっとも完璧な巻毛状ミズキが生えていたのだが、今では明らかにその実は旬を迎え、わずかに薄青色だが繊細な青みがかった白色をしている。それはミズキ属の中でももっとも見栄えがよく、大きな丸い葉と派手な集散花序を持つ高さ7、8フィートの細長い潅木だ。

アマガマズミ（Sweet Viburnum）

　アマガマズミ、8月27日。1854年には9月24日が全盛。1853年には9月29日に見られる。8月11日に色付きかけているのを目にし、8月21日までには実の片側がみごとに赤くなり始めていた。8月25日から9月の中旬までが（完熟ではないが）見頃となる。

　1852年6月13日。花時を終え、まだ青い実が現われた。

　1860年9月4日。コナンタムではまだほとんど見られない。

　9月11日。今旬を迎えた房は格別に美しく、その上食用に適する。これ

らはアメリカミズキの集散花序と同じく下垂する。集散花序のなかの実はそれぞれ、外気に触れている部分は真っ赤で、その反対側は色鮮やかな緑色をしている。多くはすでに紫色になっているが、帽子の中で転がってこのように赤や緑の色を見せる時が一番美しい。

　これはガマズミの中で一番大きな種類で、かなり低地の柵沿いに生える。その実は縦が半インチで横8分の3インチと8分の2インチ、やや圧扁で、開いて下垂した房状に付く。成熟する前の9月1日頃は、我々が知る果実の中でももっとも美しい実のひとつとなる。

　通常8月25日頃になると、大きく長円形をした棘のあるこの実の無柄集散花序が目に付き始める。その片側は薄い緑色で、反対側、つまり外に晒されている側は紫色の果粉が付いて赤く色付き、その片頬だけ赤らめている。その実はこの時期が一番美しい。通常しばらくすると、藍色に変わって残りの実の間で目立っている2、3粒の実に気付く。この実は熟すと、よく知らない人間には腐っているように見えるのだ。乾燥して大きく平らな種子を持つけれども、これらは熟してかなり甘く、食用に適した実だ。それらはカナダの市場へ運ばれる。このようにしてその実はシロヤナギと同様にポケットの中で色付く。私が家に持ち帰った実の多くも一晩で色付くだろう。緑色や紅色の硬い実から、藍色をした柔らかく食べられる干しブドウのように萎びた実へと突然変わるのだ。部屋の中で熟すにつれ毎日のように食べることもできる。アマガマズミがその旬を迎えるとき、シロヤナギは全てなくなっている。

　時折その実は十分赤く色付く前に青くなり、色付いたとたん、実が落ちたり数が減ったりするようだ。そのため同時にたくさんの熟した実が見つかることはめったにない。私はリスがハシバミの実と一緒に壁の上でこの実を食べているのを見たことがある。

　1856年9月13日。1週間前奥地に出かけるときには半分も赤く色付いておらず、テーブルの上に残しておいたアマガマズミが、今ではかなり藍色になり、干しブドウのように萎びていて、ほとんど種ばかりだったが、甘い味がした。

　1860年10月13日。アマガマズミの実はかなり甘く、いくぶん粉っぽい果

野生の果実

肉に包まれたナツメヤシを思い出させる。それは大きくて平らな黒色の種子を持ち、ややスイカの種に似ているが、それほど長くない。

ヌマウルシ（Swamp Sumac）

　ヌマウルシは8月28日頃実を付け始める。無毛ウルシはこの木が開花する前にその深紅の実を付ける。この実は（まるで埃や粉に覆われているかのように）灰白色の微毛で覆われた深紅の実で、無毛ウルシの実ほど色鮮やかではない。さらにその房は無毛ウルシほど密生して付かず、時期も遅い。それはここではかなり控えめに実を付けるようだ。次の年の4月、無毛ウルシでは赤い色を見かけたが、ヌマウルシでは見なかった。

カボチャ（Pumpkins）

　カボチャは8月28日頃から実を付け始め、10月中旬まで畑に残っている。1853年8月27日。上の穂を切り取ると、黄色く色付きかけたカボチャが現われる。

　1852年8月31日。イズラエル・ライスの丘から、遠く彼の家の隣の畑のなかにいくつか黄色のカボチャが見える。この光景はこの季節独特のものだ。〔この小さな丘はマサチューセッツ州サドベリーにあり、サドベリー川のすぐ西、フェアヘーヴン湾の南1マイル半のところに位置にする。〕

　1857年9月10日。グレート・フィールズでは、蔓が枯れて黄色いカボチャが見える。

　1857年の春、特許局から送られてきた、おそらく「ポティロン・ジョーン・グロス」と商標の付いたカボチャ、つまりオオキカボチャ（トウナス）の種を6粒植えた。〔『税務官報告書』によれば、1852年から国会は農業目的のために種子や根や挿し木の配布と委任にかなりの金額を充てていた。これらは世界中から集められ小さな小包に入れて郵便で配布された。「ポティロン・ジョーン・グロス」はフランス語で「大きな黄カボチャ」の意。〕2粒が芽を出し、そのうち1粒は123.5ポンドの重さのカボチャになった。残りは合わせて186.25ポンドの重さの4つの実を付けた。私の庭のあの角に310ポンドの重さのポティロン・ジョーン・グロスがあることを誰が信

じられるだろう。これらの種子は、その実を捕らえるために使う餌であり、その巣穴に送り出すフェレットであり、そしてそれを狩り出す1組のテリア犬なのだ。ちょっとした神秘的な除草と肥料やりだけが私が使った呪文だった。するとどうだ、まさに商標どおり、その種子はそこで310ポンドのポティロン・ジョーン・グロスを私のために見つけてくれたのだ。その場所にその実があることは今まで知られていなかったし、じっさい以前にはなかったものだ。このような不思議な力をもつものは、おそらく最初アメリカで生じ、衰えることのない力で戻ってきたのだ。私が持っている他の種子も同様にそこで他の実を見出すだろう――望みの果実はほとんどどんな実でも、長い年月毎年のように実らせ、庭全体を満たして余りある収

穫をもたらすだろう。(この頃のアメリカでは、娯楽のためには帽子を投げさえすればよかったのだ。)私のお抱えの完璧な錬金術師は際限なく物質を変えることができ、そのため私の庭の片隅は無尽蔵の宝庫となる。ここで掘ることのできるのは金ではなく、ただ金で表わすことができる代価物だ。大きなトウナスは秋のミドルセックス品評会で賞を受賞した。それを買った人は、その種子を1粒10セントで売るつもりだったが、それは格安なのではないだろうか。しかし私は同じ品種の猟犬をもっとたくさん飼っている。私が遠い町へ放った1匹は、その本能に忠実に、その祖先がここやフランスでしたように、今までどんな猟犬もかつて見出さなかったその場所に大きなキカボチャを見つけてくれるはずだ。農夫の息子たちは、す

野生の果実 | 201

べてごまかしだと分かっていながらも、手品師が喉からリボンを出すのを見ようと長時間じっと見つめるだろう。しかしこちらの場合にはごまかしはない。ブリッツ氏〔未詳、奇術師の名前か〕など必要ないのだ。確かに、人は光よりも闇を好むのだろう。〔おそらくは詩篇第139篇12節「あなたには、やみも光も異なることはありません」への言及。〕

10月の中旬までには畑にカボチャはほとんどなくなる。ところどころで農夫たちの古いコートが全て山積みに残されたわずかなカボチャの上に広げられているのを見かける。

カボチャやトウナスに関して、T・W・ハリス博士は『1854年度特許局報告書』のなかで次のように述べている。

　4年程前、たまたま私はトウナスとカボチャの歴史の調査を引き受けたが、かなり興味深い結果が出た。比較的古くて有名な種や品種は、アジア、とりわけインドが原産であると現代の植物学者たちは考えていた。これが誤りであることを私は証明し、次のような結果を示した。すなわちこれらの実は古代人たちにはまったく知られておらず、聖書の中でも、また古代のギリシアやローマの文筆家たちにも言及されていない。中世の著述家たちは、他のウリ科植物については記述したり書き留めたりしているが、カボチャやトウナスについては完全に書き落としている。これらはアメリカが発見されるまでは、ヨーロッパでは知られることも、また気付かれることもなかった。初期の航海者たちはこの実を西インド諸島やペルー、フロリダ、あるいはニューイングランドの海岸でも見つけた。そのニューイングランドでは、ヨーロッパ人によって植民地がつくられる以前に、インディアンたちによってこれらが栽培されていたのだ。新大陸や西インド諸島発見後の最初の1世紀間に活躍した昔の植物学者たちが、これらについて初めて言及し始め、特別な名前を与えたが、それはアメリカインディアンによる起源を示している。このようにして、植物を東インド〔インドやマレー半島、インドシナ等を含む地域の旧称〕やアジア原産とする現代の植物学者たちの誤りが生じたのである。

　この植物の歴史の研究から、次に私はこの種属の研究、特にその植物

的特性に対する詳細な言及を行うことにし、この目的のため毎年入手可能なあらゆる種類のものを育て観察してきた。私の考えでは次のような事実が確立されたように思われる。すなわち、「カボチャ」や「トウナス」の名前で知られている実はすべてアメリカに起源がある。そしてそれははっきりと3つのグループに分けられる。最初のグループは夏トウナスを含むもので、熟すと硬い外皮ができる。2番目は冬トウナスやカボチャで、深い5本の線が付いた実と茎がある。3つ目は冬カボチャとトウナスで、背丈が低く、円筒形で縦に皺の入った（しかし5本の筋はない）実を付け、茎がある。最後のグループはおそらく元々カリフォルニアからチリまでのこの大陸西部の熱帯や亜熱帯の地域に限られた種だったのだろう。ニューイングランドで現在栽培されているもっとも評価の高い種はこの最後のグループに属していて、その中でも最高品種は、秋トウナス、ペポカボチャ、ドングリカボチャだ。〔ハリス『1854年特許庁報告書』 208〕

1859年9月4日。数日前から続いている穂の刈り取りで、黄色の、あるいは黄色になりかけたカボチャが現われた。これこそ真にニューイングランド的光景だ。大地はヒマワリ（サンフラワー）だけでなく太陽の果実（サンフルーツ）によっても輝いている。

シロトネリコ（White Ash）

シロトネリコは、8月29日頃実を付け始める。最近そのナイフ型の果実が道に撒き散らされている。

ツルアリドウシの実（Mitchella）

ツルアリドウシの実（ヤマウズラベリー、あるいはツインベリーとも呼ばれる）は8月29日に実を付け始め、一般に10月には熟し、冬の間中実を付け続ける。

7月末には小さな緑色の果実を見せるが、9月中旬にもまだ完全に緑色の実をたくさん見かける。湿気のある苔むした森の地面に育つ実で、今日（1854年9月12日）は湿った森のカビの生えた、爽やかなシダの匂いのなかで熟しかけている。

10月半ば、ツルアリドウシの小さな葉は、白みがかった中央脈や葉脈を持ち、エゾノチチコグサと同じ大きさとなる。普通は苔むした地面の、おそらくは木の根元辺りに平らに生えていて、その鮮やかな緋色の二組の実（ツインベリー）がその上で輝いている（その葉は赤い実に混じって点在している）。その様子は地面を「格子模様」にしていると言えば適切だろうか。これらは現在「伏地性」と正しく呼ばれている。今ではこの実は特に落ち葉の間で見つかる。

そして冬や春になって雪が丘や木の根元あたりからなくなると、いまだ新鮮な緑色の葉の間からとても色鮮やかなその実が現われる。それは風味のない果実で、味覚よりもむしろ視覚にとって重要な実であり、私の心の中では秋や春の涼しい天候と結びついている。

ドクミズキ（Poison Dogwood）

ドクミズキは8月29日頃実を付け始める。

1854年8月29日。熟して乾燥したように見え始める。淡い麦わら色だ。

1857年9月7日。白くなりかけている。

冬の沼地では、乾燥して黄色がかったドクミズキの実が、長い棘のある幹の上に宝石のように垂れ下がっている。それを偶然見つけるのは楽しい。その実には人間と同じくらい多くの特性がある。12月末近くの現時点では、

まるで折れているかのように短く下に垂れた長い幹にぶら下がっていて、数少ないざらついた枝の上に付く黄色と緑がかった白色の中間色をした卵形の真珠や蠟のようなその実は、悪魔のように美しい。
　その長い果実や幹が雪を背景に垂れ下がっている様は目に快い光景となる。私は鉄道でデニス沼を通り抜けるときでさえ、抑えきれないある種の興奮を感じた。そこでは真冬の今、ドクミズキが溢れている。この単幹の潅木は、まばらで乾燥した薄緑色の下垂する円錐花序の中でたわわに実を付けるが、なかには1フィートの高さのものもある。それはこのあたりでもっとも実が豊かになる潅木として私には印象的だった。どうしても引き抜いて何本かその美しい小枝を家に持ち帰りたくなってしまう。このように私が心惹かれていると、偶然貨物列車ががたがた通りかかり、ある人情味のある乗務員が、おそらく彼自身列車を止める権限がないためか、熱心に身を乗り出して警告するような声と身振りで「ドクミズキだぞ」と叫ぶのが聞こえた。
　1858年1月24日。昨年から残っている短くて太い小枝の根元に、固まって豊富に付いた薄緑色の実の反曲した円錐花序があり、とても美しく興味深い。それは沼地を飾る主要な装飾のひとつで、乾燥して持ちがよくこの季節にふさわしいもので、いつも私を惹きつける。それは活気ある沼地の象徴なのかもしれない。その木はとてももろく、枝分かれしたところから簡単に割くことができるほどで、割ったばかりのときはややカンゾウに似た香りがする。はたして鳥がこの実を食べるのかどうかは分からない。

ツタウルシ（Rhus Radicans）

　（木になっている）ツタウルシ、8月13日。

野ブドウ（Wild Grape）

　野ブドウ、8月30日。9月20日か18日が旬。

テオフラストス［Theophrastus　372-287B.C.　ギリシャの哲学者］はブドウを樹木として分類した。コルメラ［Columella　１世紀中頃のローマの著述家］はそれを樹木と低木の中間に位置付けた。ボーン出版社の翻訳者たちは、プリニウスがブドウをイタリア原産としたことを誤りだとして、これをアジア産だと述べている。
　プリニウスは、ウェルギリウスが「たった15種類のブドウしか名付けていない」ことや、３種類の洋ナシのみしか挙げていないことに不満を呈し、彼が全ての種類を書き記していないのは「ほとんど野原と同じ数だけの種類があるからだ」と述べる。彼はブドウの色については、紫色、バラ色、緑色を挙げているが、これは現在あるものと同じだ。「花が咲いたときのブドウの蔓の香り以上に好まれる甘さはどこにもない……。ブドウの蔓は、その大きさのせいで古代ギリシャ・ローマの人々にまさしく樹木の１種類と見なされていた。ポピュオニクム市ではその蔓から作られたジュピターの影像を目にすることができるが、それは長年腐ることなく残っていた……。これより耐久性のある木材はない」〔プリニウス　14:3-217〕。またカンパニアでは、とても高いポプラの木に登らないといけないので、「ブドウ収穫者は雇われる際、雇用者が彼の葬式の火葬用薪と墓の代金を支払うこと

206 ｜ 夏の果実

を契約条件として要求する。」またヌマ・ポンプリウス［Numa Pompilius 前700年頃のローマ第二代の王］が「剪定していないブドウの蔓から葡萄酒の神々へ奉げる献酒を作ることを違法としたため、首の骨を折ってしまうのを怖れて（ボウン出版社の訳者たちはこれを「木に登ることに伴う危険性のため」と訳しているのであるが）、気の進まない農夫も蔓の剪定を強いられたのかもしれない。」さらにプリニウスは次のように言う。

ブドウの蔓がその絡まりから解かれたときはいつでも、数日の間は縛り付けずに、好きなだけ蔓を伸ばして外に向って拡がるようにしてやり、また同時に、その蔓が丸1年もの間ずっと下に眺めていた地面の上に横に這っていくのを妨げてはならない。なぜなら、荷を負った家畜が頸木を外されたときに、あるいは犬が狩りから帰ってきたときに、地面の上を転がるのを好むように、ブドウもその蔓を地表に喜んで伸ばすのだから。木そのものも喜んでいるように見える。ずっと負担になっていた重しからこのように解放され、今では自由な呼吸を楽しんでいる様子を全身で表しているかのようだ。確かに、あらゆる自然の経済のなかで、休息を楽しむためにも、例えば昼と夜の交代を目撃するといったある種の変化を好まないものはないのだ。〔プリニウス　14:3-219〕

プリニウスはワイン飲酒家について、「彼らは自分たちが生を満喫しているのだと断言している」と述べ、「その英知によって有名なアンドロキデスは、アレクサンダー大王にその不摂生を窘める手紙のなかで、『大王様、葡萄酒を飲むことは大地の血を飲むことであると覚えおきください……』と書いた」〔プリニウス　14:3, 7〕と述べている。

　1854年7月15日。熟したクランベリーと同じ大きさの緑色のブドウが季節の到来を彷彿させた。

　1852年7月28日。とろ火で煮ようと緑色のブドウを採った。このとろ火で煮た丸い珠は自然の酸味が皮に詰まっていて、栄養たっぷりの食事となるのだが、それを食べると、ようやく目指す土地に足を踏み入れた気分になれるかもしれない。これこそ北方人の言うヴィンランドではないだろ

野生の果実　207

か［1000年頃スカンディナヴィア人が訪れ、ブドウが豊かに実っていたのでこう呼んだと言われるニューイングランドを含む北米海岸のこと］。その甘さはどんなに砂糖より優れていることか。緑色のブドウは今まさに果実の季節を迎えている。

　1852年7月27日。ほとんど完全に成長した緑色の房が水面の上に垂れ下がっているのを見かけた。8月23日までにはいくつか色付いているのに気付いた。

　1859年8月27日。最初にブドウが熟しかけているのに気付いたのは、夕方井戸に水を汲みに行ったときで、今まで実があるとは思ってもいなかった自分の家に接したブドウの蔓が発する豊かな香りのためだった。

　1859年8月28日。夕方通りを歩いていると、家の後ろに隠れていても20ロッド離れたところから漂ってくるその香りのおかげで、隣家のブドウが熟しかけているのが分かる。通りがかる人がみんなその存在に気付くほどだ。おそらく1週間後、この隣人は私を家の裏手に連れて行き、謎めいた態度で、葉の下に隠れていて1両日中には熟すだろうと彼が思っているこのブドウの房を私に見せてくれることだろう——まるでそれが秘密であるかのように。私が彼よりも前に匂いによってその存在を嗅ぎ当てていることなど、彼には思いもよらないのだ。

　8月30日。十分日光が当たっている野原でいくつか熟しているのを、見る前からすでに私は匂いで嗅ぎ当て、じっさいそのとおりに見つけだす。9月初旬には熟しかけたブドウがその芳醇な匂いで空気を満たし始める。家に絡みついた1本のブドウの蔓は、たとえ1、2房しか実を付けなくても、開いている格子窓を通して家全体を驚くほど豊かにその芳香で満たす。私が家に持ち帰った完熟ブドウをつけた1本の枝の芳香もまた家中を満たし、その香りはどんなブドウの芳しい味より優っていた。

　1858年9月8日。熟す時期の早い場所に植えた早熟の自分の家のブドウを半分ほど収穫した。9月2日までに岩の上で熟したいくつかのブドウはとても甘い。9月8日頃から9月28日までの20日間にブドウがもっとも豊富になることが分かった。その全盛期は20日頃だ。ベリー類が終わるとすぐブドウの季節となる。

私は最初のブドウ狩りのことを覚えている。私はみんなと別れて、ウォールデンの森の中に生えていた或る特別のブドウの木へと1人で向かった。今でもその木を指し示すことができる。不思議なことに、私たち少年は常に旬の時期に行き当たった。高い木々の上に大きな紫色の房を見つけ、その木に登っていくのは――水夫がロープを登るようにブドウの蔓によじ登っていくのは――ブドウを食べるよりもずっと楽しかった。私たちは口が酸っぱくならないように、皮を嚙まないよう注意したものだ。
　この時期にはよく夕方川を漕いで下っていると、日中川を上っていた時には何も気付かなかったのに、あちらこちらの岸から熟れたブドウの豊かな芳香が漂ってくるのに気付く。確かにこのようにして、たくさん実を付けたいくつものブドウの蔓を調べる手間をかけなくても、私はその実を発見できるだろうと思う。9月20日に私はたとえばクリフズやフェアヘーヴンなどへブドウ摘みに出かける。ブドウは間違いなくもう1週間先の方がよく熟しているだろうが、私は今ブドウの蔓が切り取られる前に行かなくてはいけないのだ。私はかすかにその匂いを嗅ぎだした。
　牧草地にある日当たりのよい岩の上で、いくつかのブドウが早く熟していることに気付いたが、それらは他のどの実よりも甘い。果粉の付いたその実はなんと美しいことか。この果粉が擦れて落ちると、紫や黒の色が見える。それは見た目に高貴な果実だ。私は豊かに果粉を付けた紫の実の素晴らしく大きな房をもぎ採ったが、その紫の色が果粉を通して炎のように輝いていた。大きくて赤いブドウにも明るい斑点があり、いくつかは色鮮やかな緑色をしている。私はその匂いを嗅ぎあて、覗いて見ると、水面や牧草地の上3フィートのところで、葉の密集した木陰にブドウの房があるのがわかった。その紫色の房はその高さからぶら下がって、大気を芳香で満たしている。
　ほんの4、5フィートの高さのハンノキの上に蔓が這って低く密生した木陰の下を、私はときどき這ってみて、頭上に半球状にアーチのできた葉の茂みからブドウが垂れ下がっているのを見つける。別の時には、銀色の葉の裏側と対照的に濃紫色や黒色に色付いたブドウの蔓が、私の頭上高くカンバやカエデの木の上を這っているのを見て、それを採るため木に登

野生の果実

たり蔓を引っ張ったりした。

　ブドウの蔓棚やあずまやの材料は野生リンゴの木が最適だと思う。古い石灰窯の近くの木がそうであるように、その上部はブドウの蔓で完全に覆われ、まるで網に捕まった木のように見える。高さがかなり低くても、ブドウの粒を少しも落とさず大きな房を折り取るのは難しい。またもし木に登ったとしても、房に手が届く前にもっとも熟した粒はすぐ落ちてしまい、地面に散らばるのを見てがっかりすることになる。あるいは爪先立ちになって、特に綺麗な房が付いた丈夫な花梗を優しく折ろうと努力しても、葉の葉柄が房にからんで、おおざっぱに丸ごと取らなければならなくなる。一番よく熟した粒はほんの少し触っただけでも落ちてしまい、水中に落ちれば底に沈んでなくなってしまう。

　風向きと逆に家路へと舟を漕いでいるときボートの舳先にブドウを置いておくと、空気中がその芳香でいっぱいになり、まるで無限に続く熟したブドウ園のなかを漕いでいるかのようだ。ときどきその芳香が船尾にいる私のところに漂ってきて、岸に山積みにされたブドウの蔓を通り過ぎている気分になった。町から3、4マイルも下流のところまで漕いで行くと、そこにはブドウはまったく生えていないのに、川全体がその香りに満たされていた。私は部屋をその香りで満たすという、ただそれだけの目的であっても、ブドウを持って帰りたいと思う。というのもブドウは味よりも香りが素晴らしいからだ。だが房の形とともにブドウを美しいものとしているその豊かな果粉を付けたまま、バスケットに入れて持ち帰ることはできない。カンバなどの木々からも手の届かない、9月の大気中に遠くはるか小川の上にぶら下がった果粉を付けたままの新鮮な一房に比べれば、摘み取った箱いっぱいのブドウなど、どれほどのことがあろうか。

　9月の末頃のブドウは、ところどころ豊かに実を付けているものもあるが、茎の上で萎び始め、少し触っただけでも落ちる。この干しブドウを山のように落とすには枝を揺すりさえすればよい。それは今が一番風味のよいときだ。10月1日頃、その蔓は部分的に裸になり、葉が黄色くなったり霜にやられたりする。しかし1853年は10月になってもビレリカではるか下流まで川を下ったところ、かつて私がブドウ島と呼んでいたジャグ島の反

対側では、空気中に漂う熟したブドウの良い香りに気付いた。〔ジャグ島は、コンコードから北東２マイルに位置するビレリカの町に架かったヒルズ橋の北約半マイルの場所にある、コンコード川に浮かぶ島。〕葉が落ちていたため最初はまったくブドウの木は見えなかったけれども、ようやく地面の上に、熟してまだ十分に新鮮なブドウの房がたくさんハンノキの葉に混じって落ちているのを見つけた。このように――猟犬が獲物を見つけるように――ブドウを見つけるのは愉快なことだった。ああ、それほどその香りは深く浸透し、忘れがたいものなのだ。

1852年９月16日。私はクリフズの手前の川のそばで、柔らかな果肉を持ったとりわけ甘い赤ブドウを見つけたが、それはこれまで私が味わったなかでも最高の野ブドウだった。私は次の日いくつかをそこに置いて、次の秋にはそれを庭に植え替えた。そこでそれはうまく育ち素早く実を付ける。私はそれをマスケタキッドブドウと呼んでいる。

普通種のブドウ、すなわちアメリカブドウについて述べるのはここまでにしよう。このあたりには少なくとも他に２種類のブドウがあるが、それはつるつるした葉を持つ。グレープ・クリフではおそらく夏ブドウが、1856年９月29日に一部分落ちていた。それは暗紫色で直径約16分の７インチの実で、とても酸味があり普通は固い。これは私が９月６日にブラットルボローで食べた夏ブドウと言うよりも、むしろ霜ブドウと呼ばれるべきではないだろうか。

1857年10月18日。ブラックベリー・スティープを半分ほど上った岩の上に、その（決して一番小さいわけではないが）小さくてたっぷりと実が房に付いたブドウが、まだかなり新鮮で青い幹にぎっしりなっているのを見つけた。葉は枯れて乾燥していたが、すべて落葉しているわけではない。10月４日が過ぎてもさらに熟してゆく他のブドウに比べて、このブドウはずっと後になって熟す。そのときにはもうたくさん集めるには遅すぎるのだ。これらは今まだ熟していない。まさしく「霜」ブドウと呼ばれるような品種だ。

1857年10月28日。最後に言及したブドウが今これ以上ないほど熟している。それらは甘く萎びているが、全体的に貧弱だ。ではこのブドウは10月

の後半に熟すのだ。それはつるつるした葉を持つブドウだ。また10月31日には、萎びているからこそ熟していて、イーグルスウッドブドウとは違ってとても酸っぱく食用に適さない。房にぎっしり付いた小さなブドウが、先に述べたブドウの品種と区別できるかどうかは確かではない。

　1858年10月2日。強い北風を受けて私はリーズ・クリフへ漕いで行き、先に挙げた小さく房の長いブドウを1ペック採ったが、リーズ・クリフの下では今それが紫に色付いている。そこにある1、2本のブドウの木は豊富に実を付けている。その房は長さ約6インチ、幅1.5インチで、ぎっしり粒が詰まっていて一般に円筒形だ。（色で判断するかぎり）それらは明らかに今が旬で、アメリカブドウよりもかなり遅い。私の知る限り、それは生のままでは美味しくないし、もぎ取る人もいない。しかし私の母はこのブドウで作ったゼリーでとても美味しいタルトを作った。その目的にはこれに優るものはない。ミショーが描写したような、奇妙な形のすべすべした葉を持つ品種もあるが、私はその実を見かけたことはない。

　1856年9月6日。ブラットルボロー〔コネチカット川のバーモント南東の都市。マサチューセッツ、コンコード西北西58マイルに位置する〕のコネチカット川の土手の上では、直径3分の1インチの大きさで、一番小さな（3インチから5インチの長さの）栽培品種のブドウに似た房を持つ小さなブドウがちょうど熟し始めたところだ。しかしそれは栽培品種よりこのようにずっと早く実るだけでなく、快い酸味があり食べることもでき、明らかに違う品種だ。これは岸ブドウなのだろうか。おそらくそこではこれは霜ブドウと呼ばれるのだろう。

1856年11月10日頃、ニュージャージー州イーグルスウッドの森のなか、私の招待主の家の東にある峡谷で、枯葉の上に落ちたとても小さな暗紫色や黒色のブドウの長い房に初めて気付いた。そこではかなり大きな房の束が、11月24日に私が帰るときでさえ、頭上30フィートの葉のない蔓から垂れ下がったまま残っていた。これらのブドウはかなり萎びていたが、とても快く芳ばしい風味や酸味があり、それらは明らかに霜が降りた後に得られる味だ。これはかなりの発見だと思った私は、来る日も来る日もたくさん食べた。皮や種も飲み込んで、それまでこのブドウにまったく気付くことのなかった招待主にも勧めた。彼が言うには、フランスで食べたことのある或るフランス産のブドウの品種によく似ているそうだ。これこそ本当の霜ブドウであり、明らかに夏ブドウに対応するものだ。〔ソローがイーグルウッド地方にいた間、彼を家に招待し滞在させたのは、裕福なクェーカー教徒であり熱心な奴隷制反対論者であったマルカス・スプリングスである。〕

『ニューヨーク報告書』のなかでトーリーは、岸ブドウ、すなわち冬ブドウあるいは霜ブドウは、「ニューヨークあたりでは珍しくない」〔トーリー 1:147〕と述べている。とても早い時期に熟し始めるブラットルボローのブドウはこれと同じ品種だろうか。

1856年6月27日。ノーション〔ケープコッドの南東端沖にあるエリザベス諸島のうち一番大きな島〕で私はブナの木に這った普通種の野ブドウを見かけた。このブナの木は明らかにそのせいで横に広がっていて、その蔓は地面から6フィートのところでは円周23インチあった。それは下のほうが大きく、すでに分岐していた。（蔓に沿った）地面から5フィートのところでは、それは3つに大きく枝分かれしていた。それはまっすぐ直立して生えずに、大きく半螺旋に、あるいは「ヘビのように」伸びている。これ以上に原始的な光景はないだろう。それは一部分、あるいはほとんどが枯れていた。これは小道の端に接した森の真ん中にあったのだが、ちょうどその向こうで我々は2頭の鹿を狩り立てていた。

1857年11月4日。森の小道で、変わった灰白色の微毛のある果粉にびっしり覆われたシンブルベリーの新芽が生い茂っているのを見かけた。それが擦り落ち紫色の皮が見えるのはほんの少数の場所だけで、おそらく狩猟家が通りすがりに擦って落とすのだろう。それは確かに植物が纏う一風変わった繊細な上着だ。私は尖った枝を使ってそれにはっきり自分の名前を書くことができるのに気付いた。細くても一筆ごとにはっきりと紫色の下地が見える。それは新しい種類のエナメル塗装された名刺だ。この果粉は何なのだろうか。また何の役に立つのだろう。動物にこれと類似したものがあるのだろうか。それは「最後の一筆」、つまりどの作品にもある最後の仕上げであり、その作品に投げかけられる至福のヴェールであって、これを通してその作品は観賞される。これを付けた作品は芸術家によって命を吹き込まれ、その後は彼の作品は触れられる度に傷が付くことになる。それは疲れを知らぬ芸術家が有り余った才能によって命を吹き込んだ円熟し完成した作品の証拠であり、彼の作品はヴェールのようにそれを通して見ることになるのだ。詩の場合には、読者の想像力がそれに同様な果粉を与えなければならない。それは自らの糖分に漬かって保存された果実のよ

うに、有り余る円熟が沈殿したものだ。そしてそれはまた、想像力がこれを捕らえるために使う取っ手なのだ。果実に付く果粉とは、水平線の山々のように遠く離れた多くのものが得ている、空気の青いヴェールに相当するものではないだろうか。まさに山脈は、青かったり紫色がかったりしていて、果粉を付けているのだと言える。

　カーペンター博士によれば、蠟が「プラムやその他石果の外皮上に細かな鱗状で見られることがあり、果粉として知られているものを作る。キャベツ、ソウゼンハレン、その他の植物が湿気に対抗できるのは、この薄い被膜の存在による」〔カーペンター　217〕。

　パーシュはアメリカブドウについて、「果実は黒く大きく、不快なキツネ臭がし、一般にはキツネブドウと呼ばれる」〔パーシュ　169〕と述べる。そこでビヴァリーもその著『ヴァージニア史』のなかで、「熟すとキツネの麝香に似た嫌な味がし、そこからキツネブドウと呼ばれるのだ」〔ビヴァリー　133〕と、とても大きな品種のブドウについて述べている。

野生の果実

ユキサザ (Smilacina Racemosa)

ユキサザの果実は 8 月31日に熟し始め、9 月15日頃に旬となる。

8 月の後半と 9 月には、自身の重みで垂れ下がった茎の先端にアマドコロの実が密集した房に気が付く。それは、4、5 インチの長さの複総状花序で、エンドウより少し小さな白みがかった実を付け、朱色や真紅色の綺麗な模様や斑点が点在している、とても目立つ美しい植物だ。

ようやく 9 月にはその実が一様にはっきりとした半透明の赤色に色付いて、柔らかく熟す。味は甘いが、大きく硬い種がある。少なくとも 9 月27日にはよく見かけるようになる。

ヌスビトハギ (Desmodium)

ヌスビトハギ、8 月31日。

森の中のヌスビトハギは熟していない。

ある午後の日、友人とはるか下流(ボールズ・ヒル)で舟を降り、その川岸の近くに生えていた数多くのヌスビトハギの間を歩き回っていたら、我々のズボンにびっしりその種子が付いているのに気付いて、驚き愉快な気分になった。〔この友人はソローの『ジャーナル』によればウィリアム・エラリー・チャニングと特定できる。〕この緑色の鱗状の種子は我々の脚を一面覆って緑色にしているため、溝のなかのウキクサを連想させる。鎖帷子にできるほどの量だ。それは我々が散歩中の出来事であり、まるで相手の方が服にもっとたくさんの実を付けていて目立っているとでも言うように、ときどきお互いを羨ましげに見やりながら、このバッジを付けているのを誇ったのだった。友人は私にこの植物に関する或る信条を示してきた。というのは、彼は私を非難しながら次のように言ったのだ。ヌスビトハギの実をもっとたくさん自分に付けるために、あるいはこれを集めようとして、意図的にヌスビトハギの間を歩き回るのは正しくない──それは偶然に擦り落ちるまで付けて回らないといけないのだと。その結果、数日後に彼がまた散歩に誘いにやってきたとき、彼の服は初めのときと同じくらいこの種子で覆われていた。自然の意図は彼の頑迷な信条よりもずっと進んでいるのだ。

ツルウメモドキ（Wax-Work）

　ツルウメモドキの実は8月31日にオレンジ色に色付き始めるが、まだ開いていない。

　8月2日までには黄色く色付きかける。9月2日には房が全て十分に黄色く色付き収穫時期となる。9月23日はまだ開いていない。

　1860年10月14日、ついにオレンジ色の殻が開いて赤い実が現われる。

秋の果実

ハシバミ（Hazel）

　ハシバミの実は 9 月 1 日頃に熟し始める。 7 月 1 日頃にはそのふしが見頃となる。 7 月16日から24日までの間に完全な形となる豊かで秋らしい重要な木の実だ。ラウドンによれば、「ギリシャ語のκορυς、すなわち兜が名の由来だとする人がいる。総苞に包まれた果実がまるで帽子に覆われているように見えるからだ」〔ラウドン　3:2016〕。しかし違う解釈をする人もいる。

　この毛羽立った果実が今私の目を引く。私にとってそれはいつも快い光景だ。ベリーのプディングの後サラダを食べる人もいるが、少年の頃の私は口元や手に付いたベリー類の汚れをこのハシバミの実でぬぐったものだった。この実と緑のブドウはベリー類の季節に見つかる。

　1854年 8 月12日。殻の縁が今では熟して赤みがかっていて、次の日までに、あるいは 8 月の13日から24日までに、リスたちがハシバミの実を食べ始めていたことに初めて気付く。そしてその乾いた総苞が地面の上で、あるいは切り株や岩や土手の上で、赤みがかった褐色に色付いているのが見られる。月末あたりになると、リスがいた潅木の下ではどこでも乾燥して赤くなったふしや殻が見られる。潅木に付いた実はまだかなり青くても、土手にはそのように赤く色付いたふしや殻が散らばっている。これはクリ色でもハシバミ色でもなく、こういった乾燥したふしや殻が獲得する独特の豊かな褐色で、いつも私を少し興奮させる。

　トムソン〔James Thomson　1700-48　スコットランドの詩人　『四季』1748〕は「秋」のなかで、この木を揺すって実を落とすことについて詠っている。

　　輝きながら降ってくる、燃えるような褐色の実よ〔トムソン　88〕

　1858年 8 月24日。最近我々はよくハシバミの潅木を思い出す。我々はそのような実のなる潅木に気付く。それは今色付いて、どの茂みも垣根もそのような木でできているように見える。ますます赤く美しくなって先端が深紅色に変わったふしは、もし我々がリスに勝とうと思うのであれば、今

こそ収穫の時期だと我々に知らせてくれる。じっさい8月20日を過ぎるとすぐにこの実はリスたちの目にするところとなり、我々が集めることはできなくなる。

　月末辺りには、土手沿いやリスがたくさんいるところに生えたハシバミの実は、まだ青いにもかかわらず殻がすべて剥かれていて、地面や土手にはその褐色の殻が散らばっている。そこに残っているのはどれも貧弱な実なのだろう。そのことは、リスたちが人通りの多い道のそばではまだ働いていなくても、彼らがとても忙しかったことを示しているのだ。

　シマリスが8月上旬、すなわち脱穀の音が聞かれる頃にハシバミの実を食べ始める。もし少しでもその実を手に入れたいと思えば、その月の20日が過ぎたらすぐ、一番膨らんだその実を集めなくてはいけない。この実が特に豊富になっているのを眺めた多くの人は10日ほど待ってから取りに行くのだが、その頃には1ダースしか残っていないことに気付く。

　8月末には土手沿いやリスがたくさんいる場所に生えたハシバミの灌木は、いまだ葉は青々としているが、リスたちのせいで実をすべて取られてしまい、地面にはその褐色の殻が撒き散らされている。そこに残った木の実はどれも貧弱なものしか見つからないだろう。それは過去2週間にわたって、リスたちが細い小枝の先端に登ってとても忙しく過ごしていたことを示しているのだ。この時期ハシバミの実が集められているのを見かけた人はいないのに、シマリスにとっては何と忙しく重要な季節なのだろう。今彼らは働き蜂ばりに働く必要があるのだ。今ではツガの野原で私が見つけることのできるハシバミの実はどれも貧弱なものだ。人通りの多い道のそばではリスも木の実をそんなに早く手に入れることはない。

　川の土手岸にある灌木がほぼ完全に裸になっているとき、私はときどきいくつかの房が、まるでリスたちがそれを取るためだけに戻るのを嫌がったかのように、取り残されて水面に垂れ下がっているのを見かける。サンザシやその他の灌木にかかった鳥の巣が、ドングリやハシバミの殻で溢れているのを時折目にするが、それは明らかにハツカネズミやリスがそこに残したものだ。

　ジリスたちにとってハシバミの実はどれほど大切だろうか。ハシバミは

リスたちの家がある土手沿いに生える。それらは彼らの玄関口に生えるオークだ。彼らは収穫のために遠くまで行く必要はない。

　今これらの潅木は全体が裸になっているが、リスたちの通り道から遠く離れて、畑の真ん中にぽつんぽつんと生えている木々はまだふしがたくさん付いている。土手はこれら小さな獣たちにとって、通り道でもあり塁壁でもある。その下の穴にいる彼らに近寄ることはできず、その両岸には同じく土手に守られたハシバミの潅木が生え、リスたちはその実にかなり頼っているのだ。

　リスはハシバミの木立に棲んでいる。リスがその実に目を付けないハシバミの潅木はなく、彼らが人間に先んじるのは確かだ。なぜなら人が折々にしかハシバミについて考えないのに対し、彼らはいつもその実のことを考えているのだから。「道具はそれを使いこなせる者のためにある」とよく言われるように、「木の実はそれを手に入れられる者のためにある」のだとも言えるのかもしれない。ハシバミの実を——規則正しく——植えるように促す本能を彼らが持っていたとしても驚きはしない。彼らには健康でない実を開けないだけの知恵があり、せいぜい覗き込むだけなのだ。土手の上には、中が空っぽだと分かるのに十分なだけの小さな穴が開けられた実がいくつか見つかる。

　ふしが付いたままのまだほとんど青い実を集め、ネズミの手の届かないどこか日の当たる場所に広げて乾かさないといけない。そこでふしが開き、中に入った木の実が現れるのだが、それは褐色に色付いて数日のうちに出てくるはずだ。8月後半には農夫の息子たちが何ブッシェルものこの実を広げて乾かしているのを見かける。

　1858年9月3日、アサベッツ川の土手沿いで一抱え分手に入れた。この道沿いではこの実は主に川土手のより乾いた側に落ちている。少なくとももっと奥地ではこれらは低くていくぶん草地の多い土地までは拡がらない。潅木はほとんど裸になっていた。私が取った実のほとんどは、まるでリスたちが危険を冒して水上に取りにいくのを嫌がったかのように浅瀬で水面に垂れ下がっていた実だった。ふしの多くはまだまったく青いけれど、縁が色鮮やかな赤色をしたものもあった。

222　秋の果実

私はときどきサンザシやその他の灌木にかかった鳥の巣に、ドングリやハシバミの実の殻が溢れているのを見かける。明らかにネズミやリスがそこに残しておいたのだろう。リスが見つけなかったところでは、9月10日になっても拾えることがある。しかしその日付のすぐ後にはその実はすべてなくなっているはずだ。一度に大量に集まったその実の豊かな色彩を見るためだけであっても、この実を集める価値はある。
　嘴状ハシバミの実は、ずっと北部のほうでは唯一見られる品種だけれども、ここでは比較的少ない。ふしはとても長い嘴をもち、木の実も大きめだ。1858年9月9日。ブラックベリー・スティープで嘴状ハシバミの実を多量に（一度に1個から3個のふしを）見つける。しかしそれらを拾っていると細く輝く棘が手にいっぱい付く。一方普通のハシバミのふしはツルツルしているか、もっと柔らかく腺のような綿毛に覆われている（つまりその角状突起は真鍮をかぶせられているのだ）。
　嘴状ハシバミは尖った木の実だが、一方普通のハシバミは上がつぶれた形だ。　　　　前者はずっと色の薄い茶色であり、より黄色みが強く甘い果肉を持つ。これらは時期がもっと遅いのではないだろうか。
　このあたりではハシバミの実は豊富にあるけれども、これらについての記述はほとんどされていない。その理由のひとつは、リスたちが集めてしまう前に、これらを骨折って集めることがないからだろう。しかもその果肉は小さい。ラウドンは嘴状ハシバミについて、「その木の実はあまりに硬いので、住民たちはそれを弾丸代わりに使う」〔ラウドン　3:2030〕と述べている。

メデオラ（Medeola）

　メデオラ、9月1日。おそらく9月4日が旬だ。9月27日にはあちこちで見られる。
　1853年7月24日。大きな緑色の実を付けているが、まだ花が咲いている。
　9月2日。約1インチの長さの細い果柄の上に、3つほどの鈍い光沢の

ある濃い藍色の実を付ける。その果柄は、上部に付く3枚の葉が輪生する紫色の基部で形成された萼の間から伸びている。

9月の中旬までには、葉の上の輪生部分には紫色の芯と剥き出しの果柄ができていて、平皿のようにほとんど空っぽになる。

エンドウ（Peas）

エンドウ、9月1日。

フィリップスは『栽培野菜の歴史』という本の中でエンドウについて以下のように述べている。「英語名は明らかにラテン語から、すなわちタッサーの言う『マメ』（peason）からの転訛だ。またジェラルドとそれを受けたホランド博士は pease と呼んでいる」〔フィリップス　2:45〕。私自身はそれがローマ人の母音 i の発音のもうひとつの証拠だと思っている。

インゲンマメ（Beans）

インゲンマメ、9月1日。

フィリップスによれば、「コルメラは当時のインゲンマメを農民だけの食べ物と考えており、『農民たちは庶民の食事としてハーブをインゲンマメと混ぜる』と記している」〔フィリップス　2:68〕。ジェラルドは、「熟す前のインゲンマメの実と莢を一緒に茹で、バターで味付けして莢と一緒に食べると、とても美味しい食事となり、他の豆類のようにガスを発生させることがない」と述べている。茹でた後は「莢に沿った肋や筋は取り除かなければならない」〔ジェラルド　1216〕。このように筋を取り除いたインゲンマメは昔からある名物だ。

ヨーロッパクランベリー（European Cranberry）

ヨーロッパクランベリー、9月1日。

1854年8月23日。ヨーロッパクランベリーの小さく今では紫色の斑のある果実が、ミズゴケの上で平らに、一部緋色に色付いて果柄の先端で実っている。茎は細く糸状で、小さな葉が縁にしっかりと付いている。それについてジョージ・B・エマソンは、「ヨーロッパ北部の普通種のクランベ

リー」〔エマソン　406〕は、そこでは通商用のクランベリーとなると述べている。

　1859年10月17日。これら興味深い小さなクランベリーはかなり数が少なく、その蔓が少なくとも今年は、開いた沼地の縁辺りで一番低い潅木の間で、より背の高い乾いたミズゴケの山の中でだけ実を付ける。そこではかなり熟していて、ほんの少し斑が残っている暗赤色の実が、今では岩棚や赤いミズゴケの奥で実っている。これらのベリーは1人の植物学者が感謝祭のディナーのソースに使うのに十分なだけしかない。

　今日午後クランベリー摘みにでかけた。主に小さなクランベリー、すなわちヨーロッパクランベリーをいくつか集めるためだ。これを採ることだけを目的とするにはその実は小粒なのだが、今にも霜が降りそうなので延期することはできない。もし私が、より大きなアメリカ産のクランベリーと比べて、今年のヨーロッパクランベリーの風味を味わいたいと思うなら、今出かけないといけないのだ。私は感謝祭の食卓を、自分自身で集めたこのソースを使った料理で飾りたいと思ったのだが、摘みに行くかどうか、なかなか決心がつかなかった。午後をつぶすにはあまりに貧弱な目標に思えたのだ。私はずっと不満足な結果を予想していた。グレート・フィールズを横切り、ベック・ストウ沼を覗いて、以前より少しも豊かとは思えない道筋をどのようにして再び辿るべきだろうかと悩んだ。じっさい私はこの散歩からはほとんど期待していなかったのだ。しかし心の片隅ではちらっと、このように期待が小さいから、かえってうまくいくのではないかという思いが横切った。どんなに小さくても達成すべきなんらかの目的を持つことの、あるいは家の中で慎重な知恵と予見を持つことの利点が、ある程度足跡を導き制御するものだから。もし本当に通りや人の日常生活から離れた場所に居場所を持ちたいと思うのであれば、意図的に自分の進路を計画し、隣人たちの仕事とは異なる、彼らには理解できない仕事を持たなければならない。なぜなら夢中になれる仕事だけが普及し、成功し、場所を取り、領地を占め、個人や国家の未来を決定し、カンザスを頭の中から追い出し、あらゆる辺境のならず者に対して唯一の望ましい自由のカンザスを、じっさいに、また永遠に占有できるのだから。〔1854年のカンザス＝

ネブラスカ制定法によって、カンザスとミズーリの境界を越えてきた奴隷制度の擁護者が1855年に奴隷制度反対者を威嚇して選挙を牛耳った。1856年に反奴隷制度勢力の抵抗は広範囲に及ぶゲリラ戦となった。〕反抗の態度は弱さのそれだ。それは敵だけにしか目を向けず、そうして真に魅力的なもの全てに背を向けるのだから。他人には他人の、私には私の仕事がある。今日の午後、隣人のストーヴを設置して過ごし、それでお金をもらう人もいるだろう。私は午後を、遅くなる前に大自然がここで生み出すヨーロッパクランベリーの数少ない実を集めて過ごし、同じように、だが違うやり方で利益を得るのだ。私は常に、自らのなすべきことだと、あるいはどんなに小さくても通常の道筋から外れて取るべき道だと、かつて私の守護神が示してくれた小さな計画を、たとえどんなにゆっくりであっても結局は実行し、そこから思いがけない数多くの利益を得てきたのだ。

　私が行こうと思い、しかしじっさいには行かなかった学校がどのくらいあることか。愚かにも私は学校教育によってもっと大きな利益が得られると期待していた。しかし我々の存在を強固にし、我々の人生を豊かにするのは、比較的安上がりの私的な遠征なのだ。ちょうど１本の蔓が、その波打つ道筋が地面に接するところで根を出し、その幹を太くするように。我々の仕事は概して、へたでも修理すること、つまり社会という古くてすりきれたティーポットを修理することだ。我々の商売道具は人との絆なのだ。今日の午後ガウィング沼にヨーロッパクランベリーを摘みにいくこと、そしてポケット一杯分だけのクランベリーを手に入れて、その特殊な風味を知ること——そう、ガウィング沼の風味とニューイングランドの生を知ることは、リヴァプールに領事として赴き何千ドルか分からないが収入を得て、何の味わいもない仕事をするよりも、私にとっていい事なのだと私の守護神は言う。〔1852年ナサニエル・ホーソーンはコンコードに住み、彼の大学時代の友人の選挙キャンペーン伝記を書いた見返りとして翌年リバプールの領事職についた。〕私たちの人生の多くは、無駄な期待や大仕事の後の一休みにではなくて、誰にでもついている守護神がその人に示した多くのささやかな目的を、慎重に、また忠実に果たすことに費やすべきだ。自分の人生をまったく目的のないものにしてはいけない。たとえそれがク

ランベリーの風味を確かめるためだけであったとしても。なぜならあなたが味わうのは、取るに足りないベリーの質だけではなく、あなたの人生の風味でもあるからだ。そしてそれはいくらお金があっても買えないようなソースとなる。

　意識的な生活も無意識的な生活もともに良いものだが、どちらもそれだけでは良いものではない。というのはどちらも同じ拠り所を持っているからだ。賢明で意識的な生活は無意識の暗示から湧き出てくるものだ。その時々の自分の関心ごとを当てにするのではなく、行った先々で答えてもらう質問のリストをあらかじめ準備することで、自分の旅が割りに合うものになると知った。そのように旅をすることで得るものがもっとも大きい。じっさい人が自分自身の殻を破るには、つまり、通過中にいわば今までと違った目でものを見、まったく新しい道を通るには、その人の中にあるより高い次元の暗示による。権利を主張せず、土地を占有することもなく、また目的地への歩道を造ることもしないような偽りの生活とはどのようなものだろうか。沼地を見渡して、願望を唱えながら土手に座る生活とはどのようなものだろうか。

　しかし私は沼地に入ったとき、このように大きな期待を持っていたわけではなかった。私はベック・ストウ沼の土手に集めてまとめられた大量のクランベリーを見つけた。それらは腐る前に、今では水位の高くなった水の中からかき出されたものに違いない。私は靴と靴下を脱いで遠く離れた岸に残し、裸足でアセビや潅木を延々と通り抜け、沼の中央に生えた柔らかく開けたミズゴケのところへ歩いていった。

　でこぼこして硬いミズゴケの上に積み上げられ乾燥したこれら狭滑な小クランベリーが——その貧弱な蔓は片方にかなり偏っていたが——沼の比較的乾燥した縁にまばらに生えている。かと思えば、2つのミズゴケの山の間の1、2フィートほどの小さな窪みをぎっしり埋めているのを見つけた。その果実から判断すると、2つの品種があるようだ。そのうちの1つは明らかにより熟していて、普通種のクランベリーと似た色であったが、より緋色に近かった——すなわち、黄緑色で、濃い緋色の斑点があり、一般に洋ナシの形をしたものだ。もう一方も同じく洋ナシの形だが、真ん中

がもっとふくらんでいて、黄緑色や麦色や真珠色の地色に、たくさんの細かい濃い色の斑点がある。少し大き目の崩れた球形で、変わった相違点として紫の色合いがあることを除けば、それは今ユキザサやキミカゲソウの実にとても良く似ている。両方ともコケの中で居心地良く横たわり、しばしばその長い1.5インチかそれ以上の果柄ごと全体的に埋まっていて、蔓もほとんど目立たず、1インチから3インチくらいしか突き出ていないので、実がどの蔓に付いているのか分かりにくい。それを確かめるには、指で注意深くコケを開かないといけない。一方そこに生えた普通種の大きなクランベリーは、堅く直立した蔓を持っていて、たいていはコケの上に出て姿を見せている。灰色の斑点を持つ品種は、見つけるのは難しいが、特に目新しく美しい実だ。それはコケの中のあちらこちらで居心地よさそうに埋まっていて、ちょうど巣の中のヌマツバメかなにかの卵のように、コケの乾いた部分とよく似た色をしている。私は注意深くコケの中でそのほっそりした茎をまさぐり、蔓まで辿らなければならなかった。そうして、その蔓に1、2個付き、ちょうど沼の苔生した胸に飾られた宝石——沼真珠とでも呼ぼうか——のように直径が平均8分の3インチのその実を丸ごと引き抜こうとしたのだ。それらは蔓からずいぶん離れた長い糸のような花柄の上に実を付けるので、よりいっそう卵を連想させ、5月であれば私もそれを卵と間違えるかもしれない。この植物は、大気中ではなく水中でコケに依存していて、ほとんど寄生体質だと言える。コケはこの植物のための生きた土壌なのだ。それはコケの上やその間、1エーカーの海綿の上に生息する。それらは明らかに普通種のクランベリーよりも時期が早い。いくつかなり柔らかく赤紫色のものもある。私は1時間ものあいだ、冷たい水に裸足をつけて沼をぐるりと歩き回ったので、コケの暖かい表面に足を置けてほっとした。私はそれぞれの品種でポケットを1つずついっぱいにしたのだが、ときどき混乱して、手を交差させて違ったポケットに入れてしまった。

　濡れて寒かったにも関わらず、私はこのクランベリー摘みを非常に満喫した。そしてこの沼が私だけにその収穫を渡してくれているように思えた。というのも他にこの実を摘んだり評価したりする人間がいないからだ。私

はかつてこの地の持ち主にこのクランベリーがこの場所に生えていることを伝えたことがあったのだが、彼はその実が摘んで市場に出せるほどたくさんは生えていないということを知って、それ以来おそらく一度もこれについて考慮したことはないようだ。町でこの実に注意を払い、それについて知っているのは私だけだが、私は金銭的価値に照らして関心を払っているのではない。自分自身でか、あるいは人を雇ってかき集めた100ブッシェルの実を持って市場へ行くどんな農夫よりも、2つのポケットをいっぱいにしてそこを歩き回り、一歩一歩驚異的なものを踏みしめている私のほうが確かに豊かな気分になっていたと思う。私は一瞬ごとに町からはるか遠くへと離れていった。私の善なる守護神が私に微笑みかけ、こちらへと導いてきたのだ。そのとき太陽が突然現われ明るく輝いた。もっとも私の足元を暖めはしなかったけれども。私は喜んで利益を共有し、1人でもあるいは20人でもパートナーに加え、彼らとともにこの沼を享受しただろう。しかし私は自分と同じように、このベリーが喜ばせ大事にする人は1人も知らない。私がそれを人に見せても、彼らは一瞬だけ興味を示した後、利益が出るほど栽培できないと考え、それについては頭の中から追い出してしまうのだ。その実は熊手で一掻きするだけで1パイント手に入れられるわけではなく、スロカムはそのために報酬をたくさん与えてくれることはないだろう。しかし私はそのせいでよけいにこの実を好むのだ。私はバスケットをこの実でいっぱいにして、数日自分の側に置いておいた。もし他の誰か——少なくとも誰か農夫——がこのようにして1時間この人里離れた沼を裸足で歩き回り、コケを目指して、手には熊手もなくカバンを土手に置いておくこともなく、ポケットだけをいっぱいにして過ごすとしたら、彼はおそらく狂人と呼ばれ、監視者の手に渡されてしまうだろう。しかしもし彼がミルクの皮膜を掬い取ったり、水で薄めたり、あるいは小さなジャガイモを売ってより大きなジャガイモを手に入れたり、つまりは爪に火を灯すようにけちなことをして過ごすのであれば、多分彼は他の誰かの監視者となるだろう。私はライ麦やカラス麦を貯えてはいないが、アサベッツ川の野生の蔓は集めたのだ。

すべての土地が庭や開墾地や薪炭林ではないこと、またミドルセックス

郡には千年前と同じくらい純粋に原始的で野性的な何ロッドもの土地があることを、私は承知している。その土地は、鋤や斧や大鎌やクランベリー用の熊手が入るのを免れた我々の文明砂漠における荒野のオアシスであり、月面と同じくらい野性的で居住に適さないのだと思う。そのような惑星的なものの個性を私は信じ、またそれに敬意めいたものを感じて、それを私の若い頃に実在した巨大な存在として崇拝することさえできる。我々はあまりに違うので、お互いを賛美し健康的に惹かれあう。私はそれをひとりの乙女として愛しむ。これらの土地は流星や隕石のようなもので、そのようなものはどの時代にも崇拝されてきたのだ。そう、我々が日常生活の泥や皮膜から切り離されれば、我々はこの惑星すべてを隕石と見なし、そのようなものとして尊敬し、はるばるそこへ詣でるのだ。他の惑星から落ちてくる石には畏敬の念を持ち、この惑星に属する石にはそうしないのは——この惑星ではなく別の星を、地上ではなく天を敬う気持ちはどうして起こるのだろうか。農夫の壁石はメッカの隕石と同じくらい良いものではないのか。我々の広い裏口の石は天に置かれた隕石と同じくらいに良いものではないのだろうか。

　もし小枝や石を心から崇拝するほど気高くなれるならば、それは人類の再生を示しているのだろう。異教的偶像崇拝を人に促すのは、恐れや隷属や習慣なのだ。そのような偶像崇拝者が諸国にたくさんいて、異教徒が異教徒を改心させるために、死者が死者を埋めるために海を渡り、ともに全てのものが地獄に落ちていく。もし私にそうすることができるならば、私は自分の爪の切りくずを拝むだろう。もし以前1本の草しか生えていなかった場所で草を2本生やすことのできる人が恩人であるならば、1人の神しか知られていなかった場所で、2人の神を発見した者はより偉大な恩人だ〔スウィフト『ガリバー旅行記』第7章への言及〕。ヒマワリが日の光を歓迎するように、私は驚嘆し崇拝するあらゆる機会を喜んで利用するだろう。私が1日に目にするものが、よりわくわくするような、より素晴らしく神聖なものであればあるほど、私はより大きく不滅になる。もし石が私に訴えかけ、私を高みに上げ、私が何マイルの道程をやってきたのか、また後どれほどの旅路が残っているのか——多ければ多いほどよい——を教え、

なんらかの手段で私に未来を開示してくれるのであれば、それは個人的な喜びとなろう。もしそれがすべての人に対して同じ恩恵を行うのであれば、それは万人の喜びとなるだろう。

植物学者は野生のベリーや我々が考える野生の植物については、ボストンから何マイルも奥地や西部へと離れたところを見るように言う。まるで大自然やインディアンがそのような好みを持っているかのように。おそらく海洋は彼らにとって森よりも野性的に思えたのだろう。まるで元々本質的に東部より西部の土地により多く野性があるかのようだ。

それほど多くの原産種や困惑するほど多様な外来種の植物を、温室や苗木屋の目録に見ることができ、また英国の本で読むことができるのだが、英国学士院はそれを1つも作ったことがなく、それらについてはあなた同様知らないのだ。すべてのものがこの地球では土着のものであり野性のものだ。外来産の植物であることを示す印を私は何も知らない。ちょうど庭師を除いては誰もどの花がその庭園花壇から迷い出たものか分からないように。種子が発芽し、苗が生育する場所が、その植物にとっての原産地なのだ。

ラウドンは、沼地クランベリー、すなわち湿地性あるいは普通種のクランベリーについて次のように書いている。

コケベリー、湿地ベリー、沼地ベリー、沼地ホートルベリー、あるいはホートルベリー、コーンベリー、イング……について

クランベリーは、その花柄の頂部が曲がっていて、花が開く前は鶴（crane）の頭と首に似ていることから、その名前が与えられたと考えられている。あるいは鶴がよくその実を食べるからだろう……。その実は洋ナシ型や球状をしていて、しばしば斑点がある。真紅色で強い酸味のある変わった風味で美味……。ヨーロッパ山間部の泥炭質でコケの生えた沼地原産で、〔イギリスやアメリカの〕東部だけでなく、スイス、ロシア、スコットランド、アイルランドでよく見られる……。〔シベリアでは〕このベリーは冬の間中雪の下に残り、秋になって実が落ちる前に摘み取られるだけでなく、雪が解けてなくなった春にも集められる。英

国だけでなく北部ヨーロッパでもクランベリーは太古の昔から、暑い夏の数ヶ月酸味のある飲み物を提供したり、タルトや他の目的のために使われたりしていた……。〔現在イングランドではほとんど絶滅していているので、ロシアやスウェーデンから輸入し、大クランベリーは北アメリカから取り寄せている。〕ロシアクランベリーはアメリカのものより品質が優っていると思われている……。

　ロシアやスウェーデンの一部ではクランベリーの長い糸状の若枝は、ほとんどの葉が落ちてしまった春に集められ、乾燥させて縄により合わせ、家の屋根ふき材料にしたり、馬の馬具を付けるのにも使われる。〔ラウドン　2:1168, 1169〕

　「沼地ホートルベリーと沼地ベリー」についてジェラルドは、「沼地ホートルベリーは湿地や荒地にある沼に生える。タイムの葉とよく似た形の小さな細い葉がたくさん付いた、地上に平らに横たわるたくさんの小さな花弁で、柔らかな茎があるため、野生のタイムのようにその表面に這っている。しかし味は劣り、ざらざらして渋い。」「クランベリー……沼地スノキ……ムースベリーあるいは湿地ベリー」〔ジェラルド　1419〕。

サッサフラス　(Sassafras)

　サッサフラス、9月1日。9月中実が枝に残る。

　1856年9月3日。(丘の上で) 真紅色の殻斗(かくと)のなかに暗青色で棍棒形をした実を1つ見つける。ほとんど種ばかりで、タールに似た味がし、決して口に合うとは思えない。

　1854年9月24日。丘の上に生えた大きなサッサフラスの木に、美しい赤い棍棒形の柄が、実がずっと入っていた殻斗を付けたままたくさん残っているのが見える。長円形になっているけれども、まだ青い実が1つ2つある。その他の実はすべて、熟さないうちに落ちなかった場合は、熟した後に落ちているか、すでに鳥が取ってしまっている。グレイによれば、この実は暗青色で9月に熟す〔グレイ (1848) 394〕。

　ストロベリーヒルや、P・ダドレーの地所の北西リーズ方面にかけて、

野生の果実

またA・ヘイウッドの地所裏手にサッサフラスの木々が生えている。

バターナッツ（Butternut）

バターナッツ、9月1日。

1854年9月13日。たくさん落ちている。クルミよりも多い。ラウドンによると、9月の中旬、他の木の実より2週間早く熟す〔ラウドン　3:1439〕。

1859年9月19日。オルコット〔Amos Bronson Alcott　1799-1888　ソローの友人だった米国の教育家で超絶主義者〕によれば、彼の木では2、3週間前から実が落ち出したそうだ。実が割れる前には、外殻は乾燥してなくなっているはずだ。

1860年9月28日。まだ木になっている。9月中ずっと枝に付いたままだ。

1858年7月16日。バターナッツの木に気付く。ソーントンとキャンプトン〔ニューハンプシャー州の小さな町〕ではよく見られる木だ。ミショーは、「9月15日頃、他のクルミ類よりも2週間早くニューヨーク近辺で熟す」〔ミショー　1:162-63〕と述べている。

ペルタンドラ（Peltandra）

9月1日頃、私はペルタンドラの大きな花柄を目にした。1.5から2フィートの長さで、川辺沿いや牧草地で曲線状に垂れている。先端には直径約2インチの、手榴弾に似た緑色の果実が球状に固まって付いている。その中には多量の粘性の種子、すなわち木の実が入っている。果実は曲線状に垂れるのだが、あまりに地面近くまで垂れているので、葉がしっかり刈り込まれても、この部分は毎年大鎌に刈られずに済んでいる。そうやってこの植物は保護され繁殖するのだ。自然は草を刈る人に葉を与えるけれども、種子は隠しておいて、洪水がこれを手に入れにやって来るのを待っている。

ラテンミズアオイ（Pontederia）

　ラテンミズアオイ、9月1日。

　1860年9月17日。急速に落ちている。

　1858年8月19日。種子の導管が下がった。9月1日の今、他の果実が熟しているか、あるいは熟しかけている間に、その実は川岸で落ちて収穫される。

　1859年9月13日。なかにはまだ先端に花が付いているものもあるが、ラテンミズアオイの穂が今では大部分水面下に垂れ下がっている。1860年8月10日には曲線状に垂れ下がっていた。

　1860年9月17日。川の流れにその種を落とす。

　1859年9月26日。ラテンミズアオイは近頃急速にその種を落としてる。穂軸をほとんど裸にして、一塊の種がひとりでに水面に浮き上がるのを見かけた。ずいぶん前から多くの穂が裸になっている。今は浮かんでいるけれども、おそらく最後には沈むだろう。浮葉や岸の隣に打ち上げられた残骸物の間に浮かんでいる種子がたくさんあり、蜘蛛の足のように細長く緑色の奇妙な種子だ。おそらくそれは戻ってくる水鳥の餌になるだろう。水鳥が北から戻ってくるときには、様々なユリの種子のように熟している。

　1859年10月7日。水差しの水の中に私が落としたラテンミズアオイの種子は今ほとんど沈んでいる。外側が腐っていくにつれて、水よりも重たくなっていくのだ。

野生の果実 | 235

ユリ（Lilies）

同様にして黄ユリも9月1日には水中や水面下の泥の中で種子が熟し始める。その果実は今では緑色や紫がかった色をしていて、このような形や大きさ　　で、黄色の種　　が詰まっている。白ユリの果実は、黒ずんで腐りかけた花弁を取ると、このような形をしている。

ゼニアオイ（Mallows）

ゼニアオイ、9月1日。

ハント家の貯蔵庫に豊富にある。

1859年9月22日。綺麗で小さなボタン形の果実で、それを子供たちは青いまま食べ、チーズと呼ぶ。　　そのように子供たちが発見し食べることのできる果実がいくつかある。

ニオイキイチゴ（Flowering Raspberry）

ニオイキイチゴ、9月1日。

1856年9月6日。ブラットルボローにて。熟すと赤くなり見た目にかなり快い。そこでの散歩中ずっとこれを集め、味もよいと分かった。実は大きいが、決して豊富でない。

チョウセンアサガオ（Datura）

チョウセンアサガオ、9月1日。

1858年9月21日。マーブルヘッド〔マサチューセッツの沿岸の町〕では「ほぼ」花時は終わっている。

ジェラルドはシロバナヨウシュチョウセンアサガオについて次のように述べている。「前者〔標準的なチョウセンアサガオ〕よりもずっと大きい、この別の種類のものがある。私はその種子を高貴な人物、エドワード・ザウチ卿から頂いた。彼はそれをコンスタンチノープルより購入し、寛大にも多くの他の珍しく変わった種子と一緒に私に下さったのだ。そして私は

このチョウセンアサガオの種をこの土地いっぱいに蒔いた」〔ジェラルド 347〕。

シオデ（Green-Briar）

シオデ、9月1日。

1853年8月31日。色付き始める。9月4日も同様。1851年9月11日。だいぶん色が濃くなる。1854年9月8日。まだ完全に熟していない。1852年9月17日。完熟した。

1854年9月24日。藍色や紫がかった繖形花序をもち、見たところ21日と22日の霜で熟したようだ。

1850年12月19日。今までと同様見た目に快い。

1854年2月19日。光り輝く新鮮な果実がたわわに付いている。枯れた後も脱落しないで持ちがよい。

1851年11月8日。小さなブドウのようにまだ枝に付いている。

カエデガマズミ（Viburnum Acerifolium）

カエデガマズミ、9月2日。

1852年8月22日。カエデガマズミの楕円形の実が黄色っぽくなり、8月24日と28日には完全に黄色く楕円形で圧扁の実が付く。

1853年9月2日。暗紫色や黒色となる。

1853年9月4日。歯状ガマのように熟すと落ちる。9月6日。ブラットルボローでは旬を迎えているか、やや時期が過ぎた頃だ。卵形で鈍い藍色の実が付いている。

1854年9月12日。かすかに果粉の付いた藍色の実がなっている。完全な集散花序はなく、その集散花序は他の種より広がっていない。
　9月23日。新鮮で藍色がかった実がなっている。
　その実はこのあたりにはほとんどない。ラウドンはそれを「黒色」〔ラウドン　2:1034〕と言っている。

クロトネリコ（Black Ash）
　クロトネリコ、9月2日。

スイートブライア（Sweet Briar）

　スイートブライア［野バラの一種］の実は9月3日に赤く色付き始めるが、ときには9月末までそれが美しくなっているのに気が付かないこともある。10月にはそれらはとても綺麗になる。とても美しい艶のある長円形の果実で、ときに2平方インチの空間に1ダースもの実がぎっしり詰まっている。その形は綺麗な楕円形で頂部は平らになっている（それはちょっとオリーブの壺のようではないだろうか）。これはこの辺りでもっとも美しい赤い実だ。しかしほとんどの実はより均整で、壺のような形をしている　　　　。葉や花や果実の香りで3倍にも極上のものだ。たとえ貧窮したときでも、食事のひとつとしてサンザシと一緒にする価値はない。それらはとても乾いていて堅く、種が多くて美味ではない。なのに1852年12月18日には、アカリスがそれを食べているのを見かけた。

　1853年11月6日。サンザシは落ちてしまいモチノキもたくさん落ちたが、スイートブライアは豊富で新鮮で美しい。香りの良い緑の葉もまた何枚か残っていた。

野生の果実 | 239

1854年2月19日。色が褪せ腐り始めている。ジェラルドは次のように述べる。

　ブライアブッシュ、つまり野バラの潅木は、今でも同じローザ・ケイナンとも呼ばれ、とてもありふれたよく知られている植物なので、その記述に言葉を多く費やしてもあまり意味がないだろう。と言うのも、子供ですら熟したその実を喜んで食べ、その果実でリースなどの綺麗な飾りを作り、コックや上流夫人はその実でタルトやその他似たような料理を楽しんで作っているからだ。したがってこのような記述で十分であろう。
　〔アメリカの〕スイートブライアはあらゆる種類のバラよりも高く生長することがよくある。その若枝は堅くて厚く、樹木らしい。その葉は輝き、美しい緑色をしていて、香りもとても快い。そのバラは小さく五葉で、一般的には白く稀に紫色で、ほとんど、あるいはまったく香りがない。果実は長くいくぶん赤っぽい色で、小さなオリーブの種子やその他の植物の小さな花頭や実のようだが、庭に生える品種より小さい。その中にはざらざらした綿、つまり綿毛と種子が、小さく硬いその中に折り畳まれ包まれて入っている。そこでは同様に、我々がブライア球と呼ぶ、ヨーロッパノイバラのトゲのように生えるこの丸く柔らかく毛のあるスポンジの細長い新芽が見られる。
　〔一般の「野バラ」について述べて。〕その果実は熟すととても良い果肉ができ、タルトなどのようなご馳走用料理となる。それを作るのを私は上手な料理人に委ね、それを味わうのを裕福な人間に任せる〔ジェラルド　1269-71〕。

スイカズラ（Woodbine）
　スイカズラ、9月3日。紫色。

ホップ（Hop）
　ホップ摘み、9月6日。

アメリカナナカマド（American Mountain Ash）

アメリカナナカマド、9月6日。

1859年8月25日。部分的に色付く。ジェラルドはそれは「8月に」熟すと述べている。〔ジェラルドはトネリコの木については述べているが、その記述のどこにも「8月」という語は使っていない。〕

1860年9月15日。7日から10日――6日頃。ナットールは「アメリカナナカマド、すなわち北米のナナカマドだ」と述べている。『1856年版アンティコスティ島における地質学レポート』のなかで彼は、「実を付ける木や潅木のうち、ナナカマドまたはヨーロッパナナカマドがもっとも大きい。内地ではとても豊かに実を付けている。大きなものでは40フィートの高さのものもある」〔ナットール　2:63〕と述べている。

ランタナガマズミ（Viburnum Lantanoides）

ランタナガマズミ、9月6日。どれくらいの間だろうか。ホブルブッシュ〔ランタナガマズミ〕は、アメリカのガマズミの木だ。

9月6日。ピーターズボロー〔ニューハンプシャーの町〕ではほとんどが大きくて赤いが、熟したものは暗青色や黒色で、ハダカガマズミに似ている。

9月8日、ブラットルボロー。

低木オークのドングリ（Acorns: Shrub Oak）

ドングリ、9月6日。

オスターマン〔M.G.Ostermanは『食の変遷』という著作のある作家〕は「原始時代のドングリや木の実は、様々な種類のより甘いでんぷん質の種や根に取って代わられた」〔パルタニー　420-21〕と言う。ラウドンはバーネットを引用して、「オークの実、すなわちドングリだ」〔ラウドン 1721〕と言っている。

1852年8月22日。私はまだ青い低木オークのドングリの実の美しく豊富な房に魅せられた。白っぽいものもある。生き物たちにとっていかに多くの食糧となることか。

野生の果実 | 241

1853年8月28日。低木オークに今その実が付いているのが見える。

1859年8月30日。様々な種類のドングリがまだ落ちていない。

1853年9月4日。低木オークのドングリがびっしり付いた房はとても美しい。その豊かで健康な殻斗が、今はまだ色鮮やかな緑色のドングリとコントラストをなしていて、ときには3インチの幅に24個の実が付いていることがある。

1854年9月6日。今がちょうど、低木オークのドングリの房が落ちる前に、棚を飾る実を集めるのにいい時期だ。だがこの前の干ばつのせいで、いくつか自然に落ちそうな粒もある。私はその実（コナラの実）をリスが食べ、切り株の上にその殻を残しているところを目にした。

1859年9月12日。低木オークのドングリの殻斗がいくつか空になっているが、まだたくさんは落ちていない。葉の上に重なり合った大きな黄色のイモ虫が潅木を何本か裸にしてしまったため、ドングリがすっかり剥き出しになっている。

1854年9月12日。黒い低木オークのドングリがいくつか落ちている。

1859年9月13日。低木オークのドングリがいくつか木に付いたまま黒く色付き、子午線を示しているのを見かける。しかし一般にどの種類のドングリもまだ青い。

1854年9月22日。低木オークのドングリがいくつか、緑や黄色がかった綺麗な放射状の線を付けている。

1859年9月24日。普通種の低木オークは、明らかに我々が知っているオークの中でもっとも実り多い。私はたった2フィートの長さの枝に266個のドングリが付いているのを数えてみたことがある。今では殻斗の多くが完全に空っぽになっていて、ドングリが付いていたその付け根では、綺麗な丸いピンク色の跡が見える。それらは異なる低木に様々な形や大きさの実を付ける。今では一箇所に収斂する薄茶色の子午線を残して濃褐色に色付いている。低木オークのある土地ではシマリスに不安はない。

9月30日。ほとんどの低木オークのドングリが褐色に色付いている。

1859年10月1日。パイン・ヒルの低木オークは、色に関してもまたその実に関しても今が盛りだ。この台地と小さな窪地は、3フィートから5フィー

トの高さの、大きさも尖り具合も柔らかさも様々な美しい実を付けた低木オークがたくさん生えている。今ではその実のほとんどは、明るい色の収斂する子午線のある褐色に色付いている。たくさんの若枝は完全に葉を落とし、霜の影響を被っている。いくつかの低木では半分の殻斗が空っぽになっている。だがこれらの殻斗は通常リスの歯形が付いていて、おそらく自然に落ちたドングリはまだほんの少しだろう。しかしそれらは今にも落ちそうになっていて、葉が落ち霜の降りたこれらの若枝、あるいは大枝の柄を反り返らせると、柄の付け根で切れて今にも落ちそうになり、柄だけが実にくっついて残るだろうと分かる。リス、おそらくシマリスは、最近ここではとても忙しく働いているに違いない。たくさんの小枝が裸になっているが、灰褐色の殻斗に包まれたこの褐色の実の房は、今では同じような色の葉が散らばった地面の上で探しても気付かれることはなく、ほとんど目に見えない。すなわち、この落葉の撒き散らされた地面はその小枝や実と同じ灰褐色なので、この実の大きな冠に擦ったとしても気付かないかもしれない。この興味深い果実でいっぱいの深い木立を通ると、目の前に次々現れる実はどれも、それ以前に見た実より美しく思える。そこでは今が（他種のドングリは違うとしても）低木オークのドングリの時期だ。岩や切り株の上にリスが殻を残しているところを見かける。彼らは低木に実ったドングリを殻斗から取り外し、その縁のひとかけらの付いた殻斗をそこに残すのだ。

　ミショーによれば、「このオークの大きさのおかげで、クマやシカ、ブタは、ちょっと頭をもたげるか、あるいは後ろ足で立つだけで、それを餌に取ることができる」〔ミショー　1:83〕。

　1859年10月2日。低木オークが褐色に色付いた。

　1859年10月14日。低木オークのドングリが、わずかに1つ2つを残して、今ではすべて落ちている。その殻斗はまだ付いているが、乾燥したためいくぶん縁が内側に湾曲しているようで、おそらく今ではその実は入らないだろう。

　1859年10月15日。低木オークのドングリの少なくとも半分がまだ木に付いている場所がある。最後のものは今ではとても濃い色になり美しい。

野生の果実 | 243

1859年10月21日。とてもたくさんの低木オークのドングリがインディゴ発芽地ではまだ木に付いたままで、今までよりもさらに濃褐色に色付いている。
　ゴズノルド［Bartholomew Gosnold　1572-1607　イギリスの探検家で、1602年コンコード号でメインからナラガンセット湾を航行し、ケープコッドやいくつかの島を命名。1603年にはゴッド・スピード号でヴァージニアに最初の植民者を送る］やプリング［Martin Pring　同じくイギリス人探検家で、1603年初めてペノブスコット湾やニューハンプシャーを探検］やシャンプランがこのあたりの沿岸を航行した時、その時でさえ陸地には小さな低木オークが生えていて、（もし前者がこの辺りにそれほど遅い時期にいたのであれば）美しいドングリが濃褐色と明るい茶色の縞模様を交互に見せていたに違いない。
　1853年11月12日。私が今日気付いた低木オークの殻斗はドングリの実がなくなっていた。

レッドオークのドングリ（Acorns: Red Oak）

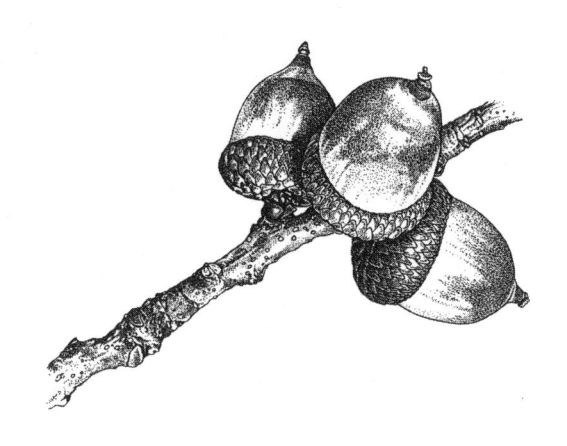

　レッドオーク。
　1854年8月27日。レッドオークのドングリがたくさん落ちていた（振り落とされたのではないだろうか）。広くて浅い殻斗に付いた大きな緑色の

ドングリだ。このためにハトがあたりにいるのではないだろうか。

1858年9月8日。レッドオークのドングリはまだ青いが、たくさんリスに齧り落とされている。

1854年9月12日。レッドオークのドングリはホワイトオークのドングリより先に落ち始めた。

1859年9月13日。まだ落ちていない。

10月12日。レッドオークのドングリはホワイトオークと同様、落ちてしまっているか、あるいは落ちかけている。

1859年10月14日。地面にレッドオークのドングリが散らばっている。

1858年10月28日。今大きなレッドオークのドングリが何と見事になっていることか。私はエマソンの地所で木の下に立った〔ラルフ・ウォルドー・エマソンは1860年代前半、とりわけウォールデン湖周辺のウォールデンの森に敷地を所有していた〕。それらはまだ落ちている。近づくと水中に1粒落ちる音が聞こえ、ジャコウネズミが飛び込んだのではないかと思った。それらは地面や川底いっぱいに散らばっていて、私がここに立っている間も1粒の実が、落ちる際に勢いよく大枝に当たって水の中に落ちる音が聞こえた。殻斗に覆われた部分は白っぽくなり、綿毛に覆われている。

いわば私たちの目を楽しませてくれるためだけに、野生の実をこのように豊富に作り出してくれるとは、大自然はなんと気前の良いことだろう。食べることはできなくても、それらは食用の実よりも、私のより崇高な部分にとってずっと健康的で、より長く私の傍らにあるのだ。もしプラムやクリなら私はその場で食べてしまい、すぐ忘れてしまうだろう。それらは私に瞬間的な満足しか与えない。だがドングリであれば、私はそれらについて記憶に留め、いわばこれを常食にするのだ。しかしその独特の決定的な風味について言えば、それらは口にされない果実であり、いつか使うために永久に蓄えられ、私もまだその味わいを知らない。それはいまだ想像されたことのない冬の晩まで取っておかれる。賞賛はされるが口にされることのないドングリは、まさにアンブロージア、神々の木の実だ。この世の終わりがきたときに、我々はそれを砕くだろう。

私は同じような色をしているマロニエよりも、ドングリの方を好きにな

野生の果実

らずにいられない。というのも、それらがより美しい形をしているだけでなく、この土地に自生するものだからだ。それらは何と完璧で、ふっくらとしているのだろう。それらは私に使われなくても差し支えがないのだ——私のことを知らないし、私に知られてもいない。ドングリはドングリの道を、私は私の道を進む。しかし私はときどきそれを求めて出かける。

1858年11月5日。レッドオークのドングリの大きくて浅い殻斗は、私がかつて見たことのある穴のつぶれたボタンのようだ。

1859年5月12日。レッドオークのドングリが幼根を下ろした。

ブラックオークのドングリ（Acorns: Black Oak）

ブラックオーク。

1854年9月12日。ブラックオークのドングリが少量落ちている。

1858年9月28日。ブラックオークのドングリが低木オークのドングリと同様、わずかに放射状の線を付けている。

1859年10月2日。だいたい褐色に色付いた。

1859年10月11日。実は落ちてしまったか、あるいは採られたようだ。

1859年10月15日。私はまだ木にいくつかブラックオークのドングリが付いているのを見かける。

ホワイトオークのドングリ（Acorns: White Oak）

ホワイトオーク。

1858年10月12日。ホワイトオークとレッドオークのドングリ。それらはとても綺麗でふっくらしていて艶がある。私はそれらをいじるのが好きで、手にしたものを投げ捨てるのは嫌いだ。

1859年9月11日。ホワイトオークのドングリはとても美しく、1つの中心から3粒放射線状に付いている。

1854年9月12日。ホワイトオークのドングリはほとんど落ちている。それは小さく、均整の取れた薄緑色のドングリで、小さな殻斗を持ち、普通は2つずつくっついていて　　、しばしばその間に葉っぱが生えている。だが3粒が放射線状に付いて小さな星型を作っていることも多く、そ

れはとても人工的に見える。

　1854年9月21日。3粒が放射線状に拡がり星型になった綺麗で小さなホワイトオークのドングリが地面によく落ちている。

　1854年9月22日。いくつかのホワイトオークのドングリが、葉と同様紅色に色を変え、赤く色付いている。

　1854年9月30日。ほとんどのドングリが褐色に色付いていて、地面に散らばっている。小路ではその実が我々の足や踵で踏み潰される。ホワイトオークのドングリは色が暗く一番艶がある。

　1859年10月2日。私が気付いたかぎりでは、緑色の実も少しはあるが大抵のドングリが褐色に色付いていて、今がちょうど実の色が変わったことに気付く時期だろう。低木オークを除いてほとんど落ちていないが、木の下に立つと実が落ちる音が聞こえる。

　1852年10月7日。今年は木の実がたくさん実るに違いない。私はホワイトオークの木の下で殻斗の付いていないドングリを1ブッシェル近く拾い集めることができるかもしれない。そして私はそれらが食べるのにもってこいだと思う。それらはクルミより早く落ちる。我々がその実を使うことはなくても、ドングリが豊富に実っているのを見るのは心強いものだ。ミショーは、ホワイトオークのドングリは「めったに豊富にならない」〔ミショー　1:20〕と言っている。

　1851年10月8日。J・B・ブラウンの穀物畑近くの森の縁で、私はホワイトオークのドングリを道で拾った。それは意外に甘くて味が良く、苦みはほとんど感じられなかった。私の好みから言えばそれらはほとんどクリの実と同じくらい味が良い。原始の人々がドングリを食べて生きていたとしても不思議はない。これらはそう称されているほどつまらない食物ではない。その甘さはパンの甘さと似ている。そしてこの見過ごされてきた木の実の味の良さを発見した今、私にとって人生は新たな甘みを得、原初の人々とつながりを持つようになった。雑草もまた甘く栄養があると発見することになればどうなるだろう。大自然は私にはずっと優しいようだ。私は仲間の数を増やしてきた。この季節であれば私は森のなかで簡単に食べものにありつくことができるだろうと思う。ハトやリスにとってと同様、

わたしのためにも木の実がある。

ドングリは人間の食べものになるはずだったのではないだろうか。これは赤ん坊にとっての母乳と同じくらい味覚にとって快いものだ。甘いドングリの木は有名で、少年たちはよくそれを知っている。確かにこの食べものが健康に良いことについて疑問の余地はない。それを食べて生きることによって、我々はいくらか強壮さを取り戻すこともあるのではないだろうか。ラケダイモン人がアルカディア征服についてデルフォイの神託を請うたとき、ピュティアは次のように答えた。「汝はアルカディアのことについて私に尋ねるのか。汝の求めは大きい。私はそれを汝に与えることはできぬ。アルカディアにはドングリを食べる者たちが多くいて、その者たちが汝らの妨げとなるだろう」〔ヘロドトス　27〕。

光沢を持ち、その上に落ちる葉と同じ色に色付いている、このドドナの産物よりも、美しく見栄えの良いものがあるだろうか。〔ギリシャのエペイロスのドドナは古代にはゼウスの神の聖地であり、ドドナのオークは神託の源とみなされた。〕食べられるドングリを見つけたら、それは忘れられない午後となるのではないだろうか。

翌日私は朝食にこれらのドングリを1クォート茹でたが、おそらく殻と薄皮を付けたまま茹でたからだろう、少々苦い味となったので、生のものほど口にあわないことが分かった。だがおそらく私はそれらにまもなく慣れるだろう。案外それは我々が食物に必要とする一種の強壮剤かもしれないのだ。今日我々の食べものは甘いものばかりで苦いものがほとんどないのではなかろうか。インディアンは枝に付いたままそれを茹でたものだった。同じ木になったドングリ全てが同じように甘いのではない。それはあっさりとした甘さがあるように思われる。

1860年10月8日。急速に落ちている。

1858年10月12日。ホワイトオークのドングリがすでに落ちていたり、あるいは落ちかけていたりしている。

1859年10月11日。大きなブラックおよびホワイトオークの木の下を見ていると、ドングリが落ちていたり、あるいはリスによって集められたりしている。小枝に付いた房が切り離され、木の実が取られているのを見かけ

る。

　1857年10月17日。光沢のある褐色のホワイトオークのドングリが地面いっぱいに厚く積もっていて、その多くが芽吹いている。発芽の何と早いことか。私はいくつか割と食べられそうな実を見つけた。しかしそれも野性のリンゴ同様、戸外でお腹を空かせている必要がある。家で食べようとしても、その実は口にあわない。戸外での食欲は希われるべきものなのではないだろうか。

ドングリ一般（Acorns Generally）

　1859年9月18日。ほとんどのドングリはまだ青い。

　1854年9月19日。落下したドングリは2、3日中にあの健全で輝く暗い栗色になる。

　1859年9月18日。9月の中旬頃、おそらく落下する前の緑のドングリが一番人の注意を惹くだろう。9月1日以降ドングリの主に虫に食われた実がぽつぽつ落ちている。10月と9月の後半はドングリの時期だ。もっとも今（1853年10月26日）は遅すぎるようだが。

　1859年10月3日。木の実——たとえばドングリ——を褐色に色付かせ熟させるのは霜に違いない。霜や寒気がドングリやクリを色付ける。

　1859年10月13日。木にドングリが付いていない。これ以前にドングリはすべて落下してしまったようだ。それとも今年は不作なのだろうか。

　1859年10月14日。見たところどの種類のドングリも落下してしまったようだ。しかし今年は（木になっている）ドングリは豊富ではなかった。

　1855年10月21日。ほとんどリスがドングリを食べてしまった。ハトがどのようにしてドングリを丸ごと飲み込めるか不思議だが、彼らはじっさい飲み込んでいるのだ。

　1852年11月27日。地面に若芽を出しているドングリを見つけた。

　1859年4月23日。無傷なのはどれくらいの割合だろうか。先日集めた約5クォートのスカーレットオークのドングリのうち、生命のあったものはわずか3ジル［4分の1ポイント］、つまり7個のうち1つくらいしかなかった。リスがどのくらいドングリを手に入れたのかは分からないが、木

そのものがかなり家の近くにあったので、私はそんなにたくさんではないと思う。残りは明らかに虫のせいで傷んだのだろう。虫は春が来る前にドングリの4分の3を台無しにしたと言える。地虫がすでにドングリの中にいたので、手に入るものは何であれ、(リス以外にとっては)秋にそれを埋めても今埋めても同じことだ。

1859年5月29日。オークの若木が四方八方に芽を出している。もし必要になったとき、オークの森をどのようにして生じさせられるだろうか。

1855年3月25日。雪が解けて晒されたドングリをリスが大量に食べているのを目にした。

1859年9月30日。湿地ホワイトオークのドングリが褐色に色付いている。ミショーは、「それらは豊富にはなく、殻斗の内側は奇妙にも綿毛で覆われている」〔ミショー 1:44〕と言っている。

1854年9月26日。たくさんの湿地ホワイトオークのドングリが木の上で褐色に色付いている。ミショーはスカーレットオークについて次のように言う。「外見からブラックオークのドングリと区別することはしばしば難しい。その唯一の識別できる特徴は仁の色にあるが、スカーレットオークのドングリの仁は白色で、その他のドングリでは黄色がかっている」〔ミショー 1:96〕。

1854年9月19日。スカーレットオークのドングリを図で示す。

1858年11月10日。

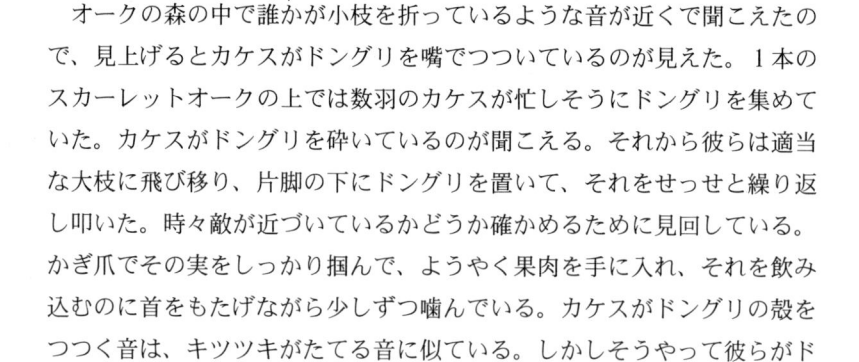

オークの森の中で誰かが小枝を折っているような音が近くで聞こえたので、見上げるとカケスがドングリを嘴でつついているのが見えた。1本のスカーレットオークの上では数羽のカケスが忙しそうにドングリを集めていた。カケスがドングリを砕いているのが聞こえる。それから彼らは適当な大枝に飛び移り、片脚の下にドングリを置いて、それをせっせと繰り返し叩いた。時々敵が近づいているかどうか確かめるために見回している。かぎ爪でその実をしっかり掴んで、ようやく果肉を手に入れ、それを飲み込むのに首をもたげながら少しずつ噛んでいる。カケスがドングリの殻をつつく音は、キツツキがたてる音に似ている。しかしそうやって彼らがドングリを食べる前に、時々その実が地面に落ちることがある。

1858年11月27日。スカーレットオークのドングリの中には、ブラックオークのドングリ に似た形をしたものもあった。また中にはこのように 縦線を持つものもあった。

1856年11月10日。パース・アンボイのほとんどすべてのホワイトオークとクリオークのドングリ（おそらくモンタナコナラ）が芽を出している。

1856年11月2日。ピンオークのドングリは、球状に近く、とても綺麗な子午線がある。ミショーによれば、クリホワイトオークのドングリはアメリカに生えるすべてのドングリの中で2番目に丸い実であるため、野生動物がそれを捜し求めるそうだ。またホワイトオークのドングリは細長い形をしていて、最後まで残る実として捜し求められる。ミショーは、小さなチンカピングリはとても繁殖力があると述べている〔ミショー　1:47, 51〕。

1854年9月30日。芸術で扱われる慣習的なドングリは、もちろん特別な種でない。しかし芸術家は再び自然の多様性を研究することが価値のあることだと分かるだろう。この実の形はなんと魅力的なことか。ポンプや柵や寝台の支柱がその形を模倣しているのも不思議ではない。

1859年9月11日。ドングリよりも美しい果実はない。私はまだほんの少しの実しか落ちているのを見かけていないが、それらは全て虫に喰われている。ドングリの色は何色だろう。クリやハシバミと同じくらい綺麗な色ではないだろうか。

1857年10月16日。メルヴィン〔George Melvinはコンコードにいたのらくら者で、終日狩りや釣りをして過ごし日々を楽しんでいたので、ソローは彼を気に入っていた〕はアサベッツ川上流の夏カモがドングリを求めていると思っている。水面下の罠にドングリと一緒に餌を付けることで、一度に7羽捕まえた。『ニューイングランドの展望』の中でウッドは、「これらの木々〔オーク〕は、特に3年毎に、豚の肥料を大量に提供する」〔ウッド　18〕と述べている。

1856年9月19日。落下したドングリは、数日中に健全で輝く暗い栗色になる。

1852年4月29日。葉の間からドングリがこの1週間の間で芽を出した。殻が割れ、すでに地面の下を目指して頭を曲げている芽の先では赤い果肉

が顔を出している。もし虫やリスから逃れることができたとしても、オークの木として耐え忍ぶべく運命付けられている嵐のことをすでに考えているのだ。もし森を作ろうと思うのであれば、それを拾いあげて植えることだ。

　1860年9月26日。ホワイトオークなどのドングリが、葉や果実と同様風雨の後落ちてしまった。

　1860年10月7日。背丈は低いが（ハバード木立の南東に）広がっているホワイトオークは、ちょうど落下しかけていたり、あるいは今にも落下しそうなドングリでいっぱいだ。大枝を叩くと、大量にカラカラ音をたてて落ちてくる。それらは（恐らく霜の影響で）いまだ緑の葉の間でほとんど黒く色付き、変わってはいるが心地よいコントラストをなしている。裸の地面の上に落ちたドングリのいくつかは、すでに殻を割って芽を出している。とはいえまだほとんどの実は落下していない。

　1852年6月30日。低木オークのドングリはエンドウと同じ大きさだ。

　サガールは『カナダの歴史』の中で次のように述べている。「ケベックの住人は、町をイギリス人に奪われた1629年飢饉に襲われたときに、シジルム・サロモリと呼んでいた実の根を、パンにしたり、あるいはドングリや大麦の食事と一緒に食したりした。彼らは苦味を取り除くため、ドングリを水の中で灰と一緒に2度茹で、それから粉にして大麦の食事に混ぜて、スープを濃くした」〔サガール　976〕。

紅色エンレイソウ（Painted Trillium）

　紅色エンレイソウを一度ここ奥地で9月7日に見た。どのくらい経っているのだろうか。

　1852年9月7日。さらに大きく赤い果実をつけた紅色筋エンレイソウを見つけた。

ニッサ（Tupelo）

　ニッサは、酸っぱい樹脂あるいは黒い樹脂とも呼ばれ、9月7日に開き始める。

9月11日。見たところ完熟状態だ。

1859年10月19日。すべて落ちてしまっている。どのくらい経っているのだろうか。水生ニッサは「11月初めにかけて熟し」、葉が散っても枝に残ったまま「赤胸の鳥たち」の餌になるとミショーは述べている〔ミショー3:37〕。

1857年9月7日。私が調べたものはまだ青かった。

1860年9月7日。ハバードの木立ではまだほとんど実がなっていない。去年よりも種子が少なかったのだろう。

1859年9月11日。ハバードの木立内にある池のそばで、背の高いニッサのどの木にも点々と、今や熟した（おそらく完熟の）果実がたわわに実っているのが見える。その果実は小さく卵形で暗紫色をしており、赤く色付きだした葉の間から見える細い果柄の先端に2、3粒ずつ固まって実が付いている。この果実はとても酸っぱく種が大きい。しかし木にとまった数羽のツグミがその果実に心惹かれている様子を見かけたことがある。その木も果実も一般にはあまり知られていないので、まだ小さな時期のその実は洋ナシに例えられることが多い。

1854年9月30日。サム・バレットの地所の裏手の木は、葉が全て緋色に色付き、たくさんの実――小さく卵形で、青みがかった（グレイが「黒みがかった青」〔グレイ（1848）397〕と呼ぶ）液果――を付けていたのだが、熟していないとても小さな実は枝に残っていた。

1854年10月19日。すべて落ちていた。いつからだろう。

大きくて細長い実が1つ鉄道線路上に、またステープルズの牧草林の中にも1つ落ちていた。〔サム・ステープルズはソローが税金を払うのを拒否したときコンコードの牢獄に彼を閉じ込めた巡査。この事件はソローが「市民の不服従」を書く際に大きな影響を与えた。〕

ストローブマツ（White Pine）

ストローブマツの球果［マツカサのこと］は9月9日に開き始める。

1855年1月25日。いくつかの球果を手にしてその底部を見ていた私は、果鱗の5本（それが1枚の束生葉にある針状葉の数だ）の線を見つけ、そ

れぞれが軸の周りを一周しているのに気付いた。

1855年3月6日。とても綺麗なストローブマツの球果を拾う。それは底部が2と8分の3インチで頂部辺りが2インチある6.5インチの長さの球果で、完全に開いた状態だった。それは健康的で豊かな球果で、手の中で転がすと様々な色合いを見せる。常に外気に晒されている果鱗の一部だけを見ているのだが、見下ろすとペンキを塗っていない材木に似た明るい灰褐色や濃い灰褐色に（あるいはまるで明るめの茶色が灰色のコケに覆われているように）見える。縞や模様が数箇所あり、それぞれの果鱗の先端部はマツヤニが少量付いている。（1860年10月にはこれら球果が焚き付け用に売り出されるようになったと聞いた。）内部は、枝から下がった状態のときに上になる部分は灰褐色で、下部は明るい茶色である。この下の部分は、錨か何かのように中央に沿った部分と頂部の辺りが同じく焦茶色で、とてもはっきりした模様をなしている。

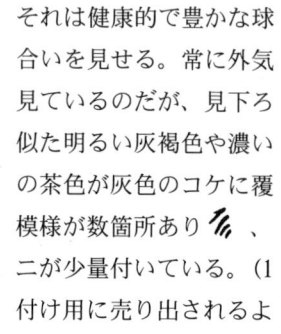

1855年10月16日。この立派な木立〔ベック・ストウ沼の裏手の松林のこと〕でこれらの実を手に入れたのは誰だろうか。

1855年10月19日。ようやく少しだけ見つけたが、開いた状態のものだった。

1855年11月4日。見つからなかった。だが私が観察し始めたのは1ヶ月前のことで、もう球果は落ちて開いている。まずは9月に見ることにしよう。

1850年6月。昨年の球果が今では2インチの長さになっている（今年のはまだ開いていない）。最先端の枝から鎌のように曲線状に実っていて、同じく木々のてっぺんに実を付ける熱帯樹を彷彿させる。〔ソローはこの文章を余白に縦に書き込んでいたため、編者がここに恣意的に挿入した。〕

1859年8月22日。この1週間で木々が完全に緑になるまでリスが実を取って裸にしてしまった。9月1日。地面にその実が撒き散らされている。ミショーはストローブマツの球果は10月1日頃に開くと言っている〔ミショー3:159〕。

1856年10月8日。ようやくストローブマツの球果をいくつか見つけた。エマソン・ヒーター・ピースの木々にも少しだけ実がなっている。すべて開いていて、1個を除いてどれも健康な種子がなくなっていた。つまりは9月が球果を取る時期なのだ。それぞれの果鱗の先は新鮮で滴るようなマツヤニに覆われている。

　1857年9月。午後丘にストローブマツの球果取りに出掛ける。いくらかでも実のなっている木はほんの少しだけで、その実はもちろん木々のてっぺんに付いている。なんとか収穫できたのは15フィートから20フィートの高さの小さな木々からだけで、左手で幹にしがみつきながら、ぶらさがっているピクルスのような緑の実に右手が届くまで登ってみた。（だがようやく1つ手に入れたときには、私自身が困った羽目に陥ってしまった。）球果は今やどれもマツヤニを流していて、私の手もすぐヤニだらけになった。指にしっかり付いてしまっているので、これら戦利品を放り投げようとしても簡単にはできない。それにようやく下に降りてこれらの球果を拾い上げても、そのような手ではバスケットに触ることもできず、腕にかけて運ぶしかなかった。脱いだコートを拾うこともできないので、歯で咥えるか、さもなければ蹴り上げて腕にかける以外ない。そのため時々小川や泥溜まりで手を擦りながら木から木へと移動することとなった。油脂のようにマツヤニを取り除くものがないかと期待していたのだが無駄だった。それは今まで私が行った中でも一番粘ついた仕事であったが、私はあくまで粘ってこの仕事を続けた。これら球果を齧って1つ1つ果鱗を開いていくリスたちは、どうやって前脚やヒゲを綺麗なままにしておけるのだろうか。マツヤニに触っても汚れないのだから、彼らには我々の窺い知れない何らかのマツヤニ対処法があるに違いない。その処方箋を手に入れるためなら私は何だって差し出すだろう。もしリスの家族と契約を結んで実を齧り落してもらえるのであれば、どれほど早く集めることができるだろうか。あるいは私に80フィートの長さの植木ばさみと、それを振うための起重機さえあればいいのだが。この球果はそのふしのおかげでクリの実よりもずっと効果的に保護されているのだ。

　いくつかはすでに褐色に色付いて乾燥しており、部分的に開いている。

しかしこういった球果は種子が空っぽで虫に食われているものだ。私の部屋に集められたこれら球果は、殆どラム酒に近いような、あるいは糖蜜樽のような、アルコールを含んだ強い香りを持っている。おそらくそれを好ましく思う人もいるだろう。

要するに、その仕事はまったく利益の出ないものだと分かった。なぜならこの木々は通常リスたちに十分なだけしか実を付けないのだ。

1860年9月16日。ジョン・フリント牧草地内の美しい松林で、リスが落した開いていない緑の球果が木々の下に落ちているのを見つけた。木々に実っている球果の多くはすでに開いているが、この1週間のうちに開き出したのだろう。ある小さな森のなかではストローブマツの球果がすべて地面に落ちていた。ほとんどが開いておらず、明らかにリスが落したばかりのものだ。実の大部分がすでに齧られていた。リスはリギダマツの時と同様、球果の底から齧り始める。彼らがどの森の中でもストローブマツの球果を落とすのに忙しく働いていたのは明らかだ。おそらく種は別々に蓄えておくのだろう。クリの実のイガが開く前に、彼らはその仕事を終えることができる。

1857年9月24日。メリアムの松林では、地面はリスたちが落したストローブマツの球果で一面覆われている。やはりほとんどがまだ青く閉じていて、ほとんどどの松も、底部あたりはほとんど、あるいはときに実全体が齧られている。今から1週間くらいはそういった球果を集めるのにいい時期となる。

1857年10月6日。エビー・ハバードの森を通っていた私は、地面に何千というストローブマツの球果が落ちているのを目にした。新鮮で明るい褐色をしていて、最近になって開いて種子を落し、地面に丸まっているものだ。種はたくさん食べれば結構おいしく、栄養にもなりそうな味だ。ブナノキの実に似ているように思う。

2、3日午後を費やした後ようやく1ブッシェルの実を持ち帰る。でもまだその種子は手に入れていない。イガに入ったクリの実よりもはるかに効果的にふしの中で守られているのだ。自然に開くまで待ってもう一度マツヤニまみれになる他ないだろう。

1859年9月1日。しばらくの間地面にはストローブマツの緑の球果が一面ばら撒かれている状態だった。

　1857年11月25日。1本のストローブマツの下に何クォートもの果鱗が落ちて山になっていた。

　1858年10月29日。開いてしばらく経っているのだが、なかなか落ちない。

　1859年3月21日。おそらく時期はずれの風で落ちてしまったのだろう。24本ともほとんど完全に実が落ちてしまっている。

　我々は使わない果実を観察することがいかに少ないことか。ストローブマツの実が熟し、種子が拡散するのに気を配る人が何と少ないことだろう。実りの多い年の9月下旬、6フィートから10フィートの背の高い木々のてっぺんは、尖った先端を下に向けて開いたばかりの球果で褐色に色付く。それは60ロッド［約300メートル］離れた場所からでも素晴らしい見物となる。そのような森をかなりの高みから見下ろしてみて、普通我々が果樹として考えることのないこの木々にこのような豊穣の証を見てとるのは価値のあることだ。ちょうど農夫が10月に自分の果樹園を訪れるように、私も時々ストローブマツの森に、ただその球果が実っているのを見るためだけに出掛けてゆく。1859年の秋には、ストローブマツの実が特に豊かに実った。私はこの町だけでなく、この土地のあらゆる場所で、さらには遠くウースターでもそれを目にした。〔ウースターは、コンコードの南西約35マイルの位置にあるマサチューセッツで2番目に大きな都市。〕半マイル離れたところからでもその褐色の球果が実っているのを見ることができる。

　1860年9月18日。球果が開いているのを目にしたが、それは古い球果かもしれない。今年の実を1つでも目にしただろうか。昨年は（若い木々に）実ができなかったからかもしれない。

　1859年9月28日。クームズがハトの餌袋の中に沢山見つけた。〔クームズはソローの隣人で、よく『ジャーナル』でもラストネームが言及される猟師。〕

ヤブマメ（Amphicarpæa）

　ヤブマメ、9月10日頃。

野生の果実 | 257

小畦の中で見つかる。

1856年9月29日。部分的に熟した小さく黒い斑点のある豆が1つの莢に3粒ほど入っている。

ノボタン（Rhexia）

釣鐘形ノボタンの花、9月10日。

今遠くからよく見えるのは、優美な形をした小さな囊状葉を持つ赤い釣鐘形のノボタンの花だ。低地の野原のなかにはこの花で真っ赤に染まったものもある。

マンサク（Witch Hazel）

マンサク、9月10日頃。

ある年の9月、私は変わった形をしたマンサクの実をいくつか集めて部屋の中に置いた。黄葉した葉の間で、いわばぴったり合った鹿革服を身に付け、美しい房の中で実を付けている。二重になった果実の仁が割れて、2つの輝く黒い楕円形をした種子が見えている。3日後の真夜中、ときどきパチンと何かが割れる音や、何か小さなものが床に落ちる音が聞こえてきたが、朝になってその音が机の上に置いていたマンサクの実から出てい

たことが分かった。実が大きく口を開いて、その硬い石のような種子を部屋の向かいに放っていたのだ。このようにして数日間マンサクの実は輝く黒い種子を部屋中にばら撒いていた。このように種子が飛び出すのは、実が最初に口を開けたときではないようだ。なぜなら私は、ほとんどとは言わないまでも多くの実が、種子をまだ中に入れたまま開いているのを目にしたからである。しかし種子は、殻が先のイラストのように開いた後であっても、殻の底の部分にぴったりくっついているように思える。私がナイフを使ってまだ底にしっかり付いていた種子を放すと、それは前述のように弾け跳んだ。そのつるつるした底は硬い殻で圧縮されているようで、我々が種子をぎゅっと押して親指と人指し指の間で滑らせて飛ばすときのようにして、ようやく吐き出されるのである。このようにしてその種子は一度に10フィートから15フィートも弾け跳ぶことによって拡がってゆく。

1859年10月。多くはまだ熟していない。

シスタス（Cistus）

シスタス。9月12日頃。

1859年9月18日。数日開いた状態で、いくつかはもう花時が過ぎて実ができている。

1856年12月6日。フウロソウ。〔フウロソウとシスタスはソローにとって同じ植物を指す。〕

イヌホオズキ（Solanum Nigrum）

イヌホオズキ。9月14日。

1856年9月10日。ニューハンプシャー州ウォルポールではまだ青い。〔1856年9月10日から12日まで、コネチカット川沿いにあるマサチューセッツ州境から北に25マイル離れたウォルポールまで、ソローは友人のエイモス・ブロンソン・オルコットを訪れていた。〕

1856年9月21日。ここクリフではちょうど実が熟しているようだ。

1860年9月21日。プラッツでは1週間から10日程前に熟しだした。

タヌキマメ（Crotalaria）

タヌキマメ、9月15日。

1860年9月18日。数日前からディープカットのカラカラ莢が黒ずみ、音を鳴らし始めている。

1856年10月3日。草の中を通っていると、種子が莢の中で鳴る音が聞こえたので、ワイマンの敷地の裏にタヌキマメがあるのが分かった。その音はインディアンが脚絆につける装身具やガラガラ蛇が出す音に似ており、これらの学術名は同じ語源を持つ。すなわちギリシャ語の $κρόταλον$「ガラガラ箱」（rattle）である。

1857年11月1日。ディープカットの西に位置する高地野原を歩いていると、足下の刈株の中でカラカラという音がしたので、タヌキマメがあることに気付いた。ちょうどヌスビトハギが私にくっついてきたその莢で見つかるように（それはこのように私に請求書をくっつけて自己宣伝する）、私はその音によってタヌキマメを見つける。そのかすかな音から私はタヌキマメがあるはずだと思い、戻って見つけたのである。（このように冬になると私はその種子がカラカラ鳴るのを耳にするのだが、風が吹くと藍色の草の小さな黒い莢のなかでより綺麗にその音が聞こえる。秋が深まると、どこかの草深い野原で、農夫が集めなかったこの豆の実が足に当たってカラカラ音がするため時々見つかる。多分この種子はこれを常食にする野生の動物にこのようにして正体を現すのだろう。）私は暗闇であっても同じく分かったはずだ。同様にして、踏まれて傷ついたペニローヤルハッカは、丁度ビャクダンが斧にその香りを付けることでそれと分かるように、その発する芳香によって見つかる。

1858年10月3日。ディープカットを通っていたときに、剥き出しで砂利混じりの斜面に生えたこの低木から豊富にぶら下がった、成熟して美しい濃い藍色の莢に魅了された私は、タヌキマメの新しい群生地を見つけた。その低木は莢の長さと比べてほんの5、6倍ほどの高さしかない。この黒い莢とその背後の黄色っぽい砂地は綺麗なコントラストをなしていた。

自分に適した土地が見つかることを確信しながら、この植物がいかにして拡がってゆくのか、考えてみるとおもしろい。ある年私はこの植物をグ

レート・フィールズで見つけ、珍しいことだと思った〔『ジャーナル』2:194〕。次の年にはまた、新しく思いもかけない場所でこれを見つけることになった。このようにしてそれは、野原から野原へと、言わばスズメの群のように飛び回る。私はこれまでそれを軽い砂地でしか見つけていないが、そのような土壌が豆の成長には適しているのだろう。

マコモ（Zozania）

マコモ、9月15日。

1859年9月15日。マコモの実はまだすべて青い。

1860年9月16日。まだどれも熟しておらず黒くもなっていなかったが、ほとんどすべて落ちてしまっていた。

1858年9月25日。まだ青い。

1859年9月30日。ほとんどすべて落ちてしまったか、昆虫や地虫か何かに食べられてしまった。しかしいくつかまだ青い実や黒い実が残っていた。

雑草類（Weeds and Grasses）

種付けされた草類は9月15日に熟し始める。

ジャガイモの世話が終わった今、大自然は鳥たちのために、ローマヨモギ、アカザ、アマランスなどの収穫の準備を行っている。これらは「遅咲き」の草で、ジャガイモも大部分熟した今、鋤も入らず長い間放っておかれた耕作地に今ではかなり広くはびこっている。文明の利の恩恵を受けて秋冬を越す小さな鳥たちのためにその収穫を準備しているのだ。これらの種子には耕された地面が必要で、我々は早い時期から熱心にこれら雑草類を引き抜こうとするのだが、大自然はその種子をうまく豊かに実らせるまで毎年じっと辛抱するのだ。

1859年9月25日。我々の庭に生えているまさにその名の通りのカニ草が、おそらくは15、16日に降りた霜のせいで、大部分明るい麦色となり萎れてしまった。ほとんどトウモロコシと同じくらい白く、何百羽ものスズメがその中から食料を見つけていた。トウモロコシを実らせ白くするその同じ霜が、多くの草をこのようにして白くするのだ。

ブナ（Beech）

　　ブナ、9月15日。

　　その著『森の生活』や『森林樹』のなかでスプリンガーは次のように言っている。「飢餓に駆られた熊はよく木に登って熟す前のこの木の実を採る。辺境の森へ遠出していると、木々の一番上の枝が折れて、直径3インチほどの幹の方へと引っ張られ、しまいにはてっぺんの枝がすべて畳みこまれて、空中50フィートの場所にふさ状になった円環ができているのをよく見かけた」〔スプリンガー　28〕。

　　1853年11月2日。ブナの実がたくさんなっていたようだ。まだ木々には空っぽのふしがいくつか残っていて、たくさんの木の実が地面に落ちているが、果肉のあるものは1つも見つからない。

　　1853年6月12日。木の張り出したベーカーの丘陵斜面では、木の実がほぼ完全に成長しきっていた。ここではいつも申し分なく育つのだろうか。

　　1859年には健康な木の実を手に入れた。

　　1859年10月1日。小さなブナの実のふしはほとんど空っぽで発育不全だ。それでも私は見たところ完全に成長して果肉の付いた実をいくつかもぎ取った。この実は今が旬のようだ。

　　1860年9月18日。ふしは褐色になっているのにまだ落ちていない。それは私の部屋ですぐに開いたが、実はすべて空っぽだった。

　　1859年9月1日。小さなブナの実のふしはほとんど空っぽで発育不全だ。それでも私は、見たところ完全に成長して果肉の付いた実をいくつかもぎ取った。この実は今が旬のようだ。ミショーによれば、赤いブナは10月1日頃に熟す。〔ミショー　3:26〕

遅咲きのバラ（Late Rose）

　　遅咲きのバラ、9月15日頃。

　　1854年1月30日。遅咲きのバラの実がまだタニワタリノキの間で綺麗なままたくさん残っている。

　　1860年10月28日。バラの実は相変わらず美しい。特にターンパイクのスミスの地所そばの岩丘のこちら側では。

1853年11月11日。バラの実がまだ川沿いにたくさん見える。

1850年12月14日。ローリング湖そばの牧草地内では、今まで見たこともないくらい様々な形の野バラの実がたくさんなっている場所がある。それらはモチノキの実と同じくらい密集して実を付けていた。

1854年2月19日。遅咲きのバラの実は、多少萎びてしまってはいるが、まだ赤く綺麗だ。他のバラの実よりも寿命が長い。スイートブライアの実はすでに色褪せ朽ちかけている。しかし前者はまだ非常に数も多く、1ダースかそこらの散房花序も完璧なまま、タニワタリノキの間で目立っている。

1854年3月4日。川沿いでは何かの生き物の糞の中の種子が芽ぶき、木になって同じようにたくさん実っている。

クマベリー（Uva-Ursi）

クマベリー、9月15日。

1853年5月22日。小さな実ができている。

1854年8月14日。色付き始める。

1855年7月16日。ケープコッドで赤く色付き始めた。

1856年7月31日。多くは完全に成長している。

1859年9月18日。クマベリーが熟す。

1860年9月23日。完熟。

1860年8月1日。完全に成長しているが、まだ色付いていない。

ラウドンによれば、「その実には質素な果肉が詰っており、イギリスではライチョウなどの鳥の餌になる。スウェーデン、ロシア、アメリカでは、熊の主要な食料である」〔ラウドン　2:1123〕。

ビーチプラム（Beach Plum）

ビーチプラム、9月15日。

1857年6月20日。ケープコッドでビーチプラムをサクランボよりもいいと考えている女性と話をした。〔『ジャーナル』9:446〕

1857年7月6日。まだ枝に付いていた数少ないビーチプラムの実には、ジギゾウムシが作った三日月型の跡があちこち付いていた。

1857年9月10日。熟しかけている。(1859年9月12日と同様。)

1857年9月20日。ビーチプラムは今では完全に熟しており、意外に美味しい。平均的な栽培プラムと同じくらい美味だ。クラークの地所の裏で、果粉が付いたままの暗紫色の果実を片手一杯手に入れた。出来の良いブドウと同じくらいの大きさだが、それより少し長めの楕円形で、幅4分の3インチほど、縦はそれより少し長い。

ビーチプラムの木は、今ではメインの海岸から内陸に40マイルのところまで生えている。

トウワタ (Asclepias Cornuti)

トウワタ、9月16日。

一番早いトウワタは9月16日頃飛び始めるが、10月の20日あるいは25日頃には莢が種子を拡散している。(私は春にもその種子が空中を飛んでいるのを見たことがある。) その莢は大きく厚みがあり、柔らかい棘に覆われ、軸を飾字体の飾りのように立てて　　　、様々な角度で立っている。もしその内側と外側をどちらも調べてみたなら、その莢がややカヌーに似た、妖精の作った小箱のような形をしていることに気付く。乾くと上向きになって割れ、突面つまり外面に沿って筋のところで開く。すると、ぎゅっと圧縮され重なった、傷ひとつない上質のシルクのような薄く銀色の綿毛を持つ種子が、すでに右側を立てた状態で並んでいるのが見える。これを種子のたてがみとかシルクの魚とか呼ぶ子供もいるが、確かにその種子を横にしてみると、茶色の頭を持った丸々と太った銀色の魚に多少似ている。

200個ほどの(例えば私はある時134個あるのを数えてみたが、別のときには270個あった) これら洋ナシ型の(あるいはさおばかりの「ナシ_{ポアレ}」のような形をした) 種子が、綿毛のような柔らかい棘で武装し、滑らかでシルクのような裏地を持つ小さな楕円形の莢の中にぎっしり詰まっている。この種子は、先端が芯につながった非常に上質でシルクのような糸状束を通して栄養を吸収している。(そのシルク糸はさらに、この芯の隆起した仕切り部屋によって、1、2回分かれている。)

ようやく種子が成熟して親木から栄養を必要としなくなり、乳離れして、さらには乾燥して霜の降りた莢がはじけると、この綺麗な魚が解き放たれ、まるで毛をちょっと逆立てたようにその褐色の鱗を持ち上げる。そのシルクのような糸の先端が芯から離れ、種子に栄養をもたらす導管の役目を終え、ある種の蜘蛛の巣のように言わば浮き風船となって、種子を新しい遠くの野原へと運ぶのだ。最上質の糸よりもはるかに上質なこの糸は、十分に栄養をとった種子を浮かばせるだけの役目をやがて担うことになる。

　莢は普通雨が降った後にはじけるのだが、続く驟雨に濡れないよう下向きに開く。上の方にできる種子の綿毛の外側部分は、風に吹かれて徐々にほどけていくが、真中の部分の両端ではまだ芯にくっついて環状に残っている。もう少し開いて乾いた莢の一番上では、おそらくすでにこのようにしてほどけた種子と綿毛の小さな塊があって、綿毛状の子午線が収束する先端部で繋ぎ止められ、風が吹けばすぐにも飛び去る準備をしているのだろう。ちょうど長い錨鎖で舫われて川の流れに横たわった船が、帆を広げ、すぐにも出航する準備を調えているかのように。しかしこれらは強い突風によって飛び立つまで、長い間風に吹かれ続けるかもしれない。その間にそれはそのシルク糸を広げて乾かし、浮力をつけていくのだ。これら白いふさは、人の拳ほどの大きさまで拡がって見える。私の隣人の1人がこの植物の価値は今では下がっていると言う。

　私が放したいくつかの種子は、すぐに地面に落ちてしまうが、もっと強い風を待てばおそらくもっと遠くまで運ばれるだろう。その他の種は、もうしばらく待つと開いて褐色の芯以外空っぽの状態で見つかる。その折には、この小箱がどれほど繊細で滑らかな白色や麦色の裏地を持っているのか見て取ることができるかもしれない。

　9月末にかけて、屋根裏部屋の開いた窓辺に座っていると、たくさんのトウワタの綿毛が目の前を漂っていくのを目にすることがある。たとえ近所にこの植物が生えていることが知られていないとしても、通常その荷物となっている種子はすでに失われてしまっている。野原の窪みには、まるでその種子が、こういった場所は風が凪いでいるからそこに落ち着いたのだとでも言うかのように、トウワタが生えているのに気付く。そのように

して、もっとも静かに振舞うものが賞品を持ち去り、一方吹き晒しの平原や丘は、荒々しい風を送りつけて種子を譲り渡してしまうのだ。風の吹かない穏やかな窪地は難なくそれを受け取り、その生息地となる。

　ある午後、ミザリー山経由でコナンタムを通って、リー橋を越えリンカンへ向かう散歩から帰ってくる途中、クレマティス川域にある開けた小さな牧草地のなかで、トウワタの袋果が上を向いてすでにはじけているのに気付いた。いくつか種子を放してやると、ポンと開いて、上質のシルク糸がすぐに飛び出した。それぞれの糸は隣り合う糸から自由になり、虹色の色調をきらめかせながら、半球状にそのふさを広げた。これらの種子はさらに、広くて薄い葉縁、つまり翼弁を備えているのだが、これらは単に安定を保って旋回してしまうのを防ぐためのものだ。私はそれを1つ放してみた。するとそれはゆっくり、最初は不安定に昇っていったが、今や目に見えない気流によって、こちらにふわり、あちらにふわりと流されている。近くの木にぶつかって難破するのではないかと私は不安になった。だがもちろんそんなことはなく、木に近付くにつれ、それは上昇して確実にその木を越え、そこで強い北風を感じて急に方向転換し、ディーコン・ファラーの森の方へと遠ざかった。ますます高く、上へ上へと昇ってゆき、空気が変わる度に上下左右に動き回る。とうとう50ロッド離れた地上100フィートのところで、南に舵を取ったその姿は私の視界から消えていった。

　私はその間ずっと、ローリアット氏を見守った友人たちが抱いたのと同じくらいの興味を持って、それが空へと消えてゆくのを見ていた。〔Louis Anselm Lauriatは1806年仏領西インド諸島からマサチューセッツ州セイレムに移民し、1835年7月17日には気球による初の上昇を行った。〕しかしこの場合地上への帰還は危険を伴うものではなく、おそらくはこれから夜にかけて空気が湿って動かなくなると、それは自らの約束の土地を見つけ、風の凪ぐ森の狭間、どこか見知らぬ谷間へ——あるいはここに似たどこか他の小川沿いに——ゆっくり身を落ちつけ、その航海を終えるのだろう。しかしその身を屈めるのは立ち上がるためなのだ。〔フィリップ・マシンガー（Philip Massinger 1583-1640）による戯曲『ミラノ公爵』1幕2場「賢くあれ。落下するほど高く舞い上がるな、立ち上がるために身を屈め

よ」への言及。〕

　このようにして、何世代にもわたってそれは湖や森や山々を越えて飛んで行く。同じような手段でこの時期浮かび上がる風船の種類の多さを考えてもみたまえ。このようにして丘や草地や川を高く越え、様々な小道の上を飛んで行き、ようやく風が凪いだときに新しい土地にその子孫を植えつける植物たちが、どれほど無数にあることか。それらが何マイル遠くまで離れて飛んで行くのか誰に言えよう。私は見ていないが、ニューイングランドで熟した種子が、ペンシルヴァニアに植わるかもしれないのだ。

　いずれにしても、私は秋になると始まるそのような冒険の運命や成否に興味を惹かれる。そしてこの目的のために、これらシルクの飾りリボンは、その軽い胸の中に居心地よく詰め込まれ、夏の間に完成してゆくのだ。それはこの目的に完璧に適応したものであって、その秋だけではなく、未来の春の予言ともなる。1本のトウワタが信念を持ってその種子を成熟させているときに、この夏に世界が終焉を迎えるというダニエルやミラーの予言など信じる者がいようか。〔旧約聖書のダニエル書7-12章には預言者ダニエルの黙示的ヴィジョンが描かれている。William Miller (1782-1849) は、1844年3月21日にキリストの第二次降臨があると予言し1840年代の再臨派運動を指導した人物。〕

　私はすでにはじけかけていたこれらの莢を2個家に持って帰り、毎日その種を放して、それがゆっくりと天空に昇って行くのを視界から消えるまで眺めて楽しんだ。確かに、それが空中に上がって行く速さは、大気の状態を測る自然のバロメーターとして役立つだろう。

　11月末頃にはときどきトウワタの莢を道路脇に見かける。雪が降ったからなのかもしれないが、そのシルク状の中身は半分しか空になっていない。このようにして、何ヶ月もの間強風がその種子を拡散するのだ。

ニオイベンゾイン（Fever Bush）

　ニオイベンゾイン、9月16日。
　1854年8月2日。コナンタムでは2、3週間はまだ熟れないだろう。
　1857年9月16日。いくつかはもう熟している。

1858年10月5日。黄葉の盛り。その鮮やかなレモンイエローの葉は緋色の実と綺麗なコントラストをつくっている。

1859年9月24日。ニオイベンゾインの実は今では緋色に色付いているが、まだ青い実もある。我々が知る他のどのベリー類よりもスパイシーな味がして、空想の中で香料諸島［別名モルッカ諸島、セレベス島とニューギニア島の間にある］へと我々を連れて行ってくれる。オレンジピールに似た味だ。

10月15日。実は見られない。

1860年9月21日。おそらく1週間くらい前から実が開き始めているが、まだ旬ではない。オレンジピールとよく似た味だ。しかし実を付けている灌木はほとんどない。この気温の地域では、熱帯種の植物はたとえ花を付けたとしてもほとんど付かないのではないだろうか。

ヤナギタンポポ（Hieracium）

ヤナギタンポポの綿毛、9月18日。

9月中旬が過ぎると、厳しい霜のため多くの花が終りを告げ、我々はその種子だけを目にするようになる。9月18日までには、2、3三種類のヤナギタンポポがすでに種子を付け始めている。その小さな黄色がかった球体は森の秋の風物だ。やがてはどこの草地も小さな球を付けた秋のタンポポが5月と同じ現象を繰り返す。

ヤチヤナギ（Sweet Gale）

ヤチヤナギ、9月22日。

1860年9月22日。まだ青いが、たぶん熟している。

1855年1月25日。フェア・ヘーヴン湖から戻ってくるとき、たくさんの窓辺のヤチヤナギの種子が雪解けの水で流され、川沿いの草原の氷の中に凍りついてしまっているのを見かけた。触わると指がその色に染まってしまう。ヤチヤナギの種子はこのようにして、おそらくは水に流されながら波状にできた線のどこかに植わるのだろう。

1854年3月5日。ナット・メドウ川の上流域ではヤチヤナギが小川の端

に沿って豊富に生育している。水面に被さるくらいほぼ水平に傾いているため、よく水に漬かっては水面を完全に隠している。ヤチヤナギは、こういった比較的流れが浅く川底も泥でぬかるみ、流れが暗く淀んだ水辺に生える。今このヤチヤナギが豊富に実を付けている。これと水生アセビは、言わば白人によって水辺へと追いやられた野生の植物だ。

1850年12月14日。ローリング湖に浮かぶ島のひとつで、枝の低い灌木が、ニオイシダにやや似た快いスパイシーな香りを漂わせ、重なり合った綺麗な蕾を持ったまま（雄芯だけを有して）、水辺で凍りついているのを目にした。乾燥しているように見えるその実を手の中で擦すると、べとついた感触がして手が黄色くなった。それは洗い落とせず数日の間残り、指に薬っぽい匂いを付けた。

1859年8月28日。ヤチヤナギの実が黄色く色付き始めた。

1851年8月19日。ナット・メドウ川域に生えているヤチヤナギの実は今黄色っぽい緑色をしていて、まだその油っぽい感触はない。

1857年11月19日。一部凍った牧草地（J・ホズマーやフィーラーの土地）を通る際、アサベッツ川の方へ向かってヤチヤナギを擦りながら行くと、その芳香のある実で快い香りが体に付く。

ジェラルドはヤチヤナギについて、「枝の中から他の小さな葉がたくさん出ているが、そこに小さな花をいっぱいに付けた放射線状の穂あるいはふさが生えている」〔ジェラルド　1414〕と述べている。

クレマチス（Clematis）

クレマチス、9月22日。

1860年9月21日。羽毛状の毛を生じ始めたが、まだ見物となるほどではない。次の日家の中でその毛が伸びていた。

9月末までにはクレマチスは羽毛を生じ始める。1ヶ月たって葉がほとんど落ちてしまったとき、私は低木をその毛で覆っているこの植物を、白い花をいっぱいに付けた木だと勘違いしたことがある。その英国産の種については、『あるナチュラリストの日誌』のなかで、「土手にネズミがつくった穴の入り口で、この種子の長い翼の生えた部分をよく観察した。おそらく厳しい季節には、この種子がこれら生き物に蓄えの一部を与えるのだろう」〔クナップ　118〕と記されている。

アセビ（Panicled Andromeda）

　円錐花序状のアセビ、9月24日。

　1859年9月24日。褐色に色付き始める。

　1856年12月6日。アセビの円錐花序の豊かな褐色の実を見かけてわくくした。沼の辺りに生えているこの植物の実は、硬くて乾燥していて、食用にもならず、この季節には相応しい実だ。その実が密集した円錐花序は綺麗な形をしており、耐久性を持つようにできている。単に色が濃くなるか、あるいは灰色になるだけで、ひとつの季節が終わり次の季節になっても残っていることが多い。耐久性のあるアセビの円錐花序は厳しい季節に相応しい植物だ。

　これは『アメリカン・アカデミー報告書』の中でカトラー法律学博士が

言及した植物のようだ。その報告書の中で彼は、「白いアメリカリョウブ。白い花を付け、沼地によく見られる。6月……。魚干し棚をつくるのに使われる。木はとても硬く耐久性があるので、この目的に使うのに最適の灌木のひとつだ」と紹介している。しかし彼が言及しているアセビ（リンネ式分類、属、植物、485『自然の体系』）は、じっさいは最新の『自然の体系』によれば、リンネのいう「南部の高木」である。

ハギ（Lespedeza）
ハギ、9月25日。

マロニエ（Horse Chestnut）
　マロニエ、9月25日。
　1859年9月29日。この実が道端にばら撒かれている。とても綺麗な色をしているが、単純な形の木の実であり、波形や曲線状の木目の瘤のあるマホガニーのふしに似ている。

ベーラムノキの実（Bayberry）
　ベーラムノキの実、9月25日。
　1854年9月16日。私の妹がプリンストンでたくさん見かけた。〔ソローの妹ソフィアはマサチューセッツ州イースト・プリンストンにいるドーラ・フォスターを訪ねていた。〕
　1859年9月24日。まだ灰色にはなっておらず、鉛色に近い色だが、見たところ熟しているようだ。ここではほとんど実がならない。葉は落ちないし色も変わらないので、その緑色のおかげで、色付いたハックルベリーやワラビの間で簡単に見つかる。
　1859年10月15日。すべてなくなっている。たぶん鳥に食べられたのだろう。
　1860年9月21日。おそらく熟しているのであろうが、熟したときになるはずの明るい灰色にはなっていないし、それほどざらついてもなく皺もできていない。

ドクゼリ（Cicuta Maculata）

ドクゼリ、9月25日。

ビゲローによれば、「植物学者はたとえ荒野の中で餓死する危機に瀕していたとしても、自然分類でいうルリダエやムルティシィリクアエ、すなわち水生セリ科植物の、知られていない種類の植物の根や実を採って飢えを満たすことは決してできない。一方、イネ科やリンゴ科の果実、さらにほぼ無害な影響しかないと知られているいくつかの他の植物に対しては、一瞬もためらわない」〔ビゲロー『アメリカの薬草』2:xiii〕。

1859年10月2日。セリ科植物のいくつかが実を付けたが、たとえばドクゼリなどは、見た目は非常に美しい。窪みのある繖形花序は非常に上手く間隔をあけて付いている。異なる小繖形花は天空の無数の星座や離れた銀河のようだ。この植物たちは星々と共鳴している。

シナノキ（Bass）

シナノキ、9月29日。

1854年9月29日。褐色で乾燥している。

1856年1月27日。ダービー鉄道橋の雪の上に、おそらく上流から流れて来たのだろう、シナノキの実と思われるものを見つけた。

1859年9月30日。いくつか褐色になっている。

ミショーは10月1日頃だと言っている。〔ミショー 3:103〕

タニワタリノキ（Button Bush）

タニワタリノキ、9月30日。

1860年9月27日。ほとんどの球果はまだ赤く色付いてない。

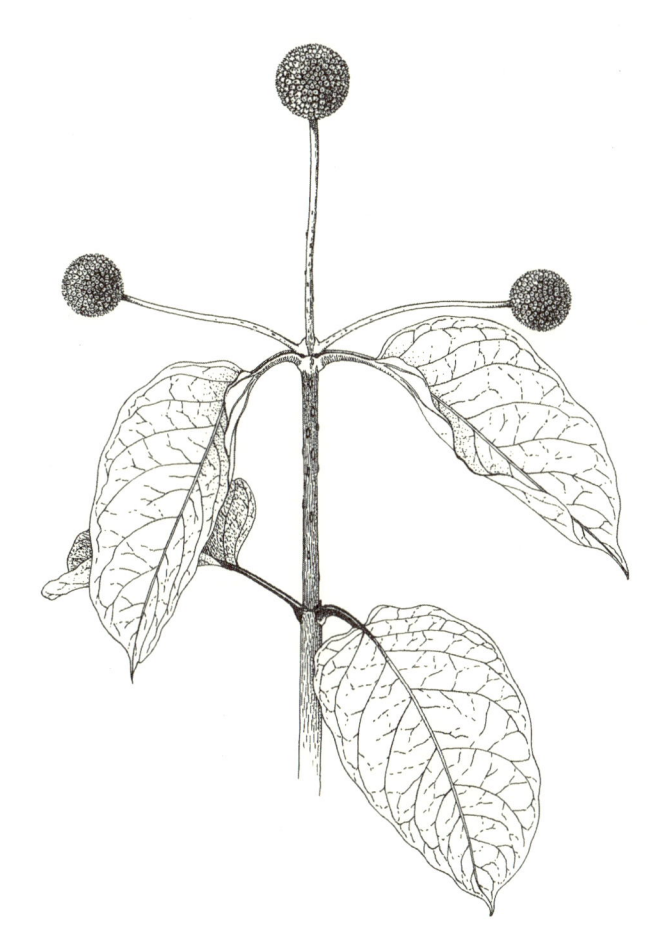

1860年9月30日。昨日の霜によって綺麗に赤く色付いた。

　1858年10月12日。葉の付いていない茂みの約3分の2に球果が付き目立っている。見かけは赤色か褐色で、背後から光が指して1ヶ月前よりはるかに黒く見える。

ニオイヒバ（Arbor Vitæ)

　ニオイヒバ［学名はラテン語で「生命樹」の意］、10月1日。

　1860年10月4日。1日頃に開花したのだろう。

野生の果実 | 273

サトウカエデ（Sugar Maple）

　サトウカエデ、10月1日。

　1860年。10月1日に霜がかなり降りたため褐色に色付いた（少なくともある程度は）。

　1860年10月8日。今では種子の先端も翼弁も褐色になっている。10月1日頃かなり霜が降りたため熟したのだ。

　1860年10月25日。この小さな木の葉がほとんど落ちてしまったところでも、まだ木に残っている。

　1860年6月19日。明らかにまだ熟していない発育不全の実が落ちるのを目にした。

ハイビスカス（Hibiscus）

　ハイビスカス、10月1日。

　1856年10月4日。実ができて開いた莢から種が見える。

トウモロコシ（Corn）

　トウモロコシ、10月1日。

　9月1日頃、あるいはそれよりも早く、彼らがトウモロコシの穂を「刈る」のを目にする。8月の初めには緑色のトウモロコシが実り始める。

　この町の軍の召集地で、焼き立ての緑色のトウモロコシが売られていたのを覚えている。かつてはボストンの通りで、黒人の女性たちが裸の頭の上に載せた大きなバスケットに入れて運んでいるのを、紳士たちが足を止めさせて買い、通りで食べていたのを父は覚えているそうだ。

　9月の1日頃、彼らはトウモロコシの穂を刈り始める。その茎の山が畑にいくつにも列をなして置かれている様は、野営地に並べられた銃剣を連想させる。

　9月末あるいは10月1日にかけて、トウモロコシが収穫され取り込まれる。しかしここ数年は11月中旬が過ぎてもいくらか取り残されている。

　ジェラルドは次のように記している。

シチメンチョウ小麦の穂軸はアシの茎とよく似ている。スポンジ状のヤニが詰まっており、節が多く、高さは5フィートから6フィートほどある。下の方が大きく、ところどころ紫色が混じり、上に行くにつれ少しずつ細くなる。葉は長く幅広で、アシに似た葉脈がある。軸の先端につく穂は長さ1スパン［約9インチ］で、普通のアシの先端の毛と同じ長さであり、種子も付けず空っぽで不毛だが、下向きに垂れた多くの羽に分かれ、ライ麦のような花を咲かせる。その花の色は白か黄色か紫であり、この花の色とまったく同じ色の実ができる。その実は非常に大きな穂の中に包まれているのだが、その穂は1つの軸から3、4本、その穂軸の節から生える。1つずつきちんと積み重なっていて、まるで鞘のように殻や葉のような外皮や薄膜で覆われている。そこからは長くて細長いヒゲが生える。柔らかくもろいそのヒゲは、香辛料植物の上に生えるレースに似ているが、それよりも大きくて長く、どれも種子の上にしっかりと付いている。種子は普通の豆と同じくらいの大きさで、穂に付いている部分は角ばっているが、外側に向かって丸みを帯びていて、8粒から10粒ほどで固まって列をなし、ぎっしり詰まっている。色に関しては、時には白く、黄色や紫色になることも、また赤くなることもある。味は甘く快い。この穀物の根は多く、丈夫で糸状根に覆われている……。
　我々はこの種のトウモロコシの長所に関して、確かな証拠も経験もまだない。他によい食料を知らない未開のインディアンが、必要に駆られて使い、いい食材だと考えてはいるが、一方我々は、ほとんど栄養価がなく消化にも悪く、人間よりは豚の方にむしろ便利な食材だと即断してしまうかもしれない。〔ジェラルド　82-83〕

　リンドレイはジェイムソン［Robert Jameson　1774-1854　スコットランドの地質学者］の1825年の『哲学ジャーナル』の中で、ショウの次のような文章を引用している。「主要な穀類に関して、大地は5つの大きな管区、あるいは王国に分断されているように思われる。すなわち、コメ王国、トウモロコシ王国、小麦王国、ライ麦王国、そして最後に、大麦及びカラス麦の王国の5つである。最初の3つの王国の領土が最も広く、トウモロ

コシ王国が気温の幅が一番大きい。しかしコメ王国は養っている人類の数がもっとも多いと言われている……。アジアがコメの原産地であり、アメリカがトウモロコシの原産地である」〔リンドレイ　376, 377〕。

　1860年9月18日。どんな記述にも、10月1日よりも前に製粉に適するトウモロコシについてはほとんど書かれていない。(しかし私は9月1日に熟して製粉するのに適した種類を1つ聞いたことがある。)その頃までには、畑ではトウモロコシがその皮の中で十分に乾燥して硬くなる。だがこれよりずっと前に、たとえば9月1日頃までには、光沢が出始める(つまり表面が硬くなり始める)のであるが、この時期のトウモロコシはとても硬くなってしまうので、茹でることができない。

　1860年10月7日。ヘイデンの農場と穀物倉庫を調べる。彼は今ちょうど収穫の準備のできたトウモロコシ畑に満足して、軸に付いた穂の数を数えている。時期が早いため、穂は低く付いている。小さめの穂はびっしりと詰まっていて、先端が丸みを帯びている。彼は何ブッシェル収穫できるのか数えてみるのを好み、すでに一山の作物の数を数えてしまったようだ。この畑では約4万本ほどだった。彼はこのトウモロコシをいくつか穀倉庫に並べる。また樽に入ったライ麦や種モロコシも同じように並べられるが、その穂は皮付きのまま収穫されるので、より大きくぎっしり詰まっており、(余暇のあるときに家に運び込めるように)彼が皮むきをしている間は穀物小屋にしまい込まれる。しかしいずれこのトウモロコシはすべて彼の飼っている豚やその他の家畜に与えられることになる。12ハンドレッドウェイト〔約550キロ〕の重さのすでに売約済みの3匹の大きな豚が納屋の下で寝ているのだ。丸々肥えた豚を1匹75ドルで売ったという人の話を聞いたことがある。

　11月22日。1週間前にトウモロコシの皮むき寄り合いがあると聞いたが、小さなトウモロコシが畑に残っている。『民間の古代文物』の中でブランド〔John Brand　1744-1806　イギリスの聖職者で古物蒐集家〕は「収穫祭」
ハーヴェスト・ホーム
について次のように記している。

　　マクロビウス〔Macrobius Ambrosius Theodosius　紀元400年頃のロー

マの文法家で歴史家］によれば、異教徒たちの間では収穫時期になると、自分たちの代わりに土地を耕してくれた使用人たちとともに、家長たちが宴を催す習いであったという［マクロビウス『農神祭』10章］。これとまったく同じことが、収穫者やその家族の使用人がたっぷりの食事を取れるよう大地の果実が集められ、適切な貯蔵所に置かれたときに、キリスト教徒たちの間でも通常行われる。その宴会の際にはすべての人が、その語の近代の革新的概念に従えば、完全に「平等」である……。ボーンはこの習慣はどちらもユダヤ起源だと考えている……。なぜならユダヤ人は収穫の開始を喜び祝うからだ。

古典時代の人々の間では、ウァキナ（あるいは俗にウァクナとも呼ばれるが、いわば安息と逸楽の神）は、収穫の最後に百姓たちが生け贄を捧げる女神の名前である……。

イギリスでは大昔、最後の刈入れを家に持ち帰ると、トウモロコシ人形をつくって飾り立て、それを「収穫人形」、あるいは「カーン（すなわちコーン）ベイビー」と呼んでいた。ある人が言うには、「おそらくそれでケレス［ギリシャのデメテルにあたる豊作の女神］を表していたのであろう」。また「その周りでは、太鼓や笛に先導された男や女が入り乱れて歌っていた」とも言われる。

デヴォンシャーのウェリントンでは、その教区の牧師が私に次のようなことを教えてくれた。農夫が収穫を終えると、最後のトウモロコシの穂を少量取り、これを捩ったり結んだりして変わった人形のようなものを作る。それを歓呼の声を挙げながら家に持ち帰り、テーブルの上に吊るして次の年まで取っておくという。その持ち主は、これを手放すことを縁起の悪いことだと考え、それを「ナック（knack）」と呼ぶそうである。

別の人によれば、「トウモロコシを刈り終えると、収穫者たちは集り、ナックをつくる。それを1人が皆の真ん中に置いて掲げ、『ナック』と3度叫ぶ。これを残り全員が復唱する。それから中央にいる人物が『見事な刈り取り！見事な結び！見事な束よ！見事大地から集められた！』と叫び、その後『ウォー』と声を挙げると、仲間たちもできるだけ大声

野生の果実 | 277

で叫ぶ……。」

　またユージーン・アラム〔Eugene Aram　1704-59　イギリスの言語学者。英語ーケルト語辞書の編纂中殺人容疑で逮捕処刑された事件で有名〕によれば、「混ぜ合わせ食事(メル・サパー)、かき回し食事(チャーン・サパー)、収穫の食事(ハーヴェスト・サパー)、収穫祭、取り入れ祭(フィースト・オヴ・インギャザリング)など」は、「豊作の恩恵を喜ぶ気持ちや人への気前の良さを神に感謝する気持ちと同じくらい古い……。」

　以下の「収穫搬入の呼び声(ハーヴェスト・ホーム・コール)」はデヴォンあたりでは一般的に使用されているものである。

　　われわれは耕し、種をまいた
　　われわれは刈り、取り入れた
　　われわれはすべての束を持ち帰った……」〔ブランド　2:16-17, 20, 28, 34〕

ハナミズキ（Cornus Florida）

　ハナミズキ、10月1日。

　1856年10月27日。パース・アンボイでは緋色の葉の間に見える緋色の実で目立っている。ツグミがその実を餌にする。

マルメロ（Quince）

　マルメロ、10月1日。

　1860年は我々の木はそれほど早く実を付けなかった。10月20日頃収穫。

　1859年10月12日。リンゴの収穫は終わったが、マルメロの実はあちこちでまだ取り残されているのを見かける。おそらくその綿毛のような外皮が守っているのだろう。芳香がマルメロの一番の長所であり、その香りのためにも栽培するだけの価値はあるかもしれない。部屋の香り付けに使えるのだ。

　プリニウスは「彼らは曲げた枝を弱らせ親木が増えるのを妨げる」と述べている。また王たちの控えの間にしまい込まれ、（おそらくはその芳香のため）部屋の中に置かれた神々の彫刻の上に吊るされたそうだ。そのまますぐ保存用の瓶に入れてしまうよりもよかったと言われる〔プリニウス

15:10]。

タコウギ（Bidens）

タコウギの実、10月2日。

1856年11月10日。パース・アンボイでは、野原にいると服がタコウギの実や大小のふしだらけになったものだった。

アメリカツガ（Hemlock）

アメリカツガ、10月15日。

1853年3月6日。ツガの球果が種子を落したが、いくつか閉じたままのものが地面に落ちている。

1853年10月31日。種子が球果から今にも落ちそうだ。球果はほとんど開いている。

1856年10月15日。種子の大部分が落ちている。

1860年9月6日。新しい球果は見あたらず、多くは古いものだ。おそらく昨年大量にできたため今年はできないのだろう。ストローブマツと同様その球果は5つの繊形花序柄を持つが、少し捩れている。

クロトウヒ（Black Spruce）

クロトウヒ、10月15日。

1857年5月31日。今は直立しているが、トウヒの球果がようやく下向きになり始める。

1857年11月20日。明らかにリスがトウヒの球果を食べて剥き出しにしてしまったところを見かけた。

1860年10月28日。まだ球果は目にしていない。

カラマツ（Larch）

カラマツ、10月15日。

ツガと同様、昨年は非常に多くの球果がなっていたが、今年はひとつも見かけていない（1860年10月28日）。ストローブマツの球果と同じく繊形

花序柄は5本である。ミショーは「球果が緑ではなく紫色をしている」〔ミショー 3:215〕ものもあると述べている。

エノキ（Celtis）

エノキ、10月15日。

1853年9月4日。青い。

1854年9月22日。黄色くなりだした。

1859年9月26日。まだ青い。

1859年10月15日。熟している。どのくらい経っているのだろう。

1860年10月6日。おそらくは霜のせいで、赤褐色一色になっている。

クリ（Chestnut）

クリ、10月6日。

1850年11月22日。散歩中、野生のリンゴやときにはクランベリーやクルミがいくつか見つかる他は、何も食べるものが手に入らない。

1852年10月11日。今クリがカラカラ音を立てて落ちている。イガが口を開き、丸々とした実が見える。この実は轍を満たし、森では落葉の間からたくさん見つかる。その木を棒で打って揺すると、カケスが叫び、アカリスが叱り声をあげる。

10月15日。夜から朝にかけて降った雨と風がクリの実を地上一面にばら撒いた。森の中で実を集めていると、通常は空っぽのイガが大きな音を立てて落ちてくる。私が外に出たのは、雨が完全に降り止む前で、ブリトンの掘っ建て小屋そばのリンカン街道に真新しい轍ができる前であったが、道路そのものにもクリの実がたくさん落ちていた。森の中で、硬くてカサカサパリパリと音を立てるクリの葉の間からクリの実を見つけるのは楽しい。この実の色——栗色——には、不思議とすがすがしいものがある。それが1つの色の名前となっているのも不思議ではない。ある人が私に、材木にするためホリスに植林地を買って女性たちにそのクリの収穫の半分を分けてやったと言ったことがある。おそらくはその木も「彼女たちのために」切り倒されるだろうから、彼女たちは手早くクリ拾いを行うことだろ

う。

1853年10月23日。クリの実がほとんど落ちてしまっている。

1852年12月9日。これまでと同じくらいたくさんのクリの実が、落ちたイガの中に残ったまま、あるいはイガから外れて落ちている。今年はリスが消費できる以上に実がなった。私は今日の午後3ポイント［1.5リットル］拾った。先日店で買ったものは半分以上カビが生えていたが、一度雪が積もったために濡れてカビの生えた葉の下から私が拾った実には、少しもカビは生えていなかった。おそらく濡れていても熱がなかったためだろう。それにこれらはまだふっくらとして柔らかだ。ただ自然が与えてくれる豊かさを感じるためだけにも私はクリ拾いをするのを好む。

12月27日。今日はクリの実がかなりたくさん実っていた。

1852年12月31日。ソー・ミル川で午後クリ拾いをした。この2、3週間というもの、数平方ロッドの地面をこのように手と足でかき分けて何時間も過ごしていたので、少なくともどのようにクリの実が植わり新しい森が育つのか学んだ。最初は、厳しい霜のためクリの実の少なくともほとんどが落ちる。それからようやく、雨や風のせいでその実を厚い上着で覆ってくれる葉が落ちる。私は常々、たんに地表に落ちただけの実がどのように植わるのかと不思議に思っていた。しかし私はすでに、必要なだけの湿気と堆肥を含み、腐ってカビの生えた葉の下で、今年できた実が一部上と混じり合っているのを目にしている。今年できた実の大部分は、今や1インチの厚さまで積もったカビの生えた葉で軽く覆われている。とはいえクリの実自体は健康で、このようにリスたちから身を隠しているのだ。

1853年1月10日。午後スミスの木立まで四人の女性たちとクリ拾いに出掛けた。私が葉をかき分ける役目を担い、みんなで6.5クォーツの実を手に入れた。地面は丸裸で葉も凍っておらず、私はネズミが穴に残したクリの実を35粒見つけた。クリの実の多くは地上に落ちたイガの中にまだ入っている。私の叔母は、おそらくまだ熟さないうちに落ちたのだろう、8つの小さなイガの付いた小枝を見つけたが、すべてが5インチから6インチの範囲内に付いていて、1つを除いてすべてのイガに実が詰まっていた。

1853年1月25日。まだクリの実が拾える。いくつか大きめの実には果肉

野生の果実

が2つも入っていた。まるでナイフですぱっと割ったかのように分かれていて、2つの実を横断する褐色の薄皮もなく、それぞれの部分は通常の仕切りを備えている。

クリ<rb>チェスナッツ</rb>と呼ばれるのは、それが小さな収納箱<rb>チェスト</rb>に詰め込まれているためであるのは明らかだ。

1859年3月7日。樹皮の裂け目にしっかりと押し込まれているクリの実の多くは、カケスやコガラなどの小鳥が嘴で割るあいだしっかり押えておくためにそこに置いたものかもしれない。

1855年10月19日。(小春日和の) 午後クリ拾いにパイン・ヒルに出掛ける。実は数も少なく小さい。ちょうどイガが開き始めたばかりなのだろう。

1855年10月27日。午後ターンパイクを下ってクリ拾いに行った。クリ拾いに出掛けるにはぎりぎりの時期だ。実はほとんど落ちてしまっていて、もちろん揺すってももう落とせず、リスが残したため地面に落ちている実を見つける以外になかった。木々は葉もイガもほとんどが落ちてしまっている。まるで北では地上に雪が降り積もっているかのように北から冷たい風が吹いてくる。

1856年10月8日。クリのイガが2、3個口を開けているが、霜を感じる数日前から開いていた。霜がなくても開くことが分かったが、まだ石や棍棒を投げつけても振り落とすことはできないはずだ。指にたくさん刺さる棘をものともせず、少しだけ口を開けたイガからポケットに半分ほどのクリの実を手に入れる。リスがいくつかイガを齧り落としたのか、その歯形が見える。

10月16日。今ではクリの実のイガが数多く開いているが、石を投げつけても大量に落ちてくることはないだろう。8日にはかなり青かったイガが今ではすべて褐色になり乾燥している。触れると手に刺さった棘は取れるけれども、実が自然に落ちてくることはない。2、3日の間に実がたくさん落ちていたが、何匹ものリスたちがせわしくそれを拾っていた。

1856年10月18日。クリはまだ期待していたほど自然に落ちてくる様子がない。おそらく雨の降った今、イガが乾かないといけないのだろう。1両日中にはほぼすべて落ちるはずだ。クリはこの棘の付いた収納箱［イガ］

の中にこのようにぎっしり――3個が通常の数だ――余分なスペースもなく詰め込まれた綺麗な果実だ。外側にある2つの実は、それぞれ出っ張った面と内側の平らな面を持つが、真ん中の実は両面が平らになる。ときどき1つのイガの中にはそれ以上の数の実が入っていることがある。しかし今年はイガが小さく、通常2つ以上「良い」実が入っていることはない。たった1粒、真ん中の実しか良い実がないことも多く、その場合この真ん中の実は両面がともに出っ張って、殻ばかりで薄くて発育不全の不出来な両側の実の方へと張り出す。ほとんどの葉が今ではクリの森全体にカーペットのように一面敷き詰められ種子を蓄えており、黄葉した葉がまばらに付いてドーム状になった大きなクリの木が素晴らしい見物となっている。どれも見事に尖った大きな褐色のイガを付けているが、それは開いていくつかの袋に分かれていて、ほんの少しでも開いたらすぐに地面に落ちようと顔を覗かせている健康な色の実が見える。

　個々の実はとても興味深いもので、イガに含まれる数や季節によって様々な形のものがある。それぞれの実の底、つまりイガに接する部分は、明るい色の地面の上で不規則黒っぽい姿を見せて目立っている。それは扁長の三日月形で、蜘蛛のような10本以上の脚をもつ昆虫に似ている。一方上の部分、つまり小さな先端部は、星型の冠を頂く小さな白い繊毛に覆われた先端へと先細りになっている。またこの実の傾斜した上部全体は、同じく灰白色の微毛に覆われ、この実が顔を覗かせる原因となる霜を連想させる。(この実はそれぞれ細い腕の先端で小さな星型の手を伸ばすのだが、このおかげで熟したときには棘を恐れずに引き抜くことができる。) この棘に覆われた厚いイガのなかで完全に熟すまで、その実は針に覆われたヤマアラシのように安全だ。しかし私は、閉じたイガがたくさんあるにもかかわらず、リスが齧ってその断片を切り株に残しているのを見かけた。

　言い忘れていたが、ときどき1粒のクリの殻に2つの果肉が入っていることがある。その場合その2つの実は横向きに分かれ、それぞれ別の褐色の畝模様を付けた皮に覆われている。　まるで大自然がおまけの種をこの殻の中にそっと持ち込み、機会を増やそうと企てたようだ。前の年に投げつけられて、まだその辺りに残っている大きな石で、クリの木が気の毒

にも傷つけられているのを目にした。

　11月28日。数年前に（スミスの木立で）落ちたイガの中に意外にもクリをたくさん見つけた。傷んだものが多かったが、残りはこのように湿っていて、1ヶ月前のものより柔らかくて甘く私の舌にもとても合う。イガがなんらかの理由でその実を入れたまま落ちてしまったのだ。

　12月1日。今年は他のどこよりもニューヨークの通りでクリの実をたくさん目にした。大きくふっくらした実が、通りで炙られ、銀行や取引所の階段で焼かれてはじけている。市民たちがリスと同じくらい野生の森の木の実をもてはやすのを見て驚いた。田舎の少年たちばかりでなく、ニューヨーク中が木の実拾いに行くのだ。辻馬車の御者や新聞売りの少年たちのためにもクリの実はある。リスたちだけが食料を必要としているのではないのだ。

　12月12日。（リスがするように）雪の中からクリのイガを掘り出す。この実の多くは柔らかくなって色も褪せてはいるが、特に甘く快い味がする。ラウドンはプリニウスを引用して、「クリの実は他のどんな方法で調理されるよりも炙るのが一番だ」〔ラウドン　3:1897〕と言うが、それには私も賛成だ。イーヴリンはクリに言及して、「イングランドではこの実は豚に与えられるが、他の国では王侯たちが食す珍味のひとつだ。大きめの木の実なので、田舎の人間たちにとっては常に大きく頼もしい食料であり、農夫にとってはキャベツや腐臭のあるベーコンよりもよい栄養になる。豆と比べてすらそうだ」と述べている〔ソローのじっさいの引用はラウドン　3:1994〕。ラウドンによれば、フランスでは「木から叩いて落とされたクリの殻は通常実に付いているが、その実をすぐに使う必要があるときは、重い木靴をはいた農夫たちが踏みつける」〔ラウドン　3:1995〕。

　9月24日。マイノットはフリント湖の近くの小川に製粉所の排水溝をつくるため発破をしかける際、岩の中に1ブッシェル近いクリの実を見つけたそうだ。

　1857年10月5日。アカリスがクリの実のイガを投げ落すのを目にする。
　10月6日。森の中でクリの実のイガが1つ2つ開いているのを発見した。アカリスやハイイロリスがあらゆるところにそれを投げ落している。森の

中に立っているとすぐにも実が落ちる音が聞こえてくる。10月22日。今がちょうどクリの実の時期だ。

クリの実はなんと完璧な収納箱に収まっているのだろう。私は今手のひらに緑のイガを載せている。それは丸く、直径2と4分の1インチはあるに違いない。そこから3つのふっくらした実が顔を出している。それはしっかりと切形に付いた直径16分の3インチのまっすぐで丈夫な葉柄を持っていて、4つの区分に、すなわち4分割に分かれて口を開き、その壁の厚さ（8分の5インチから4分の3インチ）を見せている。それほど素晴らしい気遣いでもって、大自然はこの実を隔離し守っている。ダイヤモンドはほったらかしにする一方、クリこそ彼女の最も大切な収穫物だとでもいうかのようだ。まず第一に、その実は鋭い緑の棘で全身を逆立てており、その棘は半インチに達することもある。まるでボール状に丸まったハリネズミのようだ。一方実の最先端に付いた小さな星形は、他の部分と混じり合っていて短く弱い針にすぎない。それは3本以上密集して突っ立ち、ちょうど攻撃者から身を守るためにその小さな手を突き出している乳母の腕の中に抱かれた幼児のように、弱々しくその武器を持ち上げている。棘は厚く（16分の1から8分の1インチ）、硬く樹皮に似た外皮にくっついている。それはまた、非常に貴重な品物が収められた小箱の裏地のように、実の間の畝に一様に立ち上がった（16分の1インチの厚さの）一種の銀色の毛皮やビロードのフラシ天に沿って優美に並んでいる。私は褐色の斑点のある白い穴を目にしたが、そこに実の底部があり、枝から栄養を吸い上げている。イガの中には無駄な空間はなく、この小箱はかなりいっぱいに詰まっている。半分成長しかけた実は隙間を埋めるために荷造りに使われる反古紙のようなものだ。

揺りかごとはまさにそういうものなのだ。このように優美に並べられ、幼少期にはその中で揺られ続ける。その実はどれほどしっかりこの頑丈な腕に抱かれていることか。その底ではどんな動きもありえない。また成長して初めて緩むこの堅い抱擁によってその実を包んでいるこの壁は、必要以上に強く見えるにもかかわらず、その実が成長するにつれどれほど優しく拡がっていくことか。硬い殻に包まれたクリの実は、自分の身を守るこ

とができるように見えるけれども、その緑色の柔らかい皮が殻に固まる前にどれほど優しく揺りかごの中で育てられるか見てみるといい。

　ようやく霜が降りこの収納箱［イガ］の鍵を開ける。霜だけが本当の鍵を持っているのだ。その蓋はすぐ口を開ける。すると10月の空気がさっと入りこみ、熟した実を乾燥させる。その後突然の強風で揺すられ、枯葉の上一面にカサカサと音を立てながらその実が落ちるのだ。今私が言ったように、10月の空気が入りこみ、さらに光も入るようになると、我々が栗色と呼ぶ、あの明るく美しい赤褐色にその実を染め上げる。今時分クリの実を染める筆は非常に活動的だ。それは馬や梯子がなくても、何百マイルもの距離を、枝を伸ばした森の木の先端を越え、開いたイガの間に入りこみ、この健康な色の外套を素早く着せる。それがなければ少年たちは自分たちが完璧な木の実を手に入れたとは思わないだろう。そしてこの実が、イガの中に入っていても、あるいは外れていても、さらにしっかりと守られているとは考えないかもしれない。クリの実そのものもまた一部先端まで覆われ、そこで初めてあの同じ柔らかくビロードのような綿毛を付けた状態で外気に晒される。すると大自然はカサカサ音を立てる落葉の上にそれを落す。その実は再びクリの推移を始める準備が整った「使い果たされた実」なのだ。

　その内側では、まるで落ちる際の衝撃や傷から、あるいは突然の湿気や寒気から種子を守るかのように、それぞれの実が赤っぽいビロードに沿って並んでいる。そしてその内部で薄くて白い皮が果肉を包んでいる。このようにその中身に届くまでには、それは裏地に裏地を重ね——きちんと数えたことはないけれども少なくとも6つの覆いがある——倦むことない世話を受けるのである。木を揺するのは野蛮な方法ではないだろうか。私自身は心からそれを後悔している。ただ優しく揺するか、あるいはもっと良いのは、風に代わりに揺すってもらうことだ。何の苦みも含んでいないまったく味の良い木の実を見つけて、きっと満足できることだろう。

　1857年10月24日。スミスの木立で、厚く積もった落葉の床を繰り返し同心円状に根気よく幹に届くまで手でかき分けて、2、3クォーツのクリの実を手に入れる。半分以上は1本の木の下に落ちていたものだ。最初から

落葉がほどよい厚みに積もった1本の木の下ですべての実を手に入れようとしていたら、もっと取れたかもしれない。その木から始めて、左手でバスケットを抱えつつ、右手で落葉を木の根元へ向かってかき分けていく。そして同心円状にその周囲をまわって、枝が伸びているところに来るまで、1回ごとに約2フィートの広さで葉をどかしていく。そうすれば、そこにあるだけの実を取ったと思ってよい。それを1つの体系にしてしまうのが最上の方法だ。もちろん木にまだ実が付いているようなら、まず木を揺すってみるのもいい。通常その実は2、3粒一緒になって落ちている。
　顔を上げることなく葉を手でかき分けるのに熱中してしまい、しばらくの間もっとよい事があるのも忘れ、午後いっぱいクリを拾い続けるというこの長く続く単調な仕事も、割に合うものだと思う。私はその後も折々、より新鮮な気持ちでこの仕事へ戻っていく。それは旅と同じくらい良いものだ。どこか他の場所に行って何事かを成し遂げたかのように感じる。ちょっとした冒険なのだ。ずっとインディアンの遺物を探す癖がついていたので、私の目は地上にあるもの——クリや何か——を発見するよう訓練されている。天を見るより地上を見る方がおそらくは健全なのだろう。時間決めで屈んで葉をかき分けに行く際、私はただクリのことだけを考えているのではなく、もっと大切な考えを自分が口ずさんでいるのに気付く。この仕事はある種の幅広い骨休めとその後の新規蒔き直しの——新しい葉をめくる(ターン・オーヴァー・ア・ニュー・リーフ)——機会を与えてくれるのだ。
　重い石が木々にぶつかる鈍い音が、遠くカサカサ音を立てている森を通して聞こえてくる。少年たちが木の実を探して歩き回っているのだ。
　1857年11月9日。今日の仲間の1人が言ったことだ。ジョージ・メルヴィンがかつて冗談で、ヒルドレット未亡人の植林地へ行ってクリを集めるようジョナス・メルヴィンに命じたことがあった。彼らはおそらくどちらもそこ（ヒルドレットの地所）で働いていたのだろう。そこで彼は牛と荷車と梯子をいくつか持って、もう1人雇い人をつれてそこへ行き、一日中働いて半ブッシェル手に入れた〔『ジャーナル』10:173〕。
　1858年7月4日。ニューハンプシャーのラウドンでクリの木を1本見つけた。初めて目にしたのだが、その後よく目に付くようになった。〔ニュー

ハンプシャー州ラウドンはコンコードより北東7マイルの場所にある。〕

　1859年10月14日。クリの実は一般にまだ落ちていないが、落ちてしまっている木も多い。1本の木の下に大量のイガを見つけたが、明らかにリスが落したものではなさそうだ。リスの歯形は見られないし、それほど開いていないのでイガから出て落ちている実は1つもないからだ。と言うことはすべてのクリが、落ちる前に霜がイガを開くのを待っているわけではないのだ。

　ジョスリンによれば、この辺りのインディアンはクリの実をイギリス人に1ブッシェル12ペンスで売っていたそうだ。〔ジョスリン『ニューイングランドの珍物』51〕

　1853年3月7日。クリを2、3粒拾った。ほとんどとは言わないまでも、多くのクリの実が今では黒ずんで酸っぱくなっているか、あるいは濡れて傷んだり柔らかくなったりしている。それほど湿気に晒されていないところ——幹の上やその根元近く——や、地面がより高くなっているところ、あるいはかなりの厚さに積もって山になっている落葉の下で守られているところでは、完全に健康で、甘くまだ新鮮で、萎びてもないし酸っぱくもなっていない。この特殊な状態はおそらく発芽のため自らの生命を守るのに必要なのだ。私はいくつかソフィアの鉢に植えてみた。間違いなくネズミやリスはこの目的のために安全で十分に乾燥して湿気のある場所にたくさんの実を置くのであり、そのようにして自らを役立てている。

　1853年3月20日。フリント湖で傾斜のある湖岸に落ちた葉の下から片手1、2杯分のクリを拾う。どれも健康で甘かったが、芽が出始めているものがほとんどだ。C・スミスのものほど黒いものはなかった。このように暖かく乾いた場所ではクリが冬中ずっと保存されている証拠だ。今新しいクリとオークの木立が生れつつある。

クルミ（Walnuts）

　クルミ、10月13日。

　1852年5月7日。（丘の上の）クルミの木の下の地面は、掃除のされない往年の大食堂のように、リスが割って齧ったクルミの殻が多数ばら撒か

れている。

1852年8月18日。今日、それから（8月3日）以降数週間は、青々としたクルミの強く爽やかな香りに気付く。それは気分的にも、また空想や想像力にとっても、ぴりっとして刺激的なもので、大自然の内蔵にしっかりと根を張った木を連想させる。その殻の匂いも爽やかで、力強く木の実の香りのする天然の活力を思わせる。見かけは東洋のナツメグに似ていて、この地域で産出できるのが嬉しい果実のひとつだ。その匂いを嗅ぐと、ヒッコリー［北米原産のクルミ科の木］の堅さや弾力性がいくらか得られる。クルミは我々の香辛料のひとつだ。手の中で擦り合わせると強い匂いがして、香りも良く、ほとんどナツメグのような、しかしもっと刺激的で北部風の、木に実る芳香性の石なのだ。

1852年10月23日。大きな少年たちが、まだ殻から出て落ちてはいなかったけれども、モッカナッツ［ヒッコリーの実の一種］を集めているのを見かけた。

1852年10月24日。28日にも、少年たちが遠く丘の斜面でクルミを集めているのを目にした。10月はメギの実とクルミの月だ。

1852年9月23日。地面にドングリとモッカナッツがいくつか落ちていたが、まだ殻は割れ始めてはいない。クルミは擦り合わせるとニスのような匂いがする。

1853年10月27日。今こそクルミを探す時期だ。それは1年のうち最後に取れるもっとも堅い木の実だ。

1853年10月31日。今がクルミにとってまさに旬のようだ。棒を使って驟雨のように落ちるクルミを叩き落とすのだが、殻から全部出すことはできない。

1853年11月1日。近づきつつある冬の夜に娯楽をもたらしてくれることを期待して、時々木を棒で打ちつつピッグナッツ［同じくヒッコリーの実の1種］を5、6クォーツ集めた。半分も殻から出てはいなかったが、（アカリスに叱られつつ）その快い香りで指を染めながら殻剥きをするのも楽しい。

1853年11月2日。アッシャーの土地に生えたブナの木の近くにある壁の

そばで、綺麗で大きなピッグナッツをいくらか集めた。ちょうどこの実を集めるいい時期で、ほとんどのピッグナッツにとっては十分早い時期のようだ。10月の最後と11月の最初がクルミ（壁の木の実）取りの時期だ。

　1853年11月6日。今が旬の綺麗で大きなモッカナッツを集めた。（殻付きの）クルミの形やサイズの多様さには感心する。細い頚部を持ち、かすかに棍棒形をしたものがあるが、多分これがもっともありふれたものなのだろう。形がかなり細長いものもあり、幅に比べて2倍も縦に長いこともある。（モッカナッツのように）少々いびつで上の方がより太くなっているものもある。とても大きく通常倒卵形をした直径1と4分の1インチのピッグナッツもある。

　1853年11月7日。2本のモッカナッツの木を揺すってみた。1本はちょうどその実を落そうとしているところで、ほとんどが殻から出ていたが、もう1本はまだその時期ではなくほんの一部しか落ちていない。殻に入ったままのものがほとんどだ。10月末頃、今が最上のクルミ、一番小さな実やピッグナッツの時期だ。殻付きの実を1ペック半［1ペックは4分の1ブッシェル］手に入れた。大自然の贈物を軽んじたくなかったのだ。私は木の実独特の健康的な甘さに目がないので、秋が来るたび、ピッグナッツも含め木の実拾いに数時間費やすのは有益だと思う。中にはかなりの大きさで、見かけも味も良い実もある。大自然が与えてくれるこの非常に小さな贈物を子供のように受け取って、その内在的な価値よりも自然の贈物であるからこそ大切にする以外、我々が大自然を理解できる方法があるだろうか。私はどんなに小さく比較的価値のない木の実であっても、自分のバスケットをいっぱいにするのが好きだ。殻が割れて開き、木の実が落ちるためには、非常に厳しい霜とその後の太陽や風を必要とする。冬中枝にしがみついている実も多い。私は木のてっぺんまで登ってみて、揺するだけでは足りないことに気付いた。ただ脚で大枝を揺さぶることになるだけだ。これら木の実がどれほど守られているかは驚くほどである。外殻が4分の1インチの厚さで、内殻も同じくらいの厚さを持つものもあり、割って開いてみても果肉を取り出すのは難しい。しかし私はある木（私が2番目に見た木であるが）に付いた実が、このように厚い殻があるにもかかわらず、

今ではかなりの割れ目があちこちあるのに気付いた。まるでもう熟してしまったから、人やリスや霜によって割ってもらう準備万全とでも言うかのように。じっさいこれらはずっと簡単に割れる。クルミは堅く頑丈な木であり、その実は石のようで、鉄器時代の人間たちの食料にぴったりだ。ベリー類や木の実だけを食料としている人に会ってみたいと思うけれど、どんな人間よりも前からその木の持ち主だったリスたちから奪ってしまいたくはない。

1855年9月26日。まだ木は黄色や褐色の葉に覆われ、実は落ちていないけれど、リスがすでにモッカナッツを集め始めていた。

1856年12月5日。木にクルミがたくさんなっていて、青い空を背景に黒く見える。風が雪面にも大量にばら撒いていた。今はこれまで以上にクルミ集めは簡単だろう。

1856年12月10日。丘の上で午後クルミをかなり集めた。今季のここでのクルミ拾いとしては最良のものだ。それらは雪の上に落ちていると言うより、むしろ雪の中に一、二インチ埋まっているわけだが、時にはまだ枝にいっぱい付けたままの木もある。木から木へとまっすぐ続くリスの足跡が見える。

1856年12月16日。ムーディ夫人は木の実を食べることを「ネズミのような仕事」と上手い言い方をしている。これには非常に集中力を要するので、リンゴを食べるときのように読書しながらというわけにはいかない。社交的な仕事なのだ。

1857年6月12日。ミショーはモッカナッツについて、丸い実もあれば楕円形のものもあり、サイズも形も様々だと言っている〔ミショー　1:78〕。私が見つけたのも同様だった。

1857年9月4日。リスがピッグナッツを埋めている。

1857年10月20日。猟の獲物を入れる袋を木の実やメギの実でいっぱいにした猟師に出逢った。

1854年8月20日。丘の上で青々としたピッグナッツが時々落ちるときのような音を耳にしたが、その辺りでアカリスの姿を見たりその声を聞いたりした。

野生の果実

1853年3月6日。リーズ・ヒルでポケットいっぱいのピッグナッツを拾ったが、その半分はまだ健康なものだった。

もしクルミの木から落ちて背骨を折ったという理由であれば、人が放埒になるのも許せる気がする。その人はそれだけ酷使されたのだから。

ミショーによれば、モッカナッツは「芳香があり」、驚くほど多種多様な形をしている。「その殻は非常に厚く極めて堅い」、つまりは覆いなのだ。「仁は甘く小さくて、それを分ける強い仕切りがあるため、取り出すのが難しい。そのためおそらく「モッカナッツ（からかい）」という名前がついたのだろう。またそのせいでこの実は市場ではめったに見られない。」シェルバーク・ヒッコリーは「10月初旬頃に熟す……。外皮が完全に剥がれることと、その厚さが実の大きさに不釣り合いなことが、シェルバーク［殻状樹皮のこと］ヒッコリーに特有の性質をなしている……。ペカンナッツを除けば、アメリカ産のどのクルミよりも仁に実が詰まっていて甘い。」ピッグナッツ・ヒッコリーは他のクルミより多様な形を持つものが多い。「卵形のものもあり、外皮に覆われていると若いイチジクの実に似ている。長さに比べ幅の方が広いものもあれば、完全に丸いものもある」〔ミショー　1:196〕。大きさも様々だ。

10月2日。まだかなり青いのにたくさんのピッグナッツが落ちているのを昨日見つけた。10月14日。ベーカーの壁のところでは、2本のクルミの木が葉をすべて落としていたが、緑の殻の付いたまだ青い木の実がいっぱいになっていた。風に揺れるととてもいい眺めだ。空を背景にしたその実を1つ1つ数えることもできるくらい、非常にはっきり見える。この木に葉が1枚も付いていないからだ。だが近くにある他のクルミの木はまだくさん葉を付けている。明るい灰色の幹や枝と対照的に青々とした木の実があるが、これはピッグナッツだ。

11月18日。今がモッカナッツを集めるいい時期だ。11月19日。モッカナッツ拾いに行く。この細長いモッカナッツは、今年はまだ十分熟してはいないようだ。その殻はまだ落ちていないし、果肉もやせていて柔らかくたるんでいる。気温が低すぎたのかもしれない。私は木を揺すってみた。今がちょうどそれを集める時期だ。なんと「堅い」音をならして落ちるのだろ

秋の果実

う。まるで石のようだ。この石のような果実とその実を付ける堅く頑丈な枝には調和がある。11月20日。クルミの殻がずいぶんと開いて中の白い外皮を見せると（木々は目下完全に葉を落しているか、枯葉が少し付いている状態だ）、枝の上に乗って脚で少し揺らすだけでその実がカラカラ音を立てて落ちる。草の生えていない牧草地の地面ではとても簡単に拾い上げることができる。

　9月14日。堅い小枝に付いたまだ青いモッカナッツでさえ、強風によってところどころ落ちている。その青い実が3つ一緒に付いた枝を家に持って帰った。大きさは小さなリンゴほどもある。なんの果実か分からず、子供たちがついてきてじっと見つめていた。

ヒマラヤスギ（Cedar）

　ヒマラヤスギの実、10月14日。

　10月19日。どのくらいの間だろうか。少なくとも14日には実を付けていただろう。

　1853年11月16日。ヒマラヤスギの実の綺麗な青い色を賞賛する。

　1853年11月30日。（メイソンの牧草地の）ヒマラヤスギの実は何と綺麗な青色をしているのだろう。独特の明るい青色で、果粉が擦れて落ちると、緑色や紫がかった褐色の葉と綺麗なコントラストを見せる。

ヒメコウジ（Checkerberry）

ヒメコウジの実、10月15日。

1851年6月3日。ウォチュセットを除いてウースター郡では最も標高の高い場所と言われているパクストンのアズネブンスキット・ヒルで、私がトキワナズナだと思っていたとても大きなヒメコウジが豊富に実を付けている。この場所から我々が市場で見るこの果実が運ばれてくるのだ。〔ウースター市の北西4マイルにあるアズネブンスキット・ヒルは標高1395フィートあり、実際はウースター郡では2番目に高い場所である。〕

1851年11月16日。熟したヒメコウジの実が今たくさんなっている。

1853年9月11日。完全に成長しているがまだ青い。

1853年10月26日。綺麗で新鮮な独特のピンク色に色付いている。

1854年3月4日。実が顔を出す。いくらか萎んでいる実も多い。3月6日、子供たちがヒメコウジの実を採っているのを目にした。

1854年9月6日。ちょうど赤く色付き始めたところだ。

1856年5月15日。パイン・ヒルの南側に位置するリギタマツの森のそばで豊かに実がなっている。今がそれを集める最後の時期だろう。

1856年8月19日。実はまだ青いがほぼ成長している。

1856年10月8日。スミシーズ・ヒルで（クリの木の近くに）ヒメコウジの実をたくさん見つけた。ちょうど熟しているようで、明るめのピンク色をしており、軸の方に2つの小さな市松模様があるが、この模様は2枚の外側の萼葉だろう。

　1856年10月15日。ヒメコウジの実がヴィオラ・ミューレンベルギー川のドクゼリのそばで豊富に実っている。今年はベリー類にとって驚くべき年だ。この実でさえも、他の果実同様豊かになっていて、これまで以上に柔らかく味が良い。私はその実が苔の上に15から20もの小さな山となっているのを見つけた。それぞれ1、2箇所窪みがあるが、鳥や動物か何かが作ったものだろう。

　1857年4月1日。今ヒメコウジの実がたくさんヴィオラ・ミューレンベルギー川の近くで綺麗に実っていて、赤褐色の葉と見事なコントラストを見せている。それは普通霜に触れることがない。

　1857年5月21日。ヒメコウジの実がまだ新鮮で数多くなっている。昨年はこの実にとって素晴らしい年だった。低い葉の下からしばしば顔を覗か

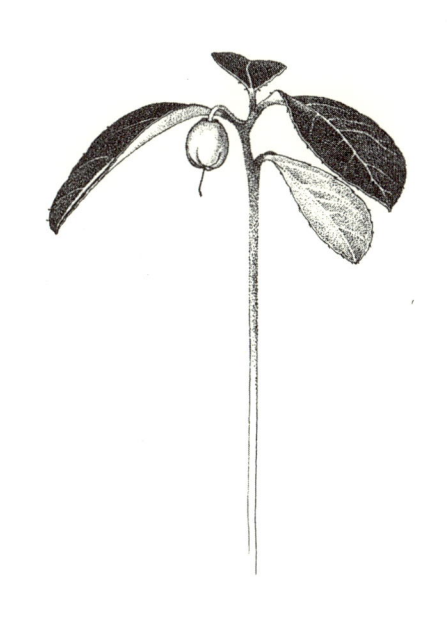

せ、立っていると地面よりも下にあるのでほとんど見つからない。その実は暗い緋色で、直径半インチのものもある。幅広く洋ナシ形をしていて、下の方は白みがかったピンク色だ。その果柄は2枚の葉の間で下に向かって曲線を描いている。そこでこの実は地面近くに付き、褐色の斑点の付いた光沢のある暗緑色の葉の下に隠れている。その実はとても綺麗な花束になる。(そのため、やがてイチゴが見つかる時期になっても、彼らはヒメコウジの実を1年中取りに行くのだ。)

1859年9月18日。ヒメコウジの実はまだ完全に成長してもいないし、熟してもいない。少し洋ナシに似た形をしていて、花時が終わると白っぽい色になる。

ラウドンは伏地性シラタマノキについて、「ウズラベリーや、ヤマチャ、春咲きヒメコウジ……は、月桂樹の実生の木にやや似た小さな低木植物だ」と述べている〔ラウドン　2:1125〕。

1852年8月19日。この木は花を付けず、ほとんど真っ白の実のように見える。

1852年8月19日。ヒメコウジの実の匂いがする植物は何だろうか。ヒメコウジ、クロカンバやキハダカンバ、ヒメハギ（早落性で葉は互生し、根の部分は輪生）、極小剛毛のあるシラタマノキがそうだ。

1858年3月17日。ヒメコウジのような少数のありふれた植物に、このように芳香性の風味（オレンジとレモンとシナモンをすべて合わせたような香り）を与えて、全体的な無味乾燥さを救うなんて、自然はなんと寛大なのだろう。地面が最初に乾燥して、その実が姿をほぼ見せるようになるこの時期、この植物にもっとも敏感なのは私だ。

1858年10月14日。アカマツの若木の根は甘く土っぽいだけでなく、明らかにヒメコウジの匂いがする。秋になって茂みの下を掘ってみると、春の発芽の準備をしているこの厚みのある白い芽が土中に見つかる。(1860年10月19日も同様。)

1860年9月23日。一番新鮮なアカマツの若木の根は明らかにヒメコウジの匂いがする。1週間経っても、私の部屋で傷のついたこの植物がとても快い土っぽい甘さを長い間漂わせている。それからそれは土臭い甘さに変

わる。これはこの香りが元々大地にどれほど近いかを示しているのだ。

ビゲローによれば、ヒメコウジの芳香性の風味は、伏地性セッコウボク、セイヨウナツユキソウ、ベニシモツケソウの根、カンバにもあるそうだ〔ビゲロー『アメリカの薬草』2:30〕。

カトラーは次の春まででその実は熟さないと述べる。「マツや低木オークの土地にはよく見られ」、その実を「ときどき子供たちがミルクに入れて食べる」〔カトラー　444〕。

秋（The Fall）

9月14日になっても、果実や収穫や開花が遅くなりそうな兆候があらゆるところに出ていた。しばらく前から納屋で殻竿を打つ音が聞こえている。気候が涼しくなり霜が降りるようになると、我々は家の陰から陽の当たる場所へと移動し、暖を求めてもう1枚上着を来てそこに座り込み、果実のように身を引き締め熟してゆく。青々と葉の生い茂った柔らかな我々の思考が、色と風味を得て、つまりようやく甘い妙味を帯びるようになって、その実を割るだけの価値が出てくる。やや涼しく秋らしくなって、葉がたくさん落ち、木々がやせ細るようになると、日が当たる覆いのある場所に座りたくなる。

この季節、今迎えたばかりの秋は、私に言わせれば、8月に低地で最初の霜を目にし感じたずっと以前から始まっているのだ。その時からすでに、ゆっくりと1年の締めくくりは始まっている。寒気こそが、植物の成長を抑え、そのエネルギーを凝縮して、果実を熟させる大きな要因だと思う。特に9月はそうだ。熱帯地方では人は決して熟さないのではないだろうか。

10月4日。今や滞りなく1年が成熟し始めている。柿の実のように、霜のおかげで熟しているのだ。10月11日。今朝非常に硬い霜が降りた。地面を硬くし、小春日和を閉じこめたイガを開かせる、季節の熟し屋であるこの霜は、おそらくはクリの実も開かせるのだろう。これぞ10月初旬や中旬の寒気だ。10月16日。この寒気は我々を磨き、身を引き締める。凍った樽の真ん中に入ったリンゴ酒のように、我々の気分も高まる。

1857年10月11日。素晴らしい天候の7日目。こういう日々は「収穫の日」

と呼べるのかもしれない。1週間のうちにリンゴはほとんど収穫を終え、ジャガイモは掘り尽くされたが、トウモロコシは畑にまだ残っている。

クログルミ（Black Walnut）

クログルミ、10月15日。

1853年11月12日。今日クログルミを味わってみた。球状で皺が寄った果肉の大きな木の実だが、かなり油っこい味だ。

10月28日。通常クルミが落ちる頃であり、スミシーズ・ヒルのクログルミは少なくとも半分が落ちている。小さなレモンのような形と大きさをしていて、不思議なことに、地面から湿気を得て今では豊かなナツメグの香りを漂わせている。それは今濃褐色に色付いている。グレイによれば、この木の実は東部では珍しいけれども、西部の州ではよく生えているそうだ〔グレイ（1848）411〕。ジョージ・B・エマソンは、稀ではあるがマサチューセッツでも見られると言っている〔エマソン『木について』185〕。つまり我々が手にしているのは非常に珍しい木の実なのだ。

ミショーによれば、我々のクログルミはヨーロッパのものと非常によく似ているが、より丸みを帯びているそうだ〔ミショー　1:158〕。

1860年10月28日。半分ほどが落ちてしまっている。

キハダカンバ（Yellow Birch）

キハダカンバ、10月15日。

1859年10月15日。キハダカンバの葉が落ちて裸になり、その果実が見える。短くて厚みのある褐色の尾状花序が熟れて今にも剥がれ落ちそうだ。その木々はなんと充たされていることか。葉があったときとほとんど同じくらいの厚みがある。

ハンノキ（Alder）

ハンノキ、10月15日。

ひと冬中落ち続ける。

ヒッコリー（Shagbark）

ヒッコリー、10月20日。

11月15日。ウースターでポケット半分ほどのヒッコリーの実を集めた。ほとんどの実は落ちてしまっているが、まだ木に付いている実も多い。

1856年12月18日。1つの木から12ブッシェルもの殻に入ったヒッコリーの実が採れることがあると聞いた。スーヘガン川に生えている木にヒッコリーの実がなっていたが、まだ収穫されていない。

1859年9月1日。木の実は食べ過ぎないよう気をつけなければならない。ある冬1人の若者に会ったのだが、彼は顔中に大きなニキビ（あるいは腫れ物）ができていた。どうしたのかと聞いてみると、彼とその若い奥さんはヒッコリーの実が好きで、秋に1ブッシェルの実を買って、冬の夜はそれを食べて過ごしていたのだと言う。そしてその結果がこれだったのだ。

1854年10月20日。大部分のヒッコリーの実はまだ（ウォチュセットでは）落ちていないが、リスのおかげで今が収穫時だ。

チョウセンアザミ（Artichoke）

チョウセンアザミ、10月20日。

グッキン［Daniel Gookin　1612-1687　植民地開拓者であり後に判事となる。インディアンに助力し、ニューイングランド地方のインディアンについて書物も出した］によれば、インディアンはスープにチョウセンアザミを使っていたそうだ〔グッキン　10〕。

1859年10月20日。いくつか掘り出した。かなり霜でやられているので、今が掘り始める時期だ。2、3本試しに掘ってみたが、もっとも大きな塊茎は直径1インチほどだった。主根茎は約6インチの長さでまっすぐ下に伸びていて、それから突然このように終わっている。　　　生で食べるとかなり木の実に近い味がする。

ハインドは北西部で最もよく見かけたそうだ。〔ハインド『報告書』44-47〕

アキノキリンソウ（Goldenrod）

10月21日。アキノキリンソウが綿毛状になっている。

1860年10月10日頃にはほとんど全て綿毛状になっていた。

冬の果実

シラカンバ及びクロカンバ（White and Black Birches）

シラカンバ、11月1日。

1860年11月4日。つい最近になって落ち始めた。たくさんの尾状花序が4分の1インチほど裸になっている。1週間前に落ち始めたのかもしれない。

1856年12月4日。綺麗な褐色の鳥のようなカンバの果鱗が風に吹かれ、薄い凍結雪面にできた数多くの窪みに吹き込まれるのを見かけた。鳥達のための食卓の用意ができるほど大量だ。ボックスボローやケンブリッジでも同じ様に、この穀物が歩行者の足元に何千マイルとばら撒かれる。しかし目でそれが見分けられることはめったにない。〔マサチューセッツ州ボックスボローはコンコードセンターから西へ9マイル、アクトンの反対側にある。ケンブリッジはコンコードの東約15マイルに位置する。〕

1856年1月14日。シラカンバの花序が、まずはその根元の方から（と言ってもそれが先端なのかもしれないが）種子を付け始めたようだ。それは風に吹かれたり揺すって落とされたりして、裸の糸状の球果を後に残す。

1858年5月12日。（水の流れがある）きわめて緩やかな勾配を持つ牧草地近くのカンバは、多かれ少なかれ平行線上に生える。明らかに種子が水の流れのせいでそこに落ちたか、あるいは雪のためにできた平行する波状の窪みに種子が残されたのだろう。

1854年2月18日。クロカンバの果鱗は通常このような形をしている。

1854年2月21日。シラカンバとクロカンバの果鱗の違いは、前者の翼は本当の鳥のように後方に曲線を描いていることだ。この種子もまた広い翼を持っており、小さな2つの触覚を持つ昆虫のように見える。

カンバの種子もまた、マツの種子と同様、雪の上を遠くまで風に吹かれて飛ぶ。1856年3月2日に、土手とその両岸の畑に比較的木の生えていないプリチャード氏の地所近くの川を上流へと歩いていると、つい最近雪が降ったばかりで風もほとんどなかったにもかかわらず、川の上に積もった雪の上にたくさんのカンバの果鱗や種子が落ちているのを見つけて驚いた。〔モーセス・プリチャードはコンコードのメインストリートに住んでいた

人物であるが、ソローがここで言及しているのは明らかに氏の持つ別の土地であろう。〕1平方フィートごとに種子や果鱗がある。しかし一番近いカンバの木は、30ロッド離れた壁に沿って1列に生えている15本の木々だ。川を離れこの木々の方へ近づくにつれ、種子はますます厚く積もっていて、木々から6ロッド離れたところにまでくると雪の色さえ変わるほどだ。一方このカンバの反対側、つまり東側では1つも種子は落ちていなかった。この木々はその種子の4分の1もまだ失ってはいないように見える。再び川へ戻り上流へ向かうと、その種子が40ロッド離れたところでも見つかった。おそらくもっと条件の良い方向へ向かっていたなら、さらに遠く離れた場所でも見つかっていただろう。なぜなら、いつものごとく私の注意を引くのは主に果鱗であって、見分けるのが簡単ではない綺麗な翼のある種子は、おそらく風撰されてしまっていたに違いないからだ。このことは、大自然が種子を拡散するのにどれほど勤勉であるかを示している。春になってもカンバ——そう、それにハンノキ、それにマツ——の種子が不足することはない。遠方へ運ばれた種子の大部分が、川岸の窪みにとどまり、その川土手が決壊すると、さらに遠くの岸辺や草地に流されてゆく。というのも、実験してみて分ったことなのだが、果鱗はすぐ水に沈むけれども種子は何日も浮かんでいるからだ。

　ラウドンの『植物園』で述べられていることであるが、小さなシラカンバが「密集して見つかることはめったになく、かなりの間隔をおいてのみ、ぽつんぽつんと生えているのに出会う。」ラウドンはさらに、ヨーロッパ産の普通種のシラカンバについて、「パラス［Peter Simon Pallas 1741-1811 ドイツの博物学者。ロシアのエカテリナ女帝に招聘されてロシア各地の地質・動植物を調査した］によれば、カンバは他のどの木よりもロシア帝国全土でよく見られる植物である。バルト海から東大洋までのどの森や木立でも見つかる」と述べている。ラウドンはまた、或るフランス人作家から、「プロイセンではカンバがあちこちで植えられている。燃料不足に対する防衛手段となる上、空き地ができるとどこでも埋めてしまうその種子の拡散力によって、森を確実に豊かにしてくれると考えられている」と聞いたそうだ〔ラウドン　3:1691, 1694, 1696〕。

リギダマツ（Pitch Pine）

リギダマツ、11月14日。

1851年11月9日。リギダマツの球果はとても綺麗だ。新鮮で革のような色をした球果だけでなく、枯れて灰色になり、苔に覆われ貫通不可能な甲羅の覆いのようになった、非常に規則的で目の詰まった果鱗を持ったものは特に美しい。これらは私の目にはとても綺麗に見える。またしばらく前から整然と開いていて、種子を落しているこれらの球果も綺麗だ。私が住んでいるのは、ほとんど鉄のように硬い反曲した針で覆われた球果を付けるリギダマツが生える場所だ。

1854年8月29日。リスがリギダマツの球果をいくつか裸に剥いてしまっている。

1854年12月28日。あるケープコッドの男がガーディナーに話したことであるが、翼の付いた種子を1ブッシェル取るには、リギダマツの球果が80ブッシェルも必要だそうだ。〔ナンタケット島のエドワード・W・ガーディナー船長は、1854年12月27、28日にナンタケットでソローが行った講演の主宰者。ガーディナーは島の植林に関心を持っており、ソローが島に滞在中2人はこのことを多いに論じた。〕しかしニューヨークに輸送されるヨーロッパ産やフランス産のマツの種子は1ブッシェルにつき200ドルもかからない。

1857年4月29日。ジョン・ホズマーの地所の向こうに生えているリギダマツでは、地面から2フィート以内にあった幹の上に古い灰色の球果が付いているのが見える。時にはそれが幹のまわりに一周して付いており、20数年前にその若木の上にできたものに違いない。それほどこの球果は永存性があるのだ。

1857年11月14日。リスが球果を壁へと運んだため、途中の地面にはずっとその果鱗がばら撒かれていた。

1858年2月28日。開けた野原の端に生えていた1本のリギダマツの下に、24個の球果が集められているのを見つけた。齧られてはいるが、開いてはいない。明らかにこの木から集められすぐにも運ばれるばかりだったのに、取り残されたものだろう。

1859年4月2日。239個のリギダマツの球果がひと山残されていた。ミショーによれば、「この木が密集して生えているところではどこでも、球果は枝に1つ1つ別々に分散して付く。また常に観察していて分かったことであるが、この球果は熟した最初の秋にその種子を放出する。しかし単一で生えている幹では、風に吹き晒されるため、球果は4、5個あるいはそれ以上の数で密集して付き、数年の間は閉じたまま枝に残る」〔ミショー 3:151-52〕。

1855年1月25日。約3日かけてマツの球果が家の中で完全に開いた。それは実の真ん中あたりで上向きに開き始める。極めて規則的で美しい。鈍角三角形の三日月形をした先端を持つ果鱗と下向きに尖った針は、上の方ではほぼ開ききっているが、球果の底ではそれがかなり反曲しているので、ほぼ平らに、つまり葉柄に直角に密集して横たわっている。まるで、こんな風に、13本の歪曲した線で完璧に規則的な形を作っている果鱗でできた鉄盾のようだ。ただもっとずっと整然としている。私が手にしている3つの球果にもそれぞれ13本の繖形花序柄がある。ストローブマツの球果がその長さによって異なるように、これらはその球果の丸みや平面度によって様々な種類がある。球果側面の果鱗の先端はこんな形だ。

1855年2月22日。リギダマツの球果は適切な時期に木から取らなければならない。さもないと、部屋の中で開くことも「開花する」こともなくなる。リスによって齧られ、多分完全な大きさだろうけれどもまだ開いていない球果を私は持っている。なぜこの実は、部屋の中やあるいは他のどこかで、このように開くのだろうか。私の考えでは、熱や乾燥の影響で各果鱗の上部が広がる一方で下部が縮むためか、あるいは1つの果鱗だけが広がって他が縮むからだと思う。この上の部分の方は明るくほとんどシナモンのような色だけれども、一方下の部分はより暗い赤色（ヤニ色だろうか）だということに気付いた。

1855年3月3日。ハバードの木立の向こうにある幅広のリギダマツから数ロッド離れたところで球果を1つ見つけた。切り落とされた部分にはリスの歯形が見えるので、おそらくリスが秋に落したものだ。おそらく今ま

野生の果実 | 305

で雪に埋まっていたのだろう。なぜなら明らかに開いたばかりらしく、揺すると種子が落ちるからだ。このとても美しい球果は、完全に開花した状態で地上にまっすぐ立っているというだけでなく、手のひら半分ほどのその翼の付いた種子──薄く優美で新鮮な色合いをした翼を持つ小さな三角形の黒い種子──が、私に曲線状の尾を持つエールワイフ［北米東部沿岸産のニシンの一種］のような魚を思い起こさせる。　　（私はその魚の尾の曲線を示しているのではない。）

　別の場所では1本のリギダマツの下にたくさんの球果の芯を見つけたが、種子を覆っていない先端に付いた3個程を除いて、それらは完全に果鱗をリスに剥がされてしまっていた。彼らは種子の部分、つまり芯に近い部分で綺麗にその種子を切り落とし、芯をこのような形にあるいはもっと整然とした形で残す。部分的に果鱗を剥がされてしまっているいくつかの球果から、私は彼らが底から齧り始めることに気づいた。このような球果は、リスたちが座った切り株の上やその周囲、あるいはそのマツの下に残されているのが見つかる。落ちているリギダマツの球果のほとんどにリスの歯形が付いており、これらが齧り落されたことが分かる。

　1855年11月14日。今日朝11時頃部屋の中にいると窓のそばで何かが割れる奇妙な鋭い音が聞こえた。私はそれを虫がたてた（羽を打ち鳴らす際の、あるいは何かを叩くような）音だと思ったのだが、それは私が今月の7日に集め、陽の当たる窓台の上に置いておいた3個の小さなリギダマツの球果の1つが出す音だった。私は果鱗の中でその頂部にまだかすかに動きがあるのに気付いた。その時突然より大きな破裂音とともに、その頂部あたりの果鱗がその周りからパチンと音を立てて剥がれた。それはどの果鱗にも一般的に見られる突然の破裂もしくは膨張で、鋭い破裂音がした後、中に閉じ込められた力に揺り動かされているかのように球果全体が動く。思うに全体が破裂するのにはある1点で圧力が軽減されさえすればよいのだ。

　1855年11月20日。再びパチンと何かが割れる鋭い音が聞こえたので急いで窓へ向かうと、11月7日に集めて日光の中や陽が届く場所に置いておいた別のリギダマツ球果の頂部からかすかに果鱗が剥がれていた。それはじっ

くり調べてみないと分からない変化だ。だが私が見ている間にも球果全体が鋭い音を立てて果鱗を開き、揺れて毛を逆立てたようになって、表面に乾いたマツヤニを撒き散らした。この球果は全てこのように緩んで開くのだが、すぐさまいっぱいに広がるのではない。ほとんどガラスが割れるようなもので、ある一部分で緊張が緩むと全ての部分が弛緩するのだ。

　ストローブマツと違ってリギダマツは冬の間中徐々にその球果を開いて種子を拡散してゆく。その種子は風によって遠く空中を飛んで行くだけでなく、雪面や氷上を滑って遠くまで行くのだ。滑らかさによってその雪面に落ちた種子の拡散を手助けするのが、雪、特に固められた雪の平坦な表面が持つ価値のひとつなのではないかとよく考える。一番遠いマツの種子から風の吹く方向に一番近いマツの木まで、雪原での直線距離を何度も測ったことがあるが、それは最も広い牧草地と同じ幅だった。この種子がこのようにして、半マイルの幅があるわれわれの湖のひとつ〔『ジャーナル』から判断してウォールデン湖のこと〕を横切るのを見たことがある。場合によっては何マイルも飛んでいくに違いない。秋には牧草や雑草、茂みなどによって邪魔されるだろうけれど、雪が降り最初にあらゆるものを覆って地表を平坦にすると、落ち着きのないマツの種子は、目には見えない動物たちが引くエスキモーの橇のように、雪面を猛然と滑ってゆき、翼を失ったり、克服できない障害物に出会ったりしながら、最初で最後の着地を行い、そこでマツの木として生長するのかもしれない。大自然は我々と同様１年に１度の橇滑りをする。我々のように雪と氷の地域では、この木はこのようにして大陸の端から端まで徐々に広がっていくことができるのだ。

　７月中旬頃、前述の湖の岸辺の高水位線のすぐ下で、小石や砂や泥の間からちょうど姿を現したたくさんの小さなリギダマツに気付いた。種子が飛ばされて、あるいは吹き流されてここまで来たのだ。水際に沿って１列にマツの生えている場所がいくつかある。しかしその木々は、15年か20年も経つ頃には、凍りついた土手の隆起によって、倒れたり腐ったりするのだ。

　1856年３月22日。ウォールデンのかつての住居の近くで、私が11日にここにやって来て以来、１両日の間にハイイロリスやアカリスが広範囲にリ

ギダマツの球果を食べてしまったようだ。あるマツの若木の下の雪は、彼らが枝の上で食べながら落した果鱗でかなりの厚さまで覆われている。その雪の中に34個の球果の芯があるのを私は数えてみたが、それで全部ではない。別のマツの下では20個以上あり、ここから３ロッド離れた柵柱までの間には彼らが踏みならした跡があって、その柱の下にも８個の球果の芯とそれに相当する数の果鱗が落ちていた。その足跡はページを上に上がっていくとても小さな兎のそれのようだ。　彼らは完全に閉じた状態の球果を齧り取る。私は１匹のリスが組になった球果の１つを取って、もう１つを一部齧り取った状態で残しているのを見かけた。リスはまず邪魔な針を取り除き、球果の葉柄のところまでその小枝の側面を齧り取る。それをぐいっと曲げながら、まるでナイフで切るように続けていくつかの切れ目を入れて、いつものように切り取るのだ。１つ２つ、たぶん枯れてしまった（おそらくは１年過ぎても小さかった去年の夏のものだ）のだろう、小さくて明らかに熟しきっていない球果が齧り取られて開かれないまま残っていた。

　これらの若いマツの多くは今や開いていない球果でいっぱいになっている。それは見たところ来年の夏で２年目を迎える実なのだろうが、今はリスたちの餌になっている。いくつか開いているものがあるが、それはおそらくもっとも葉の多い小枝に付いたものだろう。

　1853年２月27日。１、２週間前綺麗なリギダマツの球果を１つ家に持って帰った。それは枝から落ちたばかりのものでぴったりと閉じている。私はそれをテーブルの引きだしに入れておいた。今日私はその実がひきだしの中で乾燥して、完璧な規則正しさで開き、引き出しをいっぱいにしているのを見つけてひどく驚いた。堅くて細長い鋭角的な球果　　が、幅広く丸い開いた球果　　になっていたのだ。じっさいそれは、花びらと同様の規則正しさで、堅い果鱗を円錐形に花開かせ、驚くほどの量の繊細な翼を持った種子を落している。それぞれの果鱗は非常に精緻で完璧な構造を持っていて、まるでリスや鳥からその種子を守ろうとするかのように、１つ１つが下向きに尖った

針で武装している。その堅く閉じた球果は、これを開こうとするどんな暴力的な試みもものともせず、唯一ナイフでのみ切り開くことができるのだが、暖かさと乾燥という優しい説得にはこのように従順に従うのだ。マツの球果の膨張、それもまたひとつの季節だ。

　3月6日。リギダマツの球果の一部はまだ閉じている。

　1853年3月27日。リギダマツの球果の底は、閉じていると半円形だが、開いた後は葉柄の隣のより小さく不完全な球果の上に後ろ向きに果鱗が押し付けられるため、多かれ少なかれ平らで水平になる。この平らな先端から見てみると、曲線できれいに配列されている。『ニューイングランドの展望』の作者で、1633年8月15日にニューイングランドを発ったウィリアム・ウッドの目に原始の森がどのように映ったか、我々はメインにまだ残っている木々によって想像することができる。彼は次のように記している。「この土地の材木は、枝を伸ばす前に、まっすぐ高く生長し、中には20フィート、30フィートの高さになる木もある。一般的に幹は太くないが、製材所の柱に使えそうなものも多く、3.5フィート以上の太さの木もある。」彼の記述から、インディアンの焚火のため残されている原始の森より、その森には開けた場所が多いと判断する人もいるだろう。なぜなら彼は、ほとんどの場所では、馬に乗って狩猟することができると述べているからだ。「湿原を除けば」インディアンの焚火で燃やされなかった「下層木はない。」「ここには確かに製材所は必要ないのかもしれない。なぜなら川（おそらくチャールズ川）のそばで10マイルも密集して生えているこの堂々とした背の高い木々（彼はここで特にマツのことを言っている）を見かけたからだ」〔ウッド　57〕。

匍匐性ビャクシン（Juniper Repens）

　匍匐性ビャクシン、3月1日。

　1853年4月2日。日陰に生えているものは青いが、陽の当たる場所のものは紫色に色付きかけている。

　1853年9月4日。今は灰白色がかった緑色をしているが、完全に成長している。

野生の果実 | 309

」　1855年4月30日。3枚の灰白色の尖った唇弁を持った、上部が綺麗な水色で下の方がまだ青い、美しい匍匐性ビャクシンの実が今たくさん見られる。

　1859年9月29日。まだかなり青い。枝の根元に去年の暗紫色の実がいくつか見える。

　10月19日。群青色の実や熟れた実は主に枝の下の方に付いているが、パイプの軸ほどの太さの古い木に新しくまだ青い実を見つけた。紫の実のすぐ反対側によく付いていて、それらは奇妙なほど混じり合っている。確かではないが、今年できた実がいくつかもう熟しているようだ。

　プリニウスは匍匐性ビャクシン（ボーンはそれをリンネの言う伏地性ビャクシンだと言っているが）を新葡萄酒の中で煮て作った葡萄酒について述べている〔プリニウス　14:19〕。

　ラウドンは伏地性ビャクシンについて、「2年間その灌木に実を付け続ける」が、「その実はビャクシンのもっとも役に立つ産物である。数多くの種類の鳥がそれを餌にしており、かつては燃やすと伝染病を防ぐ力があると考えられていた。しかしそれは今では主にジンをつくる際に使われる」〔ラウドン　4:2491, 2493〕と述べている。つまりこの酒の香り付けに使われるのだ。

　ある冬、実が熟れたかどうか確認しようとビャクシンの灌木をずっと調

べている人のために調査をしたことがあった。彼は自分の作る蒸留酒に香り付けをするためこの実を使っていたのだ。その間彼は、おそらくは期待のあまりか、喉に非常な乾きを覚え、強調を込めて「ここにラムが1樽あればいいのに」と叫んでいた。しかし彼は、まるで役に立たないとでもいうかのように、真水の泉を通り過ぎて行くのだった。〔ソローがここで言っているのは、ジョン・ルグロスのこと。ソローは彼のために1853年1月11、12日と調査を行ったことがあった。〕

冬の果実（Winter Fruits）

　冬になっても実を付けている果実は、1つ1つ数えあげ、特別に注意を向けるだけの価値がある。例えば、ウルシ、バラの実の類、ミズキ類、特にモチノキの実、ガマ、サンザシ、双葉アマドコロ、メギやザイフリボクの実、クランベリー、ヤチヤナギ、シオデ、リギダマツの類、マンサク、円錐花序アセビ、ベーラムノキ、ドクゼリ、トウヒ、カラマツ、ヒイラギマツ、ビャクシン、ヒメコウジ、クルミ、シラカバ、それにハンノキなどだ。

　本当に雄大で美しい自然の地勢が主張されることがどれほど少ないことか。周囲12マイル以内に世界で最も美しい風景があったとしても、それは我々には確かではない。なぜならそこに住む住人たちは、その美しい風景を大事にすることもそれに気付くこともなく、そのため他人にその美を知らせようとしたこともないのだから。だがもしそこで誰かが1グレーン〔0.0648グラム〕の金を拾ったり、あるいは淡水貝の中に真珠が1粒見つかったりすれば、州全土にその知らせが響きわたるだろう。何千もの人々が毎年ホワイト山脈〔ニューハンプシャー北部からメインにかけて広がる山脈で、ボストンなど東部大都市から列車で1日の距離にあり、ソローの時代に人気のあった観光地〕を訪れ、その野性的で原始的な美しさによって気分を一新しようとする。しかしこの土地が発見されたときは、同様の美がその全土に広がっていたのだ。もしちょっとした先見の明と鑑識力さえあれば、その多くが現在の我々の心身回復のために残されていたかもし

れない。

　この土地には、どれほどの真の富を持っているのか認識している町があるとは思えない。私は昨年の秋、我々の町から西にほんの 8 マイルほど離れたボックスボローの町を訪れた。そこで私が目にした最も美しく忘れがたいものとは、その堂々としたオークの森であった。〔ソローは1860年11月 9 日と16日にボックスボローとストウにまたがるいわゆる原始林インチェスの森を訪れている。〕マサチューセッツにこれ以上に素晴らしいオークの森はないだろう。その森をさらに50年残しておけば、人々は国中のあらゆる場所から、リスを撃つ以上に価値あるものを求めてそこに参詣するようになるだろう。しかし私は自分に言い聞かせた。もしボックスボローがその森林地を恥ずかしく思うようなら、この町もニューイングランドの残りの町とまったく同じになるだろうと。おそらく、もしこの町の歴史が書かれることがあっても、歴史家は、中でももっとも興味深いこの森について、一言述べることすら省き、教区の歴史だけを強調するだろう。

　そして結局私はまったく正しかったのだ。しばらくして、私は『マサチューセッツ史実集』の中で、当時ボックスボローも含んでいたストウ地方について書かれたごく短い歴史的記述に出会ったのだが、それは約百年前にジョン・ガードナー牧師が書いた文章であった。ガードナー氏は、彼の前任の牧師が誰であったか、いつ彼自身がその職に就いたかを述べた後、次のように続けている。「何かしら注目すべき事柄に関して、この州に現在あるどの町と比べても、これほどその種のものの少ない町はないと思われる……。私には公的に注目する価値のあるものは 1 つしか思いつかない。それはジョン・グリーン氏の墓だ。」この人物はイギリスにいた時、クロムウェルに「国庫の官吏に任命された」そうだ。「彼が大赦令によって追放されたのかどうかは分からない」とガードナー氏は述べているが、いずれにしてもグリーンはニューイングランドに戻り、ガードナー氏の言によれば、「この場所で生きて、亡くなり、埋められているのだ」〔ガードナー　83-84〕。私はガードナー氏に、グリーンは大赦令によって追放されることはなかったと断言できる。

　確かに、ボックスボローが当時その森があるおかげで特別な場所であっ

たというわけではなかったが、そのせいで興味深さが薄れるということもまったくなかったのだ。

　私は2、3年前、故郷の町の歴史を書く仕事を引き受けた1人の若者と話をしたことを覚えている。その町は奥地にあるまだ未開墾で山がちの町で、その名前自体が何百という事柄を私に思い起こさせる。私はその仕事を自分がやれたらと願った。そこには元々の植民者で追放された人間はほとんどおらず、財務官吏は1人として埋葬されてない。しかし私にとって悔しいことに、この著者は題材不足について愚痴を述べるばかりで、彼の話の冠となる事実というのは、その町がかつてC将軍の居住地であるということ、そしてその一族の邸宅がまだ残っているということだった。この町の歴史のあらゆる題材が、その事実の周りに配置されることになっていた。

　ヘロドトスのものであれ、聖ビード［the Venerable Bede　673?-735?　英国の歴史家・神学者］のものであれ、本物の歴史を読むときにはいつも、我々の関心はその題材ではなく、その著者——その人がどのようにその題材を扱い、それに重要性を与えているか——にあるのだと気づくはずだ。才能のない書き手は、自分が偉大なテーマだと思うものを必要とするが、我々は他の人の記述によってすでにそのテーマには関心を持っている。しかし天才、例えばシェイクスピアのような書き手であれば、別の人間が書いた世界史よりも、自分の教区の歴史をもっと面白いものとすることができるだろう。人が生きていた場所であればどこでも、そこには語られるべき物語がある。それが面白いものであるかどうかは、主にその語り手や歴史家次第なのだ。

　しかしながら私は以後も、ボックスボローがその森を住宅や農場に変えてしまう代わりに、そのまま残しておくことに満足していると聞いている。その美しさのためではなく、そう変えてしまったときの税金よりも多額の税をその土地が支払っているためだ。とはいえ、この町が船材などのために、2、3年以内にその森を切り倒してしまう可能性は大きい。そのように処分してしまうにはこの森はあまりに貴重だ。州がそのような森を2つ3つ購入して保存するのが賢いことだと思う。もしマサチューセッツの人々

が博物学の教授職を設ける用意があるのなら、大自然そのものをいくらかでも損なわずに残すことの大切さが分からないことがあろうか。〔デュプリーによれば、1805年ボストンの指導的市民の1団が、マサチューセッツ博物学教授職を設けた。それはハーヴァード大学と提携していたが、設立自体はコミュニティの企画だった。〕

　この町の青年層が、劣った例しか見たことがないために、オークやマツが何であるのか知らないことに私は気づいた。残ったこれらの木の数少ない最良の見本を、他人が切り倒すのを許しながら、植物について——例えば我々のもっとも立派な植物であるオークについて——講義を行う人間を雇おうというのだろうか。それはまるでラテン語やギリシャ語を子供たちに教えながら、その言語で書かれた本を燃やしてしまうようなものだ。私が不満を述べているのは、あなた方の生き方だけではなく、私自身の生き方でもあり、そのため私の答えはあなた方にとってしみじみ胸を打つものになるだろうと思う。ほとんどの聖職者のように、誰にも命中せずに何千という聴衆者に向けて撃つほど、私は自分の射撃が下手ではないことを願っている。とは言ってももちろん、私は特定の個人を狙っているのではないのだけれども。

　このように我々は花園にいる牡牛のように振舞っているのだ。大自然の真の果実は、躍る胸と繊細な手でのみ摘むことができるものであって、どんな世俗的報酬によっても買収できるものではない。どんな雇用人も我々がその収穫物を集めるのを手伝うことはできない。インディアンの間では、大地とその作物は、空気や水のように通常は共有されるものであって、どの部族にも自由に開かれている。しかしインディアンに取って代わった我々の間では、大衆はほんの小さな中庭や村の中心部のおそらく墓地近くの共有地、それに中庭から中庭へと移動する際に寛大にも与えられる特定の細い通路を通る権利しか持っていない。しかもその通路は年々細くなっているのだ。どの方向であれ5マイルも馬に乗っていけば、誰かが道路で通行料を取っている場所に出くわすに違いない。その人物はいつか自分やその跡継ぎにその道が全て帰属するときがくるのを期待しているのだ。このようにして我々文明人は、土地について取り決めてきたのである。

冬の果実

どのような先例に影響を受けたのであれ、我々のニューイングランドの村をこのように設計した先祖達に対して、私が今敬意と感謝の念で溢れんばかりだとは言えまい。なぜなら私は、旧世界の偏見から解放された未熟な手の方が、この新世界でずっと上手くやれただろうと思うからだ。ある人々が断言するように、もし彼らがこのように遠くまで真剣に「神を礼拝する自由」を求めて来たのなら、土地がそんなに安価で、そんなにも自由を求めていた時に、なぜ彼らはもう少しそれを確保しておかなかったのだろうか。［1791年に採択された合衆国憲法修正第1条の条例では国教の樹立を禁止するとともに、信教の自由を保障している。］礼拝堂を建設するのと同時に、何故彼らは人の手で作られたのではない、はるかに荘厳な聖堂を冒涜と破壊から守らなかったのだろうか。

　町を美しくはるばる住みに来るだけの価値あるものにする自然の地勢とは何だろうか。滝のある川、牧草地、湖、丘、崖、あるいは個々の岩や森、1本の古木。それらは美しいものだ。金銭には決して変えられない高い有用性もある。もしその町の住人たちが賢明であれば、かなりの犠牲を払ってもこれらを守ろうとするだろう。なぜならそれらはどんな雇われ教師や説教師よりも、また現在公認されているどんな学校教育システムのもとでよりも、ずっと多くのことを教えてくれるからだ。これらのものの有用性を見通すことができず、いわば牡牛たちのために主に法を定める人は、1つの州、あるいは町であっても、その設立者となるのに相応しいとは思えない。それぞれの町で、町の美がどんな損害も蒙らないよう注意するため、委員会を任命することには価値がある。もしここにこの土地でもっとも大きな丸石があれば、それは個人のものに属したり、玄関口の段にされてしまったりすべきではない。国によっては貴重な金属が君主に属するところもある。同様に、ここではより貴重な素晴らしい自然美の産物が、一般大衆に所属するべきなのだ。新世界を新しいままにしておく努力をしよう。そして都市を慎重に利用しつつ、田舎に住む利点をできるだけ保持しようではないか。

　この町にとって、川以上にずっと大きな装飾であり宝であるような自然の地勢があるとは、私は思わない。それは人がここに住むか別の場所に住

むかを決める要因の1つであり、我々が他所から来た人に見せる最初のものだ。この点で我々は川のない隣の町々よりも大きな利点を持っている。しかし自治体としてのこの町は、その川に対し根っから実用的な視線以外のものを向けることはなく、その自然の美しさを保存するために何も行ってこなかった。町を設計した人々は、その川を永久に共有財産として利用可能なものにすべきだったのだ。町は共同体として、イギリスで同様の地域を所有する鑑識眼のある人間が通常行うのと同程度のことは少なくともすべきだった。じっさい水路だけではなくどの川の土手も、片岸だけであれ両岸ともであれ公道にするべきなのだ。なぜなら川はたんにそこに浮かぶためだけに役立つわけではないのだから。このようにすれば、片側の土手は公共の遊歩道として保存され、その道を飾る木々は保護されて、本通りからそこへと続くいくつかの道が提供されていたかもしれない。こうしたことにはほんの数エーカーの土地とごく小さな森しか要らなかっただろうし、それによって我々は皆利得を得ていたはずなのだ。今この川には、町から比較的離れた地点にあるいくつかの橋からしか近寄ることができず、しかもそこには、人の地所に無断侵入しない限り、佇むことのできる川岸は1フィートもない。もし土手に沿って静かに散歩しようとすれば、川の流れに直角に立てられ、水面にかなり張り出した柵にすぐ出くわすことになる。そこでは個人が、現在の取り決めの下では当然ながら、その土手を独占しようとしているのだ。結局我々が川の流れの景色を唯一眺めることができるのは、礼拝堂の鐘楼からだけだということになるだろう。私の記憶の中にあるその川辺の岸に生えていた木々は一体どこへ行ってしまったのだろう。もう十年経ったときには、この木々の名残はどこへ行ってしまうのだろうか。

だからもし今町の中心に見晴らしのよい丘の頂上があるのなら、それは公共の使用のために保存すべきだ。インディアンにとってすら聖なる場所であり、私有地を通る以外近づきようのない山の頂きが、町中にあると考えてみたまえ。それは言わば、人の土地に無断で立ち入らなければ入れない聖堂のようなものなのだ。いやむしろその聖堂そのものが私有財産であり、個人の牧畜用囲いの中に立っているのだと言えよう。それはよくある

ことだ。ニューハンプシャーの法廷は最近、まるで自分たちに決定権があるとでも言わんばかりに、ワシントン山の頂がAに属するのかあるいはBに属するのかを論じ、Bに有利な判決を下した。この人物は、ある冬の日ちゃんとした役人を伴って登山し、正式な所有権を手に入れたそうだ。しかしその土地は、謙虚さと尊敬の念を喚起するためにも、個人の占有にしないで残しておくべきなのだ。そこへ登った旅人が、故郷の谷ばかりか自分自身をも乗り越えて、いくらかでも己の卑しい習慣を後に残して行けたと思えることが唯一の理由であったとしても。

　人々が聖堂を見てもそれと分からず、その単語から異教を連想するような今日、聖堂について話すことは単に比喩でしかないということを私も承知している。たいていの人は自然を愛することなく、ある一定のそれほど高くない金額で暮せる限り、その美に対する自分たちの取り分を売り払ってしまうのではないかと思われる。彼らがまだ空を飛べず、大地だけでなく空をも荒廃させることがないのはなんと有難いことか。我々は目下のところこの面では安心だ。こういったものを少しも気にかけない人間がいることこそ、我々が協力して少数の人間の破壊行為から全てのものを守る必要がある理由なのだ。

　確かに我々はまだほとんどの方向へ自由に地所を横切っていくことができる。だが我々がますます多くの抵抗に出会うにつれ、当然ながら我々の自由は年々少なくなる。そしてやがては地所を横切ることがまったく不可能なイギリスと同じように、直線コースしかなくなってしまい、どこかの貴婦人の公園に入るのに許可を求めなければならなくなるだろう。希望の持てそうな兆候も少しはある。建設中の図書館があると、町はじっさいその公道に沿って木々を植えている。しかし広い景観そのものこそ、注意を向けるに値するのではないだろうか。我々はインディアンから白人へと町の譲渡が行われるのを目撃した数少ない古いオークを切り倒し、自分たちの博物館を開館するのに1775年に１人のイギリス人兵士から奪った弾薬箱で始めようとするのだ。〔じっさいソローはコンコード博物館の設立者であるカミングス・デイヴィスにそのような弾薬箱を与えた。〕

　私はどの町も、１箇所であれいくつかに分かれてであれ、500から1000

野生の果実 | 317

エーカーの公園、あるいはむしろ原始の森を持っているべきだと思う。そこでは燃料や軍艦のために、あるいは荷馬車を作るために、小枝１本切られることがなく、より高等な使い道のために、教育や娯楽のための永久的共用財産としてそこに存在し朽ちてゆくべきだ。そうしていれば、ウォールデンの森もウォールデンを中心に保存されていただろうし、その町の北部にある四平方マイルほどの未開墾の土地であるイースターブルックス地方も、私たちのハックルベリー畑になっていたかもしれない。もしこのように広い土地の所有者が、特に覚えておくだけの必要や価値のある血のつながった後継者がないままこの世を去るときには、おそらくすでに十分なものを持っている個人に遺産として残さず、その財産を全人類のために放棄し、そうして町が作られたときに試された誤りを正すことこそ賢明な行いであろう。ハーヴァード大学などの施設を寄贈する人がいるように、コンコードに森やハックルベリー畑を残す人がいてもいい。この町自体が確かに記憶に留められるだけの価値ある施設なのだ。異国の異教徒たちのことは忘れて、この場所にいる異教徒や未開人たちを覚えていなさい。我々は牛用の共同使用地や教会の地所などについては耳にするが、「人用の」共同使用地や「平信徒の」地所も同じく必要なのだ。町の貧民のための牧草地や放牧地、森林地などはあるのに、町の富裕者のための森やハックルベリー畑はなぜないのだろう。我々は自分たちの教育システムを誇っているが、なぜ教師や校舎に留まっているのだろうか。我々は皆教師であり、宇宙こそが我々の校舎なのだ。もっぱら机や校舎に気を配って、それが置かれている風景を無視するのは馬鹿げている。もし用心しなければ、ついには我々の素晴らしい校舎が牛の囲い地に立っているのを見いだすはめになるだろう。都市がもっとも誇るのが公園だというのはよくあることだが、公園こそはもともとの状態から一番変わる必要のないものなのだ。

　それぞれの季節を移り行くまま過ごしなさい。空気を吸い、水を飲み、果実を味わい、そしてそれぞれの影響に身を委ねなさい。これらをあなた方の唯一の飲食物とし薬草としなさい。８月には、まるで荒涼とした海やダリエン地峡〔現在パナマ地峡と呼ばれるダリエン地峡はニューイングランドの船員たちにその不毛さで悪名高かった〕を進む船上にいるかのよう

に乾燥肉や保存用携帯食を食べるのではなく、果実を常食としなさい。あらゆる風に吹かれ続けなさい。どの季節にも、毛穴をすべて開いて、大自然のあらゆる潮、あらゆる川の流れや海に浸かりなさい。瘴気や伝染病は外部ではなく内側から来るものだ。不自然な生活によって死の縁まで運ばれた病人は、大自然の大いなる影響を吸収する代わりに、不自然な生活を続けながら特定の植物から作ったお茶だけを飲み、いわば、容器の注ぎ口部分で貯め、捨て栓のところで浪費しているようなものだ。このような人は大自然も自分の命も愛さず、その結果病んで死んでいくのであり、どんな医者も治すことはできない。春には青々と成長し、秋になれば色付き熟しなさい。それぞれの季節の影響を薬として、すなわちあなた方専用に特別に調合されたあらゆる治療の真の万能薬として飲みなさい。地下室に蓄えておいたもの以外、夏の薬が人を病気にしたことは一度もない。あなた方自身ではなく、大自然が瓶詰めにしたワインを——ヤギ皮やブタ皮に入れておいたものではなく、彩り豊かな美しい果実の皮に包まれたワインを——飲みなさい。大自然そのものにあなた方の瓶詰めや酢漬けや砂糖漬けをさせなさい。なぜなら自然はすべて我々を健康にしようといつでも最善を尽くしているのだから。大自然に自分を合わせている限り、我々は病気になることはない。人はすべての自然ではなく、ほんの少しの野生の産物のみ健康によいと発見してきた。だがそもそも大自然そのものが健康の別名なのだ。春になると、あるいは夏や秋や冬など特定の季節になると、体調が悪くなると考える人たちがいる。（もし駄じゃれを許してもらえるなら）それはただ彼らが本当に「調子が悪い」から、すなわち、それぞれの季節に「調子をうまく合わせていない」からなのだ。

『野生の果実』の手稿（69–70ページ）
（ニューヨーク・パブリック・ライブラリー、バーグ・コレクション所収）

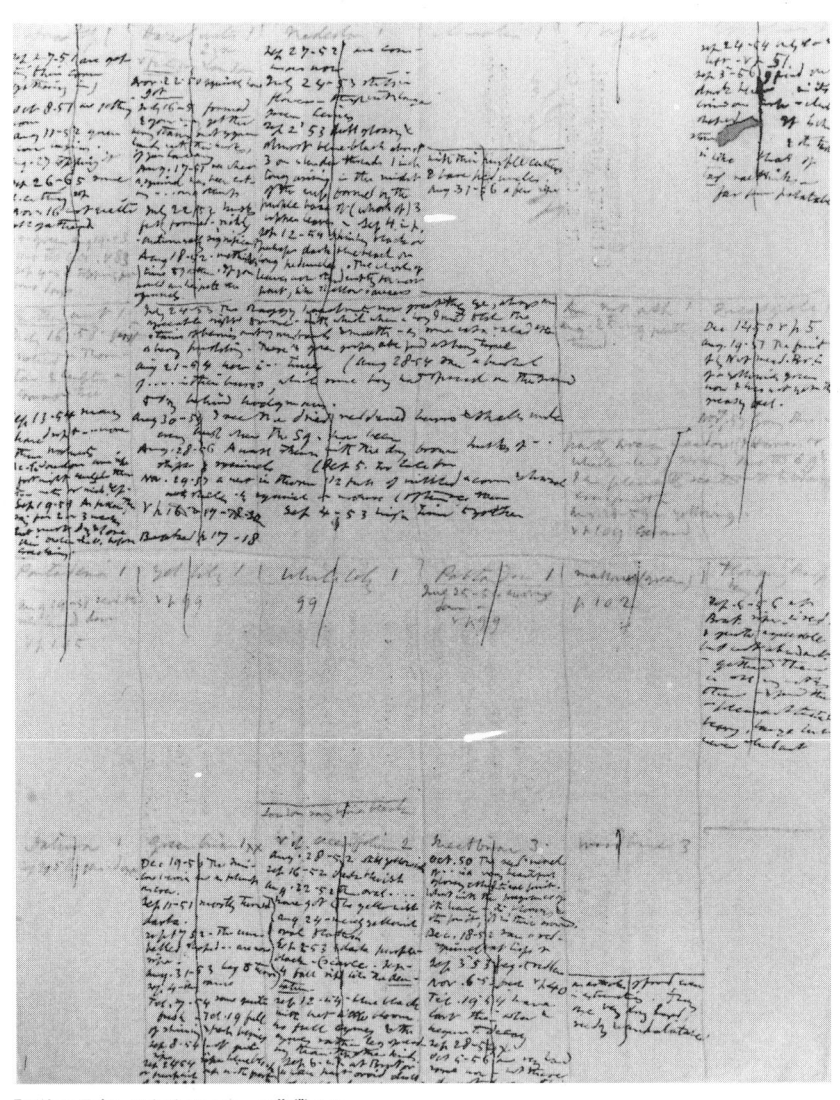

『野生の果実』のためのソローの作業メモ
9月1日から3日までの果実のインデックス
(ニューヨーク・パブリック・ライブラリー、バーグ・コレクション所収)

『野生の果実』の第2草稿67ページ
第3草稿でも追加記述とともに使用され、ここでは100–101ページに訳出されている。
(ニューヨーク・パブリック・ライブラリー、バーグ・コレクション所収)

『野生の果実』の第 2 草稿85ページ
第 3 草稿でも使用され、ここでは139–140ページに訳出されている。
(ニューヨーク・パブリック・ライブラリー、バーグ・コレクション所収)

植物名インデックス

このインデックスではソローが各セクションのタイトルに挙げている果実の原語名を中心にアルファベット順に並べその和名を記した。但し本文中に英語名または学術名（ラテン語）の別表記がある場合はそれを併記した。

Acorns Generally　ドングリ一般
Acorns: Black Oak　ブラックオークのドングリ
Acorns: Red Oak　レッドオークのドングリ
Acorns: Shrub Oak　低木オークのドングリ
Acorns: White Oak　ホワイトオークのドングリ
Alder　ハンノキ
Alternate Cornel　互生ミズキ
Amaranth　アマランス
American Mountain Ash　アメリカナナカマド
Amphicarpæa　ヤブマメ
Arbor Vitæ　ニオイヒバ
Artichoke　チョウセンアザミ
Arum Triphyllum　テンナンショウ
Asclepias Cornuti　トウワタ =milkweed
Barberry　メギの実
Barley　大麦
Bass　シナノキ
Bayberry　ベーラムノキの実
Beach Plum　ビーチプラム
Beans　インゲンマメ
Bearberry　クマベリー
Beech　ブナ
Beggar's Ticks　タコウギ
Bidens　バイデン
Black Ash　クロトリネコ

野生の果実 | 325

Black Birch　クロカンバ
Black Cherry　ブラックチェリー
Black Currant　クロスグリ
Black Huckleberry　ブラックハックルベリー
Black Spruce　クロトウヒ
Black Walnut　クログルミ
Brake　ワラビ
Bristly Aralia　棘のあるウド
Butternut　バターナッツ
Button Bush　タニワタリノキ
Carrion Flower　クササルトリイバラ
Cat-Tail　ガマ
Cedar　ヒマラヤスギ
Celtis　エノキ
Checkerberry　ヒメコウジ
Chenopodium　アカザ
Chestnut　クリ
Chokeberry　ザイフリボク
Choke Cherry　チョークチェリー
Cicuta Maculata　ドクゼリ　=Water-Hemlock
Cistus　シスタス
Clematis　クレマチス
Clintonia　ツバメオモト
Cohosh　コホッシュ
Common Cranberry　普通種クランベリー
Corn　トウモロコシ
Cornus Cincinnata　巻毛状ミズキ
Cornus Florida　ハナミズキ　=Flowering Dogwood
Cornus Sericea　アメリカミズキ
Cranberry　クランベリー

Crotalaria　タヌキマメ
Cultivated Cherry　栽培サクランボ
Dandelion　タンポポ
Datura　チョウセンアサガオ
Desmodium　ヌスビトハギ
Dogwood　ミズキ　=Cornus
Dwarf Cornel　コミズキ
Early Low Blueberry　早咲き低地ブルーベリー
Early Rose　早咲きのバラ
Elderberry　アメリカニワトコの実
Elm　ニレ
Epilobium　ヤナギラン　=Willow-Herb
European Cranberry　ヨーロッパクランベリー
European Mountain Ash　ヨーロッパナナカマド
Fetid Currant　ニオイスグリ
Fever Bush　ニオイベンゾイン
Fever-wort　ツキヌキソウ
Flowering Raspberry　ニオイキイチゴ
Gnaphalium Uliginosum　ヒメチチコグサ
Goldenrod　アキノキリンソウ
Green-briar　シオデ
Ground Nut　アメリカホドイモ
Groundsel　ノボロギク
Hairy Huckleberry　有毛ハックルベリー
Haw　セイヨウサンザシ
Hazel　ハシバミ
Hazelnut　ヘーゼルナッツ
Hemlock　アメリカツガ
Hibiscus　ハイビスカス
Hieracium　ヤナギタンポポ

High Blackberry　高地ブラックベリー
High Blueberry　高地ブルーベリー
Hop　ホップ
Horse Chestnut　マロニエ
Hound's-tongue　オオルリソウ
Huckleberry　ハックルベリー
Hypericums　オトギリソウ
Juniper Repens　匍匐性ビャクシン　=Juniper Communis
Larch　カラマツ
Late Low Blackberry　遅咲き低地ブルーベリー
Late Rose　遅咲きのバラ
Late Whortleberry　遅咲きホートルベリー
Lespedeza　ハギ
Lily　ユリ
Mallows　ゼニアオイ
Maple　カエデ
Medeola　メデオラ
Mitchella　ツルアリドウシの実　=Partridge Berry　=twinberry
Mockernut　モッカナッツ　=Carya Tomentosa
Mouse-ear　エゾノチチコグサ　=Pussytoes
Mulberry　クワの実
Muskmelons　マスクメロン
Northern Wild Red Cherry　北部野生レッドチェリー
Nyssa Aquatica　水生ニッサ
Oxycoccus　ツルコケモモ
Painted Trillium　紅色エンレイソウ　=Trillium Pictum
Panicled Andromeda　アセビ
Partridge Berry　ヤマウズラベリー
Pea　エンドウ　=Pisum
Peach　モモ

Pear　洋ナシ

Peltandra　ペルタンドラ　=Arrow Arum

Penny-royal　ペニローヤルハッカ

Pignut　ピッグナッツ　=Pignut Hickory

Pin-Weed　フウロソウ

Pitch Pine　リギダマツ

Plum　プラム

Poison Dogwood　ドクミズキ

Poke　ヤマゴボウ

Polygala　ヒメハギ

Polygonatum Pubescens　毛様アマドコロ

Pontedaria　ラテンミズアオイ

Potato　ジャガイモ

Prinos Laevigatus　無毛モチノキ　=Smooth Winterberry

Prinos Verticillatus　普通種モチノキ　=Common Winterberry

Pumpkin　カボチャ

Pyrus Arbutifolia var. Melanocarpa　クロザイフリボク　=Black Chokeberry

Quince　マルメロ

Raspberry　ラズベリー

Red Currant　アカスグリ

Red Elderberry　ニワトコ

Red Low Blackberry　低地レッドブラックベリー

Red Pyrus　ザイフリボク　=Purple Chokeberry　=Chokeberry

Rhexia　ノボタン

Rhus Radicans　ツタウルシ

Rhus Toxicodendron　ドクウルシ　=Poison Ivy

Roman Wormwood　ローマヨモギ

Rubus Canadensis　デューベリー

Rubus Sempervariens　沼地デューベリー

Rye　ライ麦

Sand Cherry　ヒコザクラ
Sandal　ビャクダン
Sarsaparilla　サルサパリラ
Sassafras　サッサフラス
Saw Grass　ノコギリ草
Scheuchzeria　ホロムイソウ
Shad Bush　ザイフリボクの実 =Juneberry
Shagbark　ヒッコリー =Shellbark Hickory
Skunk Cabbage　ザゼンソウ
Smilacina Racemosa　ユキザサ
Smilacina Trifolia　三葉アマドコロ
Smooth Sumac　無毛ウルシ
Solanum Dulcamara　ヒヨドリジョーゴ
Solanum Nigrum　イヌホオズキ
Spikenard　カンショウ
Spirae Lobata　紅色シモツケソウ
Spirae Ulmaria　セイヨウナツユキソウ
Staghorn Sumac　北米産ウルシノキ
Strawberry　イチゴ
Sugar Maple　サトウカエデ
Sumac　ウルシ
Summer Squash　ペポカボチャ
Swamp Sumac　ヌマウルシ
Sweet-briar　スイートブライア
Sweet Flag　ショウブ
Sweet Gale　ヤチヤナギ
Sweet Viburnum　アマガマズミ
Thimbleberry　シンブルベリー
Thisle　アザミ
Thorn　サンザシ

Touch-me-not　ツリフネソウ

Trientalis　ツマトリソウ

Trillium　エンレイソウ

Trillium Erythrocarpum　紅色筋エンレイソウ

Tupelo　ニッサ

Turnip　カブ

Two-leaved Solomon's-seal　双葉アマドコロ

Uva-Ursi　クマベリー　=bearberry

Vaccinium　ブルーベリー

Vaccinium Myrtillys　ビルベリー

Vaccinium Pennsylvanicum　ペンシルヴァニアブルーベリー

Vaccinium Uliginosum　湿地ホートルベリー

Viburnum Acerifolium　カエデガマズミ

Viburnum Dentatum　歯状ガマ

Viburnum Lantanoides　ランタナガマズミ

Viburnum Nudum　ハダカガマズミ

Walnuts　クルミ

Water Andromeda　ヒメシャクナゲ

Water Dock　水生ギシギシ

Watermelon　スイカ

Wax-Work　ツルウメモドキ

Wheat　小麦

White Ash　シロトネリコ

White-berried Cornel　シロミズキ

White Birch　シラカンバ

White Pine　ストローブマツ

Whortleberry　ホートルベリー

Wild Apple　野生リンゴ

Wild Gooseberry　野性グズベリー

Wild Grape　野ブドウ

Wild Holly　野生ヒイラギ　=Nemopanthis Canadensis
Willow　ヤナギ
Winterberry　北米産モチノキ
Witch Hazel　マンサク
Woodbine　スイカズラ
Wool-grass　ウールグラス
Yellow Birch　キハダカンバ
Yew　イチイ
Zizania　マコモ　=Wild Rice

地名インデックス

Ball's Hill　ボールズ・ヒル

Bear Garden Hill　ベア・ガーデン・ヒル

Beck Stow's Swamp　ベック・ストウ沼

Blackberry Steep　ブラックベリー・スティープ

Britton's Camp; Britton's shanty　ブリットンズ・キャンプ

Brown, J.P.　ブラウン宅

Cambridge Turnpike　ケンブリッジ・ターンパイク

Charles Miles's Swamp　チャールズ・マイルズ沼

Clamshell Hill　クラムシェル・ヒル

Clematis Brook　クレマティス川

College Road　カレッジ街道

Contant, E.　コンタント宅

Conantum, Conant's Hill　コナンタム

Concord Academy　コンコード・アカデミー

Cornel Rock　コーネル・ロック

Damon Meadows　デイモン牧草地

Deep Cut　ディープカット

Dennis's Swamp　デニス沼

Derby's Railroad Bridge　ダービー鉄道橋

Dutch House　ダッチ・ハウス

Easterbrooks Country　イースターブルックス地方

Ebby Hubbard's Swamp　エビー・ハバード沼

Emerson, Ralph Waldo　エマソン宅

Emerson's Heater Piece　エマソン・ヒーター・ピース

Emerson's Lot　エマソンの林地

Fair Haven Bay　フェア・ヘーヴン・ベイ

Fair Haven Cliff　フェア・ヘーヴン・クリフ

Fair Haven Hill　フェア・ヘーヴン・ヒル

Flint's Pond　フリンツ湖

Goose Pond　グース湖
Gowing's Swamp　ガウィング沼
Grape Cliff　グレープ・クリフ
Great Fields　グレート・フィールズ
Great (Musketaquid) Meadows　グレート牧草地
Heywood, George　ジョージ・ヘイウッド宅
Hildreth, G. W.　ヒルドレット宅
Holden's Swamp　ホールデン沼
Hosmer, Jesse　ジェシー・ホズマー宅
Hubbard, Ebby　エビー・ハバード宅
Hubbard's Grove　ハバード木立
Lee's Cliff　リーズ・クリフ
Lincoln　リンカン
Lincoln Road　リンカン街道
Loring's Pond　ローリング池
Martial Miles's Swamp　マーシャル・マイルズ沼
Melvin, George　ジョージ・メルヴィン宅
Minott, George　ジョージ・マイノット宅
Money-Digger's Shore　マネーディガー岸
Mount Misery　ミザリー山
Nawshawtuct Hill　ノーショータクト・ヒル
Nut Meadow　ナット牧草地
Pine Hill　パイン・ヒル
Ponkatawset Hill　ポンカトウセット・ヒル
Ripple Lake　リップル湖
Sassafras Island　サッサフラス島
Saw Mill Brook　ソー・ミル川
Sawmill Brook Swamp　ソーミル・ブルック沼
Shadbush Meadow　シャドブッシュ牧草地
Smith, C.　スミス宅　（家とするときもある）

Smith's Hill　スミシーズ・ヒル
Staples, Sam　サム・ステープルズ宅
Sunset Interval　サンセット・インターヴァル
Tarbell's　ターベル宅
Thoreau house on Main Street　ソロー家の家
Tupelo Cliff　テュペロ丘
Viola Muhlenbergii Brook　ヴィオラ・ミューレンベルギー川
Walden Pond　ウォールデン湖
Walden Woods　ウォールデンの森
Wharf Rock　ワーフ・ロック
Wheeler, I.　フィーラー宅
Witch Hazel Island　マンサク島

参考文献

植物事典類

朝日百科　植物の世界　全15巻　朝日新聞社　1997
原色樹木大図鑑　監修　林弥栄／古里和夫／中村恒雄　北隆館　1985
原色世界植物大図鑑　監修　林弥栄／古里和夫　北隆館　1986
原色牧野植物大図鑑　牧野富太郎著　本田正次編集　北隆館　1982
植物学ラテン語辞典　豊国秀夫編　至文堂　1997（初版、1987）
世界の花と木　ロブ・ヘルヴィッヒ著　塚本洋太郎監修　主婦の友社　1991
新訂　牧野新日本植物図鑑　牧野富太郎著　北隆館　2000
http://www.herbaria.harvard.edu/Data/data.html
http://www.eeb.uconn.edu/collections/plantcollections.html
http://www.pictures.dnlb.dk/Homepage/welcome.html
http://flora.huh.harvard.edu/china/
http://hua.huh.harvard.edu/FNA/
http://glossary.gardenweb.com/glossary/
http://www.ibiblio.org/herbmed/
http://www.ces.ncsu.edu/depts/hort/consumer/
http://www.botany.net/IDB/
http://www.tdwg.org/
http://www.learner.org/jnorth/spring1999/species/spring/index.html
http://www.upenn.edu/paflora/index.html
http://www.fs.fed.us/database/feis/plants/
http://quarles.unbc.edu/nres/soc/sbs/plantidx.htm
http://www.ars-grin.gov/ars/PacWest/Corvallis/ncgr/sfny.html
http://www.nybg.org/
http://www.attra.org/attra-pub/phenology.html

引用文献

Alcott, Amos Bronson. *Report of the School Committee of Concord, for the Year Ending April 2, 1860.* Concord, Mass.: Benjamin Tolman, 1860

---. *Reports of the School Committee, and Superintendent of the Schools, of the Town of Concord... on Saturday, March 16, 1861.* Concord, Mass.: Benjamin Tolman, 1861.

---. *Reports of the School Committee, and Superintendent of the Schools, of the Town of Concord... on Saturday, March 15th, 1862.* Concord, Mass.: Benjamin Tolman, 1861.

"American Institute Farmers Club." *New-York Semi-Weekly Tribune.* 19 October 1860.

Archer, Gabriel. "The Relation of Captain Gosnold's Voyage to the North Part of Virginia...." In *Collections of the Massachusetts Historical Society,* 3d ser., vol. 8 (1843): 72-81.

Bailey, Nathan. *A New Universal Etymological Dictionary....* London: T. Osgood and, J. Snipton, [and others] 1755.

"Balloons." *New-York Semi-Weekly Tribune.* 11 October 1859.

Bartlett, John. *Familiar Quotations....* Ed. Emily Morison Beck et al. 1882; rpt. Boston: Little, Brown and Company, 1980.

Bartram, John. *Observations on the Inhabitants, Climate, Soil.... Made by Mr. John Bartram, in His Travels from Pennsylvania to Onondago, Onego, and the Lake Ontario, in Canada....* London: J. Whiston and B. White, 1751.

Beverly, Robert. *The History and Present State of Virginia.* Ed. Louis B. Wright. Chapel Hill: University of North Carolina Press, 1947. Thoreau's edition: Robert Beverly. *The History of Virginia, in Four Parts....* London: F. Fayram and J. Clarke, and T. Bickerton, 1722.

Bigelow, Jacob. *American Medical Botany....* 3 vols. Boston: Cummings and Hilliard, 1817-20.

---. *Florula Bostoniensis. A Collection of Plants of Boston and Its Vicinity....* Boston: Cummings, Hilliard, & Co., 1824.

Blodget, Lorin. *Climatology of the United States, and the Temperate Latitudes of the North American Continent....* Philadelphia: J. B. Lippincott, 1857.

Botkin, B. A., ed. *A Treasury of New England Folklore.* New York: Crown Publishers, 1965.

Boucher, Pierre. *Histoire Véritable et Naturelle des Moeurs et Productions du Pays de la Nouvelle France, Vulgairement Dite la Canada.* Paris: F. Lambert, 1664.

Brand, John. *Observations on Popular Antiquities.... Arranged and Re., with Additions by Henry Ellis.* 2 vols. London: F. C. and J. Rivington, 1813.

Cameron, Kenneth Walter. "Tracing Scattered Thoreau Manuscripts (1905-1913): Sanborn, Bixby and Harper." *American Renaissance Literary Report* 4 (1990): 333-53.

Carpenter, William. *Vegetable Physiology, and Systematic Botany....* London: H. G. Bohn, 1858.

Cartier, Jacques. *Voyages de Découverte au Canada, Entre les Années 1534 et 1542....* Quebec: W. Cowan et Fils, 1843.

Champlain, Samuel de. *Voyages de la Nuuelle France Occidentale, dicte Canada....* Paris: C. Collet, 1632.

Charlevoix, Pierre-François-Xavier de. *Histoire et Descritpion de la Nouvelle France....* 3 vols. Paris: Veuve Ganeau, Libraire ..., 1744.

Cobbett, William. *A Year´s Residence in the United States of America....* 3 vols. New York: Clayton & Kingsland, 1819.

Coleman, William Stephen. *Our Woodlands, Heaths & Hedges....* London: Routledge, Warnes & Routledge, 1859.

Commagher, Henry Steele. *Theodore Parker.* Boston: Little, Brown, and Company, 1936.

Concord, Massachusetts: Births, Marriages, and Deaths, 1635-1850. Concord, Mass.: printed by the town, n. d.

Cornut, Jacques. *Doctors Medici Parisiensis Canadensium Plantarum... Aliarumque Nondum Editarum Historia....* Paris: Venundatur apud Simonem Le Monye, 1635.

Crantz, David. *The History of Greenland....* London: Brethern's Society for the Furtherance of the Gospel among the Heathen, 1767.

Crouch, Tom D. *The Eagle Aloft: Two Centuries of the Balloon in America.* Washington, D. C.: Smithsonian Institution Press, 1983.

Curzon, Robert. *Visits to Monasteries in the Levant.* London: John Murray, 1849.

Cutler, Mannaseh. "An Account of Some of the Vegetable Productions, Naturally Growing in This Part of America, Botanically Arranged." In *Memoirs of the American Academy of Arts and Sciences,* 1st ser., vol. 1 (1785): 396-493.

Darwin, Charles. *Journal of Researches into the Natural History and Geology of the Countries Visited during the Voyage of H. M. S. Beagle round the World....* 2 vols. New York: Harper & Brothers, 1846.

---. *On the Origin of Species by Means of Natural Selection, or The Preservation of Favored Races in the Struggle for Life.* 1859. rpt., New York: D. Appleton, 1860.

Dean, Bradley P. "Henry D. Thoreau and Horace Greeley Exchange Letters on the 'Spontaneous Generation of Plants,'" *New England Quarterly* 66, no. 4 (December 1993): 630-38.

---. "A Reconstruction of Thoreau's Early 'Life without Principle' Lectures." In *Studies in the American Renaissance,* 1987, ed. Joel Myerson. Charlottesville: University Press of Virginia, 1987:

285-311.

---. "The Sound of a Flail: Reconstructions of Thoreau's Early 'Life without Principle' Lectures." 2 vols. M.A. thesis, Cheney, Wa.: Eastern Washington University, 1984.

---. "A Textual Study of Thoreau's Dispersion of Seeds Manuscripts." Ph.D. dissertation. Storrs, Conn.: University of Connecticut, 1993.

---, and Ronald Wesley Hoag. "Thoreau's Lectures after *Walden*: An Annotated Calendar." In *Studies in the American Renaissance, 1996*, ed. Joel Myerson. Charlottesville: University Press of Virginia, 1996: 241-362.

De Candolle, Alphonse Louis Pierre Pyramus. *Géographie Botanique Raisonnée; ou, Exposition des Faits Principaux et des Lois Concernant la Distribution Géographique des Plants de L'époque Actuelle*.... 2 vols. Paris: V. Masson [et al.], 1855.

Downing, Andrew J. *The Fruits and Fruit Trees of America*.... New York and London: Wiley and Putnam, 1845.

Duhamel du Monceau, Henri Louis. *Traités des Arbes et Arbustes qui se Cultivent en France en Pleine Terre*. Paris: H. L. Guerin & L. F. Delatour, 1755.

Dupree, A. Hunter. *Asa Gray: American Botanist, Friend of Darwin*. 1959; rpt. Baltimore: John Hopkins University Press, 1988.

Eastman, Mary (Henderson). *Dahcotah; or, Life and Legends of the Sioux around Fort Snelling*.... New York: J. Wiley, 1849.

Emerson, George B. *A Report on the Trees and Shrubs Growing Naturally in the Forests of Massachusetts*.... Boston: Dutton and Wentworth, 1846.

Emerson, Ralph Waldo. "Thoreau." In Joel Myerson, "Emerson's 'Thoreau': A New Edition from Manuscript," in *Studies in the American Renaissance, 1979*. Boston: Twayne Publishers, 35-55.

Emmons, Ebenezer. *Insects of New-York*. Albany, N. Y. : C. Van Benthuysen, 1854.

Evelyn, John. *Sylva, or a Discourse of Forest-Tree. . . To Which Is Annexed Pomona.... Also Kalendarium Hortense....* London: Jo. Martyn and Ja. Allestry, 1679.

Franklin, Sir John. *Narrative of a Journey to the Shores of the Polar Sea, in the Years 1819, 20, 21, and 22....* Philadelphia: H. C. Carey [et al.], 1824.

Fuller, Thomas. *The Worthies of England*. Ed. John Freeman. London: George Allen & Unwin, 1952.

Gardner, John. "An Account of the Town of Stow (Mass.) in a Letter from Rev. John Gardner to Rev. Nathan Stone, Dated 'Stow, March 9, 1767.'" In *Collections of the Massachusetts Historical Society*, 1st ser., vol. 10 (1809): 83-84.

Gerarde, John. *The Herball of Generall Historie of Plantes....* London: Adam Islip, Joice Norton and Richard Whitakers, 1633.

Gookin, Daniel. *An Historical Account of the Doings and Sufferings of the Christian Indians in New England in the Years 1675, 1676, 1677*. Boston: Belknap and Hall, 1772.

Gosse, Philip Henry. *The Canadian Naturalist. A Series of Conversations on the Natural History of Lower Canada*. London: John Van Voorst, 1840.

---. *Letters from Alabama, (U. S.), Chiefly Relating to Natural History*. London: Morgan and Chase, 1859.

Gray, Asa. *A Manual of Botany of the Northern United States....* Boston: James Munroe and Company, 1848.

---. *A Manual of Botany of the Northern United States....* New York: G. P. Putnam & Co., 1856.

"The Great Balloon Voyage." *New-York Semi-Weekly Tribune*. 7 October 1859.

Harding, Walter. *The Days of Henry Thoreau: A Biography*. 1962. Rpt., New York: Dover Publications, 1982.

Hearne, Samuel. *A Journey from Prince of Wales Fort in Hudson's Bay to the North Ocean. . . in the Years 1769, 1770, 1771, and 1772.* London: A. Strahan & T. Cadell, 1795.

Heckewelder, John. "An Account of the History, Manners, and Customs, of the Indian Natives Who Once Inhabited Pennsylvania and the Neighbouring States." *In Transactions of the Historical & Literary Committee of the American Philosophical Society, Held at Philadelphia, for Promoting Useful Knowledge*, 1st ser., vol. 1, (1819): 3-347.

Hennepin, Louis. *A Description of Louisiana....* Trans. John Gilmary Shea. New York: John G. Shea, 1880. Thoreau's edition: *Description de la Louisiane, Nouvellement Decouverte....* Paris: Chez la veuve Sebastian Huré, 1683.

Herodotus, A New and Literal Version, From the Text of Bæhr.... London: H. G. Bohn, 1854.

Herrick, Robert. *The Poetical Works of Robert Herrick.* Ed. George Saintsbury. 2 vols. London: George Bell & Sons, 1893. Thoreau's source was *The Poetical Works of Robert Herrick.* 2 vols. London: William Pickering, 1825.

Hind, Henry Youle. *Northwest Territory... Report on the Assiniboine and Saskatchewan Exploration Expedition....* Toronto: J. Lovell, 1859.

---. *Rapport sur L'Exploration de la Contrée Situé Entre le Lac Supérieur et les Établissements de la Riviére Rouge....* Toronto: S. Derbishire & G. Desbarats, 1858.

Homer. *The Odyssey. Translated from the Greek by Alexander Pope.* Georgetown, D.C., and Philadelphia: Richards & Mallory & Nicklin, 1813.

Howarth, William L. *The Book of Concord: Thoreau's Life as a Writer.* New York: Viking, 1982.

---. *The Literary Manuscripts of Henry David Thoreau.* Columbus: Ohio State University Press, 1974.

Josselyn, John. *An Account of Two Voyages to New England....* 2d ed. London: Giles Widdows, 1675.

---. *New-Englands Rarities Discovered: In Birds, Beasts, Fishes, Serpents, and Plants of that Country....* London: G. Widdowes, 1672.

Kalm, Pehr. *Travels into North America; Containing Its Natural History, and a Circumstantial Account of Its Plantations and Agriculture in General....* 2 vols. Trans. John Reinhold Forster. London: T. Lowndes, 1772.

Kane, Elisha Kent. *The U. S. Grinnell Expedition in Search of Sir John Franklin. A Personal Narrative.* New York: Harper & Brothers, 1853.

Kerr, Howard. *Mediums, and Spirit-Rappers, and Roaring Radicals: Spiritualism in American Literature, 1850-1900.* Urbana: University of Illinois Press, 1972.

[Knapp, John Leonard.] *The Journal of a Naturalist.* Philadelphia: Carey & Lea, 1831.

La Hontan, Louis Armand de Lom D'Arce, Baron de. *Voyages du Baron de La Hontan dans l'Amerique Septentrionale.... 2nd éd., Revue, Corigée, & Augmentée.* 2 vols. Amsterdam: F. l'Honoré, 1705.

Lawson, John. *The History of Carolina,* in John Stevens, ed., *A New Collection of Voyages and Travels... in All Parts of the World....* London: J. Knapton [and others], 1708-10.

Le Jeune, Paul. *Jesuit Relations. Relation de ce Qui S'est Passe en la Nouvelle France, en l'Année 1639....* Roven, France: Chez Jean de Boulenger, 1639.

Lewis, Meriwether, and William Clark. *History of the Expedition... to the Sources of the Missouri, thence... to the Pacific Ocean....* 2 vols. Philadelphia: Bradford and Inskeep, 1814.

Lindley, John. *Natural System of Botany....* 2nd Ed.... London: Longman Rees Orme, Brown, Green, and Longman, 1836.

Loskiel, George Henry. *History of the Mission of the United Brethren among the Indians in North America....* Trans. Christian Ignatius Latrobe. London: The Brethren's Society for the Furtherance of the Gospel, 1794.

Loudon, John Claudius. *Arboretum et Fruticetum Britannicum; or, The Trees and Shrubs of Britain....* 2d ed., 8 vols. London: the author, 1844.

Mackenzie, Sir Alexander. *Voyages from Montreal, on the River St. Lawrence....* 2 vols. London: T. Cadell, Jun. et al.; Edinburgh: W. Creech, 1802.

Mellow, James R. *Nathaniel Hawthorne in His Times.* Boston: Houghton Mifflin Co., 1980.

Michaux, Francois Andre. *The North American Sylva, or A Description of the Forest Trees of the United States, Canada, and Nova Scotia....* 3 vols. Paris: printed by C. D'Hautel, 1819.

Miller, Hugh. *The Testimony of the Rocks; or, Geology in Its Bearings on the Two Theologies, Natural and Revealed.* Boston: Gould and Lincoln, 1857.

Montaigne, Michel de. *Essais: Nouvelle Ed. Precedee d'une Lettre de M. Villemain sur l'Eloge de Montaigne par P. Christian.* Paris, Lavigne, 1843.

Morton, Nathaniel. *New-Englands Memoriall.* Boston: Club of Odd Volumes, 1903.

Mudie, Robert. *The Feathered Tribes of the British Islands.* 2 vols. London: Bohn, 1834.

The New England Farmer; A Monthly Journal.... Edited by Simon Brown et al. Boston: Nourse, Eaton & Tolman, 1861.

Niebuhr, Barthold Georg. *The History of Rome....* Translated by Julius Charles Hare and Connop Thirwall.... 3 vols. Philadelphia: Thomas Wardle, 1835.

"Night Notes." *New-York Semi-Weekly Tribune.* 22 March 1861.

Nuttall, Thomas. *The North American Sylva; or, a Description of the Forest Trees of the United States, Canada, and Nova Scotia....* 3 vols. Philadelphia: J. Dobson, 1842. Thoreau's edition: Thomas Nuttall. *The North American Sylva....* 3 vols. Philadelphia: Robert P. Smith, 1853.

Nutting, Helen Cushing [compiler]. *To Monadnock: The Records of a Mountain in New Hampshire....* New York: Stratford Press, 1925.

Oswald, John. *An Etymological Dictionary of the English Language....* Philadelphia: E. C. Biddle, 1844.

Owen, David Dale. *Report of a Geological Survey of Wisconsin, Iowa and Minnesota....* Philadelphia: Lippincott, Grambo & Co., 1852.

Oxford English Dictionary. 1971. Oxford: Oxford University Press, 1979.

Parry, Sir William Edward. *Three Voyages for the Discovery of a Northwest Passage from the Atlantic to the Pacific....* 2 vols. New York: Harper's Family Library, 1841.

Peters, Richard. "Herbage and Shrubs Spontaneously Produced, after Forest Timber Burnt, by Firing the Woods," In *Memoirs of the Philadelphia Society for Promoting Agriculture,* vol. 1 (1808): 237-39.

Phelps, Mrs. A. Hart Lincoln. *Familiar Lectures on Botany, Practical, Elementary, and Physiological....* 5th ed., Rev. and Enl.... New York: F. J. Huntington, 1837.

Philips, John. *The Poems of John Philips.* Ed. M. G. Lloyd Thomas.

Oxford: Basil Blackwell, 1927.

Phillips, Henry. *The History of Cultivated Vegetables....* 2 vols. London: H. Colburn and Co., 1822.

Pliny the Elder. *Historiæ Mundi Libri XXXVII....* 3 vols. [Geneva]: Jacobum Storer, 1593.

---. *The Natural History of Pliny.* Trans. John Bostock and H. T. Riley. 6 vols. London: H. G. Bohn, 1855-57.

Pring, Martin. "Journal of His Voyage." In Samuel Purchas, *Purchas His Pilgrimes.*

Pulteney, Richard. *A General View of the Writings of Linnæus....* 2nd ed. London: J. Mawman, 1805.

Purchas, Samuel. *Purchas His Pilgrimes....* 4 vols. London: W. Stansby for H. Fetherstone, 1625.

Pursh, Frederick. *Flora Americæ Septentrionalis; or... Description of the Plants of North America....* 2 vols. London: White, Cochrane, and Co., 1814.

Rasles, Sebastien. "A Dictionary of the Abnaki Language in North America... with an Introductory Memoir and Notes, by John Pickering," In *Memoirs of the American Academy of Arts and Sciences,* n.s., vol. 1 (1833): 375-574.

Report of the Commissioner of Patents for the Year 1854, Agriculture. Washington, D.C.: A. O. P. Nicholson, 1855.

Richardson, James. "Extracts from Report for the Year 1856 [on Geological Survey of Anticosti]." In Alfred R. Roche, *Anticosti; Notes on the Resources and Capabilities of the Island of Anticosti....* London: G. Smythe & Co., n.d., pp. 45-60.

Richardson, Sir John. *Arctic Searching Expedition... in Search of... Sir John Franklin....* 2 vols. New York: Harper & Brothers, 1852.

---. *Fauna Boreali-Americana; or, The Zoology of the Northern Parts of British America....* 4 vols. London: J. Murray, 1829-37.

Richardson, Robert D. *Henry Thoreau, A Life of the Mind.* Berkeley: University of California Press, 1986.

Sagard, Gabriel. *Histoire du Canada et Voyages Que les Freres Mineurs Recollects y ont Faicts pour la Conversion des Infidelles....* Paris: C. Sonnius, 1636.

---. *Le Grand Voyage du Pays des Hurons, Situé en L'Amerique....* Paris: D. Moreau, 1632.

Saint Pierre, Jacques Henri Bernardin de. *Studies of Nature....* Trans. Henry Hunter. 5 vols. London: C. Dilly, 1796.

Sattelmeyer, Robert. *Thoreau's Reading: A Study in Intellectual History with Bibliographical Catalogue.* Princeton: Princeton University Press, 1988.

Scriptores Rei Rusticæ, Rei Rusticæ Auctores Latine Veteres, M. Cato, M. Varro, L. Columella, Palládius.... [Heidelberg]: Hier. Commelini, 1595.

[Seward, Leonard]. *The History of Dublin, N.H., Containing the Address by Charles Mason, and the Proceedings at the Centennial Celebration, June 17, 1852....* Boston: J. Wilson, 1855.

Shanley, J. Lyndon. "Botanical Index to the Journal of Henry David Thoreau." *The Thoreau Quarterly,* vol. 15 (1983): 39-201.

Spence, Joseph. *Anecdotes, Observations, and Characters, of Books and Men.* London: John Russell Smith, 1858.

Springer, John S. *Forest Life and Forest Trees: Comprising Winter Camp Life... of Maine and New Brunswick.* New York: Harper & Brothers, 1851.

Sturluson (also Sturleson), Snorri. *The Heimskringla; or, Chronicle of the Kings of Norway.* Trans. Samuel Laing. 3 vols. London: Longsman, Brown, Green and Longmans, 1844.

---. *The Prose Edda.* Trans. Jean I. Young. Berkeley: University of California Press, 1954. Thoreau's edition: Snorri Sturluson.

The Prose Edda. In Paul Henri Mallet, *Northern Antiquities; or, an Historical Account of the Manners, Customs, Religion, and Laws... of the Ancient Scandinavians....* Tr. from the French of M. Mallet by Bishop Percy.... London: Henry G. Bohn, 1847.

Tacitus. *C. Cornelii Taciti Opera ex Recensione Io. Augusti Ernesti....* 3 vols. Boston: Wells et Lilly, 1817.

Tanner, John. *A Narrative of the Captivity and Adventures of John Tanner... during Thirty Years Residence among the Indians....* New York: G. & C. & H. Carvill, 1830.

Theophrastus. *Theophrasti Eresii De Historia Plantarum Libri Decem, Græce et Latine... cum Notis, tum Commentariis... Ioannes Bodæus a Stapel....* Amsterdam: H. Laurentium, 1644.

Thomson, James. *The Seasons, with a Biographical Sketch of the Author.* London: W. S. Orr & Co., [ca. 1845].

Thoreau, Henry D. "Autumnal Tints," *The Atlantic Monthly Magazine* 10, no. 60 (October 1862): 385-402.

---. *Cape Cod.* Ed. Joseph J. Moldenhauer. 1865 rpt., Princeton: Princeton University Press, 1988.

---. "Common Place Book 1," MS notebook labeled "Extracts Mostly upon Natural History." Harry Elkins Widener Memorial Library, Harvard University. Facsimile reproduction and partial transcript, with photocopies of most source pages, available in Kenneth Walter Cameron, *Thoreau's Fact Book in the Harry Elkins Widener Collection....* 3 vols. [Hartford: Transcendental Books, 1966].

---. "Common Place Book 2," MS notebook labeled "Extracts Mostly upon Natural History." Henry W. and Albert A. Berg Collection, New York Public Library.

---. *The Dispersion of Seeds.* In *Faith in a Seed: The Dispersion of Seeds and Other Late Natural History Writings*, Ed. Bradley P. Dean. Covelo, Calif.: Shearwater Books/Island Press, 1993, pp.

23-173.

---. *Huckleberries.* Ed. Leo Stoller. Iowa City and New York: Windhover Press of the University of Iowa and the New York Public Library, 1970.

---. *The Journal of Henry D. Thoreau.* 14 vols. Ed. Bradford Torrey and Francis H. Allen. Boston: Houghton Mifflin Company, 1906.

---. *Journal, Volume 3: 1848-1851.* Ed. Robert Sattelmeyer, et al. Princeton: Princeton University Press, 1990.

---. *Journal, Volume 4: 1851-1852.* Ed. Leonard N. Neufeldt and Nancy Craig Simmons. Princeton: Princeton University Press, 1992.

---. *Journal, Volume 5: 1852-1853.* Ed. Patrick F. O'Connell. Princeton: Princeton University Press, 1990.

---. *The Maine Woods.* Ed. Joseph J. Moldenhauer. 1864. Rpt., Princeton: Princeton University Press, 1972.

---. *Minnesota Notebook.* In *Thoreau's Minnesota Journey: Two Documents* (Thoreau Society Booklet no. 16), ed. Walter Harding. [Concord, Mass.]: Thoreau Society, Inc., 1962.

---. "Natural History of Massachusetts." In *The Dial: A Magazine for Literature, Philosophy, and Religion,* 3:19-40. 4 vols. Boston: Weeks, Jordan, and Co., 1841-44.

---. "The Succession of Forest Trees." *New-York Weekly Tribune,* 6 October 1860.

---. *Walden.* Ed. J. Lyndon Shanley. 1854. Rpt., Princeton: Princeton University Press, 1971.

---. "A Walk to Wachusett." *In Boston Miscellany of Literature and Fashion,* vol. 3, no. 1 (January 1843): 31-36.

---. "Walking." *The Atlantic Monthly Magazine.* 9, no. 56 (June 1862): 657-74.

---. "Wild Apples." *The Atlantic Monthly Magazine* 10, no. 61

(November 1862): 513-26.

"A Topographical Description of Duxborough, in the County of Plymouth," In *Collections of the Massachusetts Historical Society*, 1st ser., vol. 2 (1793): 3-8.

Topsell, Edward. *The Historie of Four-Footed Beasts and Serpents*.... London: W. Iaggard, 1607.

Torrey, John. *Flora of the State of New-York*.... 2 vols. Albany, N. Y.: Carroll and Cook, 1843.

Tusser, Thomas. *Some of the Five Hundred Points of Good Husbandry*.... Oxford: John Henry Parker, 1848.

Van der Donck, Adriaen. "Description of the New Netherlands." Trans. Jeremiah Johnson. In *Collections of the New York Historical Society*, 2nd ser., vol. 1 (1841): 125-242.

Very, Jones. "The Barberry Bush." In *The Dial: A Magazine for Literature, Philosophy, and Religion*, 1:131. 4 vols. Boston: Weeks, Jordan, and Co., 1841-44.

Virgil. *Eclogues and Georgics*. In *Virgil... in Two Volumes*. Vol. 1 of 2, rev. ed. Loeb Classical Edition. Cambridge, Mass.: Harvard University Press, 1978. Thoreau's edition: Virgil. *Eclogues*. In *Opera... ad Usum Serenissimi Delphini*.... Philadelphia: M. Carey & Son, 1817.

Walker, John. *A Critical Pronouncing Dictionary, and Expositor of the English Language*.... New York: Collins and Hannay, 1823.

"The Weight and Culture of Dwarf Pears." *New-York Semi-Weekly Tribune*. 19 October 1860.

Weiss, John. *The Life and Correspondence of Theodore Parker*.... 2 vols. New York: D. Appleton & Co., 1864.

Whitehill, Walter Muir. *Boston: A Topographical History*. 2d ed., enlarged. Cambridge: Belknap Press, 1968.

Whitney, Peter. "An Account of a Singular Apple-Tree...." In

Memoirs of the American Academy of Arts and Sciences. vol. 1 (Boston, 1785): 386-87.

Williams, Roger. "A Key into the Language of America...." In *Collections of the Massachusetts Historical Society,* 1st ser., vol. 3 (1794): 203-39.

"A Winter Underground." *New-York Semi Weekly Tribune,* November 13, 1860, p. 3.

Wood, Alphonso. *A Class-Book of Botany, Designed for Colleges, Academies, and Other Seminaries.* 23d ed., rev. and enl. Boston: n. p., 1851.

Wood, William. *New England's Prospect, Being a True, Lively, and Experimental Description of... New England.* 3d ed. London: printed 1639. Rep., Boston: Thomas and John Fleet, 1764.

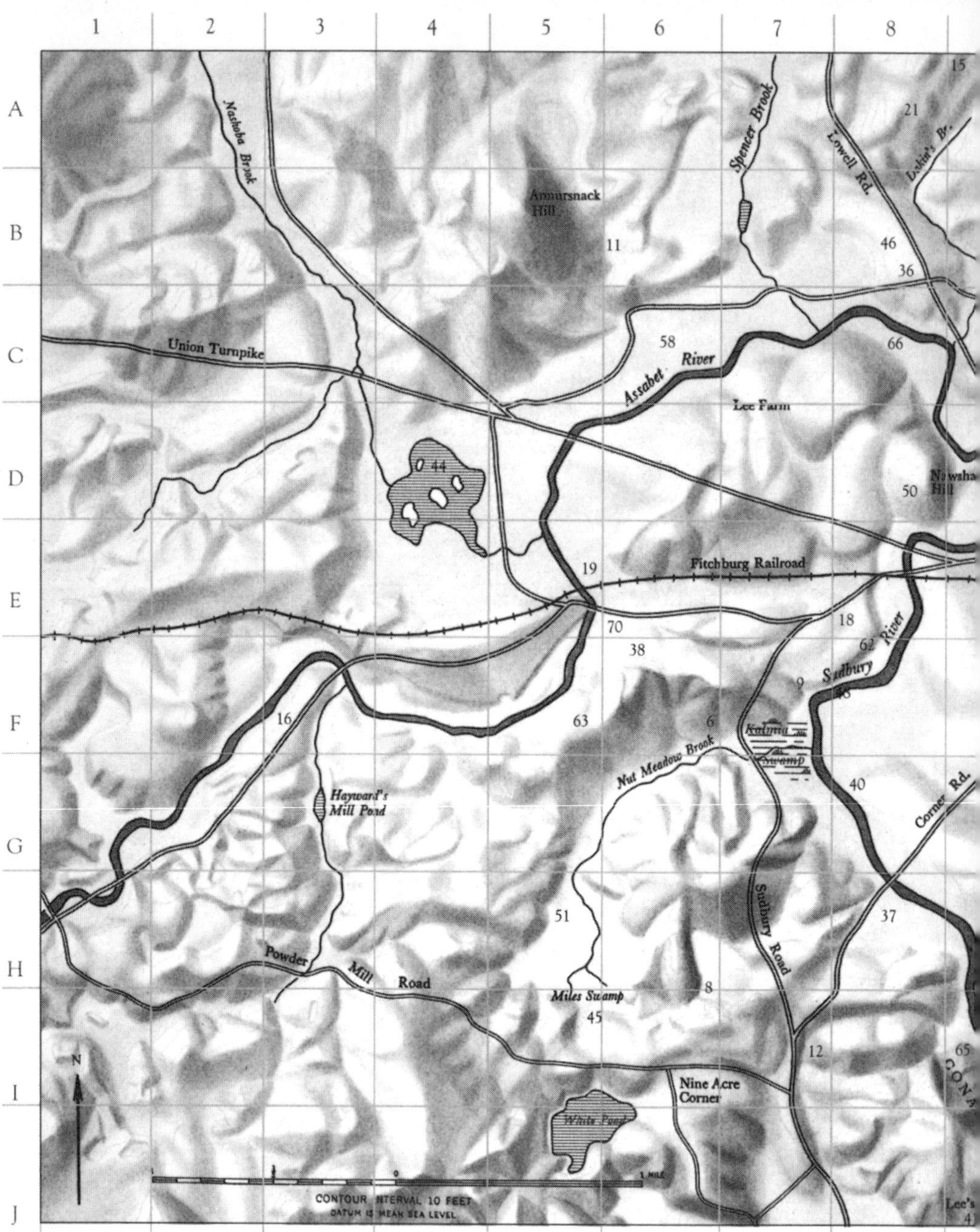

1
2
3
4
5
6
7
8
A
B
C
D
E
F
G
H
I
J
Nashoba Brook
Spencer Brook
Lowell Rd.
15
21
Annursnack Hill
11
46
36
Union Turnpike
58
Assabet River
66
Lee Farm
44
50
19
Fitchburg Railroad
70
18
38
62
River
Sudbury
9
16
63
6
Nut Meadow Brook
40
Hayward's Mill Pond
Corner Rd.
51
37
Powder
Mill
Road
Sudbury Road
8
Miles Swamp
45
12
65
N
Nine Acre Corner
White Pond
CONTOUR INTERVAL 10 FEET
DATUM IS MEAN SEA LEVEL
Lee's

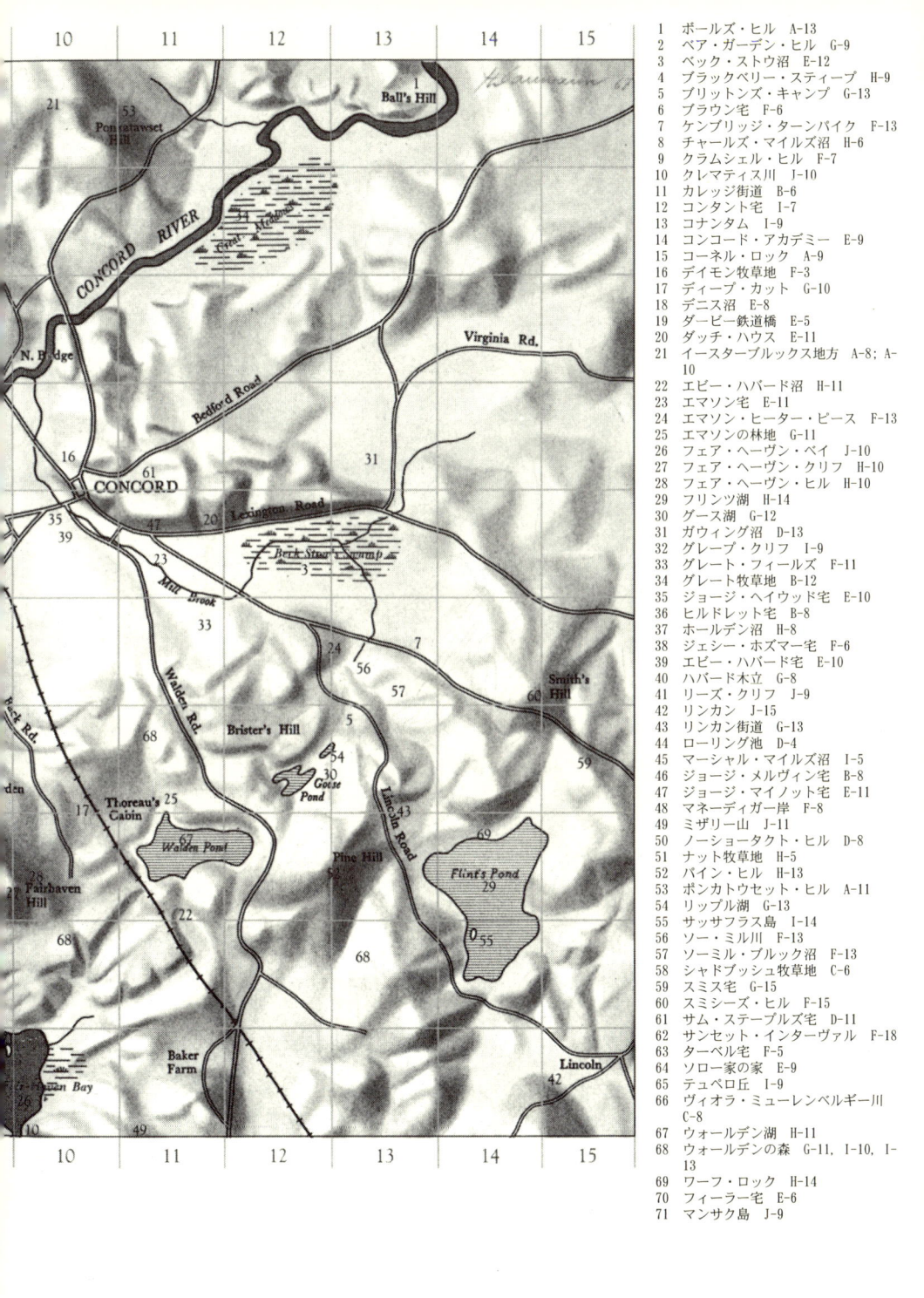

#	名称	座標
1	ボールズ・ヒル	A-13
2	ベア・ガーデン・ヒル	G-9
3	ベック・ストウ沼	E-12
4	ブラックベリー・スティープ	H-9
5	ブリトンズ・キャンプ	G-13
6	ブラウン宅	F-6
7	ケンブリッジ・ターンパイク	F-13
8	チャールズ・マイルズ沼	H-6
9	クラムシェル・ヒル	F-7
10	クレマティス川	J-10
11	カレッジ街道	B-6
12	コンタント宅	I-7
13	コナンタム	I-9
14	コンコード・アカデミー	E-9
15	コーネル・ロック	A-9
16	デイモン牧草地	F-3
17	ディープ・カット	G-10
18	デニス沼	E-8
19	ダービー鉄道橋	E-5
20	ダッチ・ハウス	E-11
21	イースターブルックス地方	A-8; A-10
22	エビー・ハバード沼	H-11
23	エマソン宅	E-11
24	エマソン・ヒーター・ピース	F-13
25	エマソンの林地	G-11
26	フェア・ヘーヴン・ベイ	J-10
27	フェア・ヘーヴン・クリフ	J-10
28	フェア・ヘーヴン・ヒル	H-10
29	フリンツ湖	H-14
30	グース湖	G-12
31	ガウィング沼	D-13
32	グレープ・クリフ	I-9
33	グレート・フィールズ	F-11
34	グレート牧草地	B-12
35	ジョージ・ヘイウッド宅	E-10
36	ヒルドレット宅	B-8
37	ホールデン沼	H-8
38	ジェシー・ホズマー宅	F-6
39	エビー・ハバード宅	E-10
40	ハバード木立	G-8
41	リーズ・クリフ	J-9
42	リンカン	J-15
43	リンカン街道	G-13
44	ローリング池	D-4
45	マーシャル・マイルズ沼	I-5
46	ジョージ・メルヴィン宅	B-8
47	ジョージ・マイノット宅	E-11
48	マネーディガー岸	F-8
49	ミザリー山	J-11
50	ノーショータクト・ヒル	D-8
51	ナット牧草地	H-5
52	パイン・ヒル	H-13
53	ポンカトウセット・ヒル	A-11
54	リップル湖	G-13
55	サッサフラス島	I-14
56	ソー・ミル川	F-13
57	ソーミル・ブルック沼	F-13
58	シャドブッシュ牧草地	C-6
59	スミス宅	G-15
60	スミシーズ・ヒル	F-15
61	サム・ステープルズ宅	D-11
62	サンセット・インターヴァル	F-18
63	ターベル宅	F-5
64	ソロー家の家	E-9
65	テュペロ丘	
66	ヴィオラ・ミューレンベルギー川	C-8
67	ウォールデン湖	H-11
68	ウォールデンの森	G-11, I-10, I-13
69	ワーフ・ロック	H-14
70	フィーラー宅	E-6
71	マンサク島	J-9

■訳者紹介

伊藤詔子　いとう・しょうこ
広島大学教授。
著書　『アルンハイムへの道』（桐原書店、1986）、『アメリカ作家とヨーロッパ』（共著、英宝社、1995）、『アメリカ文学の〈自然〉を読む——ネイチャーライティングの世界へ』（共著、ミネルヴァ書房、1996）、『よみがえるソロー——ネイチャーライティングとアメリカ社会』（柏書房、1998）、『アメリカの嘆き——米文学史の中のピューリタニズム』（共著、松柏社、1999）、『科学技術と環境』（共著、培風館、1999）、『アメリカ文学ミレニアム　I』（共著、南雲堂、2001）、ほか。
訳書　『ニュー・ヒストリシズム』（共訳、英潮社、1992）、『森を読む——種子の翼に乗って』（宝島社、1995）、『緑の文学批評——エコクリティシズム』（共訳、松柏社、1998）、ほか。

城戸光世　きど・みつよ
広島国際学院大学講師。
著書　『アメリカ文学と狂気』（共著、英宝社、2000）
訳書　『緑の文学批評——エコクリティシズム』（共訳、松柏社、1998）
論文　「ホーソーンの初期短編小説におけるフロンティア表象」（『中・四国アメリカ文学研究』36号、2000）

野生の果実
ソロー・ニュー・ミレニアム

ヘンリー・デイヴィッド・ソロー　著
ブラッドレイ・P・ディーン　編
伊藤詔子／城戸光世　訳

初版発行　2002年11月15日

■発行者――――――森　信久
■発行所――――――株式会社　松柏社
　　　　　　　　　〒102-0072　東京都千代田区飯田橋1-6-1
　　　　　　　　　TEL. 03-3230-4813（代表）FAX. 03-3230-4857

■組版・印刷・製本――――モリモト印刷株式会社

Copyright © 2002 by Shoko Ito & Mitsuyo Kido

定価はカバーに表示してあります。
本書を無断で複写・複製することを固く禁じます。
落丁・乱丁本は送料小社負担にてお取り替えいたしますので、ご返送ください。

ISBN4-7754-0011-8
Printed in Japan